上海市二级造价工程师职业资格考试培训教材

建设工程计量与计价实务
（土木建筑工程）

袁 媛 主编

中国建筑工业出版社

图书在版编目（CIP）数据

建设工程计量与计价实务．土木建筑工程／袁媛主
编．—北京：中国建筑工业出版社，2022.1
上海市二级造价工程师职业资格考试培训教材
ISBN 978-7-112-26842-9

Ⅰ.①建… Ⅱ.①袁… Ⅲ.①土木工程－建筑造价管
理－资格考试－自学参考资料 Ⅳ.①TU723.3

中国版本图书馆 CIP 数据核字(2021)第 245404 号

　　本书是全国二级造价工程师职业资格考试上海地区参考用书，是根据住房城乡建设部标准定额司《关于印发造价工程师职业资格考试大纲的通知》（建标造函［2018］265 号）的要求，紧跟最新法律法规、行政规章和标准规范，结合上海市地方法规和政府规章编写。全书系统介绍了建设工程计量与计价实务（土木建筑工程）的基本知识和典型案例，主要内容包括第 1 篇专业基础知识、第 2 篇工程计量和第 3 篇工程计价。各篇附有本篇导学、知识导学、案例解析和复习题及解析。

　　本书可作为上海地区工程造价从业人员培训的参考用书，也可作为高等院校工程造价专业的教材。

　　　　责任编辑：张　健　徐明怡
　　　　责任校对：姜小莲

扫码获得优质
教学视频资源

上海市二级造价工程师职业资格考试培训教材
建设工程计量与计价实务
（土木建筑工程）
袁　媛　主编
*
中国建筑工业出版社出版、发行（北京海淀三里河路 9 号）
各地新华书店、建筑书店经销
北京红光制版公司制版
天津安泰印刷有限公司印刷
*
开本：787 毫米×1092 毫米　1/16　印张：21¼　字数：513 千字
2022 年 4 月第一版　　2022 年 4 月第一次印刷
定价：**65.00** 元
ISBN 978-7-112-26842-9
(38651)

前　言

为进一步完善造价工程师职业资格制度，提高造价从业人员的业务水平，提升建设工程造价管理水平，2018年7月20日住房城乡建设部、交通运输部、水利部、人力资源社会保障部印发关于《造价工程师职业资格制度规定》《造价工程师职业资格考试实施办法》的通知（建人〔2018〕67号），明确造价工程师纳入国家职业资格目录，工程造价咨询企业应配备造价工程师，工程建设活动中有关工程造价管理岗位按需要配备造价工程师。

按规定和办法要求，造价工程师分为一级造价工程师和二级造价工程师。二级造价工程师主要协助一级造价工程师开展相关工作。

为更好地贯彻国家工程造价管理的有关方针政策，帮助造价从业人员学习和掌握二级造价工程师职业资格考试内容和要求，由上海城建职业学院牵头，根据住房城乡建设部标准定额司《关于印发造价工程师职业资格考试大纲的通知》（建标造函〔2018〕265号）的要求，编写了上海市二级造价工程师职业资格考试培训教材《建设工程计量与计价实务（土木建筑工程）》，供考生参考使用。

教材在编写过程中，充分吸收了最新颁布的有关工程造价管理的法规、规章及政策，主要依据《上海市建筑和装饰工程预算定额》SH 01-31—2016《房屋建筑与装饰工程工程量计算规范》GB 50854—2013，力求体现行业最新发展动态和二级造价工程师职业资格考试特点。

本书由上海城建职业学院袁媛、孙莉、吴佳、祁巧艳，四川建筑职业技术学院蒋飞和上海百联集团股份有限公司投资发展部康晨璐共同完成。袁媛担任主编，孙莉和蒋飞担任副主编。其中，第1篇第1章、第2章、第3章、第5章由蒋飞讲师编写，第2篇第6章、第8章第1节至第4节由孙莉副教授编写，第2篇第7章、第8章第11节至第17节由吴佳讲师编写，第2篇第8章第5节至第10节、第9章、第10章由祁巧艳副教授编写，第1篇第4章由康晨璐经济师编写，其余内容由袁媛副教授编写并统稿。

本书在编写过程中得到了中国建筑工业出版社和上海市安装工程集团有限公司教育培训中心的大力支持和帮助。为此，一并致谢！

由于编者的学识水平和实践经验所限，加之时间仓促，书中疏漏及不当之处，望读者批评、指正。

编者
2021年6月

目　　录

第1篇 专业基础知识

【本篇导学】

　　本篇为考试内容第一部分，由工业与民用建筑工程的分类、组成及用途，土建工程常用材料的分类、基本性能及用途，土建工程主要施工工艺与方法，土建工程常用施工机械的类型及应用，土建工程施工组织设计的编制原理、内容及方法等内容构成，如图Ⅰ-1所示。

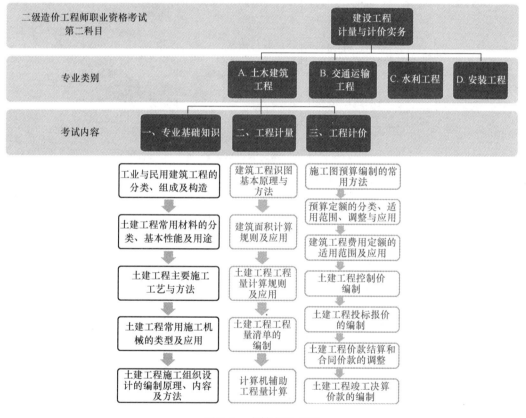

图Ⅰ-1　本篇主要内容

　　本篇围绕建筑产品的生产过程展开，如图Ⅰ-2所示。第1章工业与民用建筑工程的分类、组成及用途，是对建筑产品的基本认知；第2章土建工程常用材料的分类、基本性能及用途，是对生产建筑产品所需原材料的专业认知；第3章土建工程主要施工工艺与方法，是对建筑产品生产工艺、方法的专业介绍；第4章土建工程常用施工机械的类型及应用，是对生产机械的专业介绍；第5章土建工程施工组织设计的编制原理、内容及方法，是科学制定生产作业方案的理论依据。五章内容的逻辑关系体现了建筑产品的生产过程，即遵循合理的生产方案，采用适宜的生产工艺、方法，在机械的辅佐下将原材料生产加工为建筑产品。

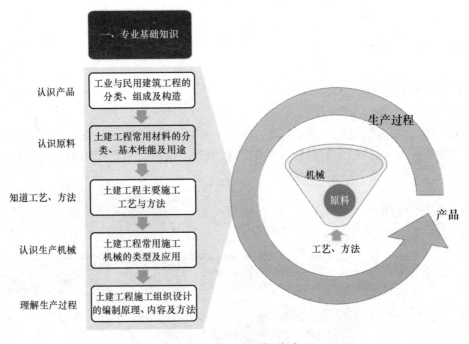

图 Ⅰ-2　知识点逻辑关系

1 工业与民用建筑工程的分类、组成及构造

【知识导学】

本章分为工业与民用建筑工程分类、工业与民用建筑工程组成及构造两个部分。每个部分依次介绍工业建筑工程、民用建筑工程相关内容，如图1-1所示。

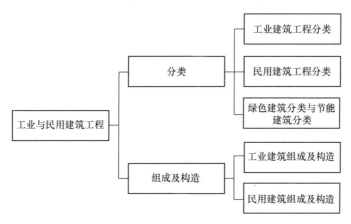

图1-1 本章知识体系

1.1 工业与民用建筑工程分类

1.1.1 工业建筑工程分类

【知识导学】

本节按照厂房层数、工业建筑用途、主要承重结构形式和车间生产状况分别划分工业建筑工程，如图1-2所示。

1. 按厂房层数分类

（1）单层厂房。指层数仅为一层的工业厂房。适用于有大型机器设备或有重型起重运输设备的厂房。

（2）多层厂房。指层数在2层及2层以上的厂房，常用的层数为2~6层。适用于生产设备及产品较轻，可沿垂直方向组织生产的厂房，如食品、电子精密仪器等工业用厂房。

（3）混合层数厂房。同一厂房内既有单层又有多层的厂房称为混合层数的厂房。多用于化学工业、热电站的主厂房等。

2. 按工业建筑用途分类

（1）主要生产厂房。指进行备料、加工、装配等主要工艺流程的厂房，如机械制造厂中的铸造车间、热处理车间、机加工车间和装配车间等。

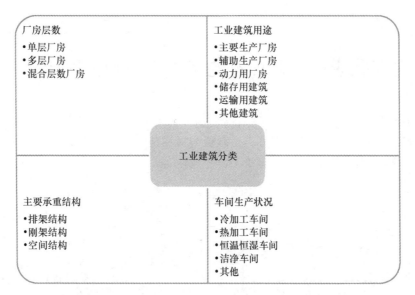

图 1-2　工业建筑工程分类

（2）辅助生产厂房。指为主要生产厂房服务的厂房，如机械制造厂房的修理车间、工具车间等。

（3）动力用厂房。指为生产提供动力源的厂房，如发电站、变电所、锅炉房等。

（4）储存用建筑。贮存原材料、半成品、成品房屋，如金属材料库、木材库、油料库、半成品库、成品库。

（5）运输用建筑。指管理、停放及检修交通运输工具的房屋，如汽车库、机车库、起重车库、消防车库等。

（6）其他建筑。如水泵房、污水处理建筑等。

3. 按主要承重结构形式分类

（1）排架结构型。排架结构型是将厂房承重柱的柱顶与屋架或屋面梁做铰接连接，而柱下端则嵌固于基础中，构成平面排架，各平面排架再经纵向结构构件连接组成为一个空间结构。它是目前单层厂房中最基本、应用最普遍的结构形式。

（2）刚架结构型。刚架结构的基本特点是柱和屋架刚性连接，形成一个刚性构件。柱与基础的连接通常为铰接，如桥式吊车吨位较大，也可做成刚接。一般重型单层厂房多采用刚架结构。

（3）空间结构型。空间结构是一种屋面体系为空间结构的结构体系。这种结构体系充分发挥了建筑材料的强度潜力，使结构由单向受力的平面结构，成为能多向受力的空间结构体系，提高了结构的稳定性。一般常见的有膜结构、网架结构、薄壳结构、悬索结构等。

4. 按车间生产状况分类

（1）冷加工车间。是指在正常温度、湿度条件下进行生产的车间，如机械制造类的机械加工、机械装配、工具、机修等车间。

（2）热加工车间。是指在高温状态下进行生产，生产过程中散发出大量热量、烟尘等有害物的车间，如机械制造类的铸造、炼钢、轧钢、锻压等生产车间等。

（3）恒温恒湿车间。这类车间是指产品生产需要在稳定的温、湿度下进行的车间，如精密仪器、纺织等生产车间。

（4）洁净车间。产品生产需要在空气净化、无尘甚至无菌的条件下进行，如药品生产车间、集成电路芯片生产车间等。

（5）其他特种状况的车间。有的产品生产对环境有特殊的需要，如防放射性物质、防电磁波干扰等生产车间。

1.1.2 民用建筑工程分类

【知识导学】

本节按照使用功能、建筑物层数和高度、建筑的耐久年限、建筑物的承重结构材料、施工方法和主要承重结构体系分别划分民用建筑工程，如图 1-3 所示。

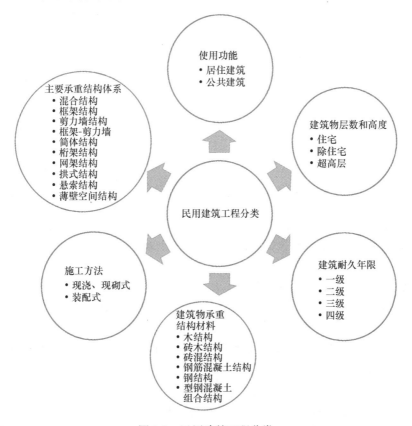

图 1-3 民用建筑工程分类

1. 按使用功能分类

（1）居住建筑。居住建筑是指供人们日常居住生活使用的建筑物。主要包括住宅、公寓、宿舍等。

（2）公共建筑。公共建筑是供人们进行各类社会、文化、经济、政治等活动的建筑物，如图书馆、车站、办公楼、电影院、宾馆、医院等。

2. 按建筑物的层数和高度分类

根据《民用建筑设计统一标准》GB 50352—2019 的规定，民用建筑按层数与高度分类如下：

（1）住宅建筑按层数分类：1～3层为低层住宅，4～6层为多层住宅，7～9层（高度不大于27m）为中高层住宅，10层及以上或高度大于27m为高层住宅。

（2）除住宅建筑之外的民用建筑高度不大于24m者为单层或多层建筑，大于24m者为高层建筑（不包括建筑高度大于24m的单层公共建筑）。

（3）建筑高度大于100m的民用建筑为超高层建筑。

[例1-1] 关于高层建筑的定义，下列表述错误的是（　　）。

A. 总高度超过27m的住宅建筑

B. 总高度超过24m的单层公共建筑

C. 总高度超过24m的综合性建筑

D. 住宅建筑10层以上

正确答案：B

分析：除住宅建筑之外的民用建筑高度不大于24m者为单层或多层建筑，大于24m者为高层建筑（不包括建筑高度大于24m的单层公共建筑）。

3. 按建筑的耐久年限分类

按民用建筑的主体结构确定的建筑耐久年限分为四级：

（1）一级建筑：耐久年限为100年以上，适用于重要的建筑和高层建筑，如纪念馆、博物馆等；

（2）二级建筑：耐久年限为50～100年，适用于一般性建筑，如城市火车站、宾馆等；

（3）三级建筑：耐久年限为25～50年，适用于次要的建筑，如厂房、学校、医院等；

（4）四级建筑：耐久年限为15年以下，适用于临时性建筑，如简易建筑、临时建筑等。

4. 按建筑物的承重结构材料分类

（1）木结构。木结构是由木材或主要由木材承受荷载的结构，通过各种金属连接件或榫卯结构进行连接和固定。

（2）砖木结构。建筑物的主要承重构件用砖木做成，其中竖向承重构件的墙体、柱子采用砖，水平承重构件的楼板、屋架采用木材。

（3）砖混结构。砖混结构是指建筑物中竖向承重结构的墙、柱等采用砖或砌块砌筑，横向承重的梁、楼板、屋面板等采用钢筋混凝土结构。

（4）钢筋混凝土结构。由钢筋和混凝土两种材料结合成整体，共同受力的工程结构。钢筋混凝土结构的主要承重构件，如梁、板、柱等均采用钢筋混凝土材料，而非承重墙采用砖或其他轻质材料做成。

（5）钢结构。主要承重构件均由钢材构成。钢结构的特点是强度高、自重轻、整体刚性好、变形能力强、抗震性能好，适用于建造大跨度和超高、超重型的建筑物。

（6）型钢混凝土组合结构。将型钢埋入钢筋混凝土中的一种独立的结构形式。

5. 按施工方法分类

（1）现浇、现砌式结构。房屋的主要承重构件均在现场砌筑和浇筑而成。

（2）装配式混凝土结构。装配式混凝土结构是指以工厂化生产的混凝土预制构件为主，通过现场装配的方式建造的混凝土结构类房屋建筑。

按照预制构件的预制部位不同可以分为全预制装配式混凝土结构体系和预制装配整体式混凝土结构体系。

1）全预制装配式结构，是指所有结构构件均在工厂内生产，运至现场进行装配。

2）预制装配整体式结构，是指部分结构构件均在工厂内生产，如预制外墙、预制内隔墙、半预制露台、半预制楼板、半预制梁、预制楼梯等预制构件。预制构件运至现场后，与主要竖向承重构件（预制或现浇梁柱、剪力墙等）通过叠合层现浇楼板浇筑成整体的结构体系。

装配式结构可分为装配整体式框架结构、装配整体式剪力墙结构、装配整体式框架现浇剪力墙结构、装配整体式部分框支剪力墙结构。

6. 按主要承重结构体系分类

（1）混合结构体系。混合结构房屋一般是指楼盖和屋盖采用钢筋混凝土或钢木结构，而墙和柱采用砌体结构建造的房屋，大多用在住宅、办公楼、教学楼建筑中。

（2）框架结构体系。框架结构是利用梁、柱组成的纵、横两个方向的框架形成的结构体系，同时承受竖向荷载和水平荷载。

（3）剪力墙结构体系。剪力墙结构体系是利用建筑物的墙体（内墙和外墙）来抵抗水平力。剪力墙既承受垂直荷载，也承受水平荷载。在水平荷载作用下，墙体既受剪又受弯，所以称剪力墙。

（4）框架-剪力墙结构体系。框架-剪力墙结构是在框架结构中设置适当剪力墙的结构，具有框架结构平面布置灵活，有较大空间的优点，又具有侧向刚度较大的优点。

（5）筒体结构体系。在高层建筑中，特别是超高层建筑中，水平荷载越来越大，起着控制作用。筒体结构是抵抗水平荷载最有效的结构体系。

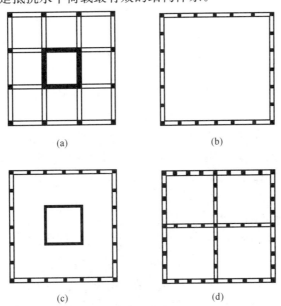

(a)　　　　　　　　　　　(b)

(c)　　　　　　　　　　　(d)

图 1-4　筒式体系的形式

（a）内筒体系；（b）框筒体系；（c）筒中筒体系；（d）成束筒体系

（6）桁架结构体系。桁架是由杆件组成的结构体系，如图1-5所示。

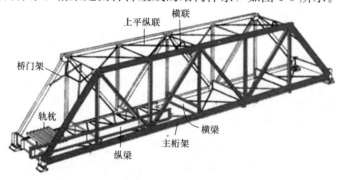

图1-5 桁架结构体系

（7）网架结构体系。网架是由许多杆件按照一定规律组成的网状结构，如图1-6所示。网架结构可分为平板网架和曲面网架。

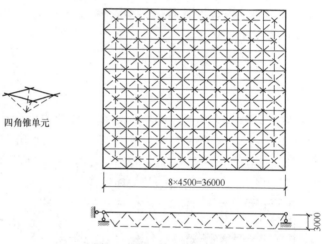

图1-6 角锥体系平板网架

（8）拱式结构体系。拱是一种有推力的结构，其主要内力是轴向压力，因此可利用抗压性能良好的混凝土建造大跨度的拱式结构。

（9）悬索结构体系。悬索结构是比较理想的大跨度结构形式之一。主要用于体育馆、展览馆中。悬索结构的主要承重构件是受拉的钢索，钢索是用高强度钢绞线或钢丝绳制成。

（10）薄壁空间结构体系。薄壁空间结构也称壳体结构，其厚度比其他尺寸（如跨度）小得多，所以称薄壁。

[例1-2] 按主要承重结构体系分类的建筑形式有（　　）。

A. 混凝土结构　　B. 框架结构　　C. 木结构　　D. 网架结构　　E. 薄壁空间结构

正确答案：BDE

分析：主要承重结构体系有混合结构、框架结构、剪力墙结构、框架-剪力墙结构、简体结构、桁架结构、网架结构、拱式结构、悬索结构和薄壁空间结构。

1.1.3　绿色建筑与节能建筑

绿色建筑是指在全寿命期内，节约资源（节能、节地、节水、节材）、保护环境、减少污染，为人们提供健康、适用、高效的使用空间，最大限度地实现人与自然和谐共生的高性能建筑。

1. 绿色建筑及分类

根据《绿色建筑评价标准》GB/T 50378，绿色建筑的评价应以单栋建筑或建筑群为评价对象。评价单栋建筑时，凡涉及系统性、整体性的指标，应基于该栋建筑所属工程项目的总体进行评价。绿色建筑的评价分为设计评价和运行评价。设计评价应在建筑工程施工图设计文件审查通过后进行，运行评价应在建筑通过竣工验收并投入使用一年后进行。绿色建筑评价指标体系由节地与室外环境、节能与能源利用、节水与水资源利用、节材与材料资源利用、室内环境质量、施工管理、运营管理7类指标组成。

绿色建筑分为一星级、二星级、三星级3个等级。3个等级的绿色建筑均应满足《绿色建筑评价标准》GB/T 50378所有控制项的要求，并且每类指标的评分项得分不应小于40分。当绿色建筑总得分分别达到50分、60分、80分时，绿色建筑等级分别为一星级、二星级、三星级。

2. 节能建筑及分类

根据建筑节能水平可分为一般节能建筑、被动式节能建筑、零能耗建筑和产能型建筑。

（1）被动式节能建筑不需要主动加热，它基本上是依靠被动收集来的热量来使房屋本身保持一个舒适的温度。使用太阳、人体、家电及热回收装置等带来的热能，不需要主动热源的供给。

（2）零能耗建筑是不消耗常规能源的建筑，完全依靠太阳能或者其他可再生能源。

（3）产能型住宅一般被定义为住宅所产生的能量超过其自身运行所需要能量的住宅，这是种新的住宅类型，在现今国家对建筑低碳节能标准不断提高的社会大背景下应运而生。

1.2　工业建筑组成及构造

【知识导学】

本节以单层厂房为例介绍工业建筑构造，如图1-7所示。

1.2.1　单层厂房结构组成

1. 承重结构

（1）横向排架：由基础、柱、屋架组成，主要是承受厂房的各种竖向荷载。

（2）纵向连系构件：由吊车梁、圈梁、连系梁、基础梁等组成，与横向排架构成骨架，保证厂房的整体性和稳定性。

（3）支撑系统构件：包括柱间支撑和屋盖支撑两大部分。支撑构件设置在屋架之间的称为屋盖支撑；设置在纵向柱列之间的称为柱间支撑。支撑构件主要传递水平荷载，起保

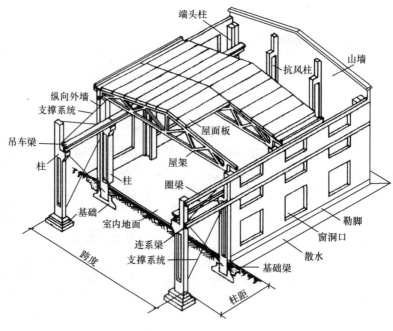

图 1-7 单层厂房构造

证厂房空间刚度和稳定性的作用。

2. 围护结构

单层厂房的围护结构包括外墙、屋顶、地面、门窗、天窗、地沟、散水、坡道、消防梯、吊车梯等。

1.2.2 单层厂房承重结构构造

1. 屋盖结构

(1)屋盖结构类型。屋盖结构根据构造不同可以分为两类:有檩体系屋盖或无檩体系屋盖。

(2)屋盖的承重构件。屋盖结构的主要承重构件,直接承受屋面荷载。按制作材料分为钢筋混凝土屋架、钢屋架、木屋架和钢木屋架。

1)钢筋混凝土屋架或屋面梁。钢筋混凝土屋面梁构造简单、高度小、重心低、较稳定、耐腐蚀、施工方便,但构件重、费材料。桁架式钢筋混凝土屋架按外形可分为三角形、梯形、拱形、折线形等类型。折线形屋架吸收了拱形屋架的合理外形,改善了屋面坡度,是目前较常采用的一种屋架形式,如图 1-8 所示。

2)钢屋架。包括无檩钢屋架和有檩钢屋架两大类。无檩钢屋架是将大型屋面直接支承在钢屋架上,屋架间距就是大型屋面板的跨度。一般是中型以上特别是重型厂房,因其对厂房的横向刚度要求较高,采用无檩方案比较合适。有檩钢屋架是在屋架上设檩条,在檩条上再铺设屋面板,屋架间距就是檩条的跨度,檩条间距由所用屋面材料确定。对于中小型厂房,特别是不需要设保温层的厂房,采用有檩方案比较合适。

2. 柱

厂房中的柱由柱身(包括上柱和下柱)、牛腿及柱上预埋铁件组成,柱是厂房中的主

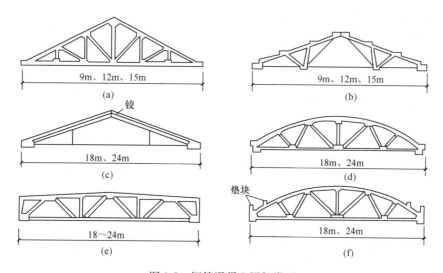

图 1-8　钢筋混凝土屋架类型

（a）三角形；（b）组合式三角形；（c）预应力三角拱；（d）拱形；（e）预应力梯形；（f）折线形

要承重构件之一，在柱顶上支承屋架，在牛腿上支承吊车梁。柱子的类型很多，按材料分为砖柱、钢筋混凝土柱、钢柱等，目前采用较多的是钢筋混凝土柱。钢筋混凝土柱按截面的构造尺寸分为矩形柱、工字形柱、双肢柱、管柱等，如图 1-9 所示。

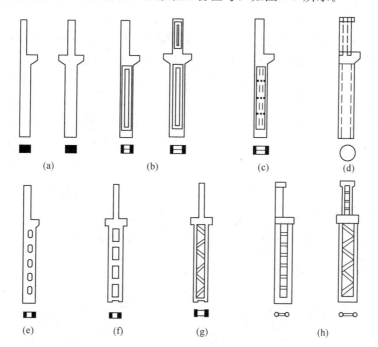

图 1-9　钢筋混凝土柱类型

（a）矩形柱；（b）工字型柱；（c）预制空腹板工字型柱；（d）单肢管柱；

（e）双肢柱；（f）平腹杆双肢柱；（g）斜腹杆双肢柱；（h）双肢管柱

3. 牛腿

单层厂房结构中的托梁、吊车梁和连系梁等构件，常由设置在柱上的牛腿支承。

钢筋混凝土实腹式牛腿的构造要满足一定要求。支承吊车梁的牛腿，其外缘与吊车梁的距离为 100mm；牛腿挑出距离 c 大于 100mm 时，牛腿底面的倾斜角 $\alpha \leqslant 45°$；当 c 小于或等于 100mm 时，牛腿底面的倾斜角 α 可以为 $0°$，如图 1-10 所示。

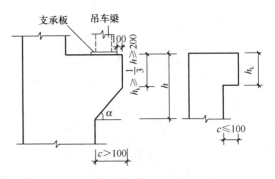

图 1-10　钢筋混凝土实腹式牛腿

4. 基础

基础是厂房的主要承重构件，承担着厂房上部的全部重量，并传送到地基。所以基础起着承上传下的重要作用。

基础类型的选择主要取决于建筑物上部结构荷载的性质和大小、工程地质条件等。单层厂房一般是采用预制装配式钢筋混凝土排架结构，厂房的柱距与跨度较大，所以厂房的基础一般多采用独立基础。

5. 吊车梁

吊车梁是有吊车的单层厂房的重要构件之一。当厂房设有桥式或梁式吊车时，需要在柱牛腿上设置吊车梁，吊车的轮子就在吊车梁铺设的轨道上运行。

6. 支撑

单层厂房的支撑作用：可以使厂房形成整体的空间骨架，保证厂房的空间刚度；在施工和正常使用时保证构件的稳定和安全；承受和传递吊车纵向制动力、山墙风荷载、纵向地震力等水平荷载。单层厂房的支撑系统包括屋盖支撑和柱间支撑两大部分。

（1）屋盖支撑。屋盖支撑的种类主要有上弦横向支撑、上弦水平系杆、下弦横向水平支撑、下弦垂直支撑及水平系杆、纵向支撑、天窗架垂直支撑、天窗架上弦横向支撑等。屋盖支撑的类型如图 1-11 所示。

（2）柱间支撑。柱间支撑的作用是加强厂房纵向刚度和稳定性，将吊车纵向制动力和山墙抗风柱经屋盖系统传来的风力经柱间支撑传至基础。柱间支撑形式如图 1-12 所示。

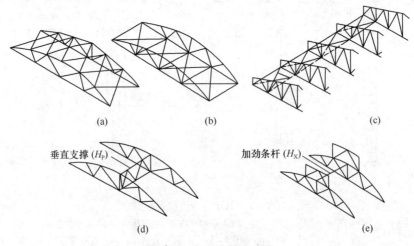

图 1-11　屋盖支撑的类型

（a）上弦横向水平支撑；（b）下弦横向水平支撑；（c）纵向水平支撑；

（d）垂直支撑；（e）纵向水平系杆（加劲杆）

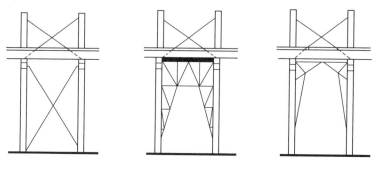

图 1-12　柱间支撑的形式

1.3　民用建筑组成及构造

【知识导学】

　　建筑物一般都由基础、墙、柱、楼板、地面、楼梯、屋面和门窗八大部分组成。建筑物还有一些附属部分，如阳台、雨篷、散水、勒脚、防潮层等，多层和大型建筑楼层之间还需设置电梯、自动扶梯或坡道等，如图 1-13 所示。

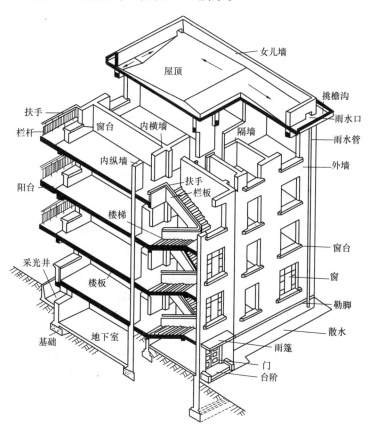

图 1-13　民用建筑构造

1.3.1　基础

基础是将结构所承受的各种作用传递到地基上的结构组成部分。基础是建筑物的一个组成部分,承受建筑物的全部荷载,并将其传给地基。而地基是指支承基础的土体或岩体,承受由基础传来的建筑物的荷载,地基不是建筑物的组成部分。

[例 1-3] 关于地基、基础的概念,下列表述错误的是(　　)。

A. 地基不是建筑物的组成部分

B. 基础是建筑物埋在地面以下的承重构件

C. 地基是建筑物的组成部分

D. 基础将上部荷载及其自重传给地基

正确答案:C

分析:基础是建筑物的组成部分,地基不是建筑物的组成部分。

1. 基础类型

基础的类型与建筑物上部结构形式、荷载大小、地基的承载能力、地基上的地质、水文情况、材料性能等因素有关。基础按受力特点及材料性能可分为刚性基础和柔性基础,按构造的方式可分为独立基础、条形基础、筏形基础、箱形基础、桩基础等。

(1) 按材料及受力特点分类

1) 刚性基础。刚性基础所用的材料如砖、石、混凝土等,抗压强度较高,但抗拉及抗剪强度偏低。受刚性角限制的基础称为刚性基础,构造上通过限制刚性基础宽高比来满足刚性角的要求。刚性角受力特点如图 1-14 所示。

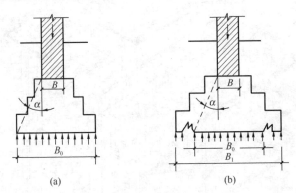

图 1-14　刚性基础受力特点

(a) 基础受力在刚性角范围以内;(b) 基础宽度超过刚性角范围而破坏

① 砖基础。砖基础的剖面为阶梯形,称为放脚。每一阶梯挑出的长度为砖长的 1/4。为保证基础外挑部分在基底反力作用下不至于发生破坏,大放脚的砌法有两皮一收和二一间隔收两种。

② 混凝土基础。混凝土基础台阶宽高比为 1:1~1:15,实际使用时可把基础断面做成锥形或阶梯形。

2) 柔性基础。鉴于刚性基础受其刚性角的限制,要想获得较大的基底宽度,相应的基础埋深也应加大,这显然会增加材料消耗和挖方量,也会影响施工工期。在混凝土基础底部配置受力钢筋，利用钢筋抗拉，这样基础可以承受弯矩，不受刚性角的限制，所以钢筋混凝土基础也称为柔性基础。在相同条件下，采用钢筋混凝土基础比混凝土基础可节省大量的混凝土材料和挖土工程量，如图 1-15 所示。

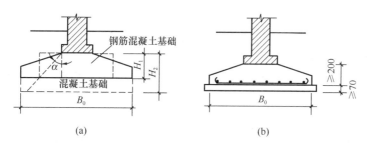

图 1-15　钢筋混凝土基础
(a) 混凝土基础与钢筋混凝土基础比较；(b) 基础配筋情况

钢筋混凝土基础断面可做成锥形，最薄处高度不小于 200mm；也可做成阶梯形，每踏步高 300mm～500mm。通常情况下，钢筋混凝土基础下面设有素混凝土垫层，厚度 100mm 左右；无垫层时钢筋保护层不宜小于 70mm，以保护受力钢筋不受锈蚀。

[例 1-4] 相对刚性基础而言，柔性基础的本质在于(　　)。

A. 基础材料的柔性　　　　　　　B. 不受刚性角的影响
C. 不受混凝土强度的影响　　　　D. 利用钢筋抗拉承受弯矩

正确答案：B

分析：在混凝土基础底部配置受力钢筋，利用钢筋抗拉，这样基础可以承受弯矩，不受刚性角的限制。

(2) 按基础的构造形式分类

1) 独立基础（单独基础）。独立基础为独立的块状，形式有台阶形、锥形、杯形等，一般多为柱下独立基础。

2) 条形基础。条形基础是指基础长度远大于其宽度的一种基础形式。按上部结构形式，可分为墙下条形基础、柱下条形基础。

① 墙下条形基础。条形基础是承重墙基础的主要形式，常用砖、毛石、三合土或灰土建造。当上部结构荷载较大而土质较差时，可采用钢筋混凝土建造。有墙下钢筋混凝土条形基础无肋式和有肋式两种形式。

② 柱下钢筋混凝土条形基础。当地基软弱而荷载较大时，采用柱下独立基础，底面积必然很大，因而互相接近。为增强基础的整体性并方便施工，节约造价，可将同一排的柱基础连通做成钢筋混凝土条形基础。

3) 柱下十字交叉基础（井格基础）。当地基条件较差，如土质软弱，为了增强基础的整体刚度，减少不均匀沉降，可以沿柱网纵横方向设置钢筋混凝土条形基础，形成十字交叉基础。

4) 筏形基础。如地基基础软弱而荷载又很大，采用十字基础仍不能满足要求或相邻基槽距离很小时，可用钢筋混凝土做成混凝土的筏形基础。按构造不同可分为平板式和梁板式两类。

平板式筏板基础一般是一块厚度相等的钢筋混凝土平板。梁板式筏板基础又分为两类：一类是在底板上做梁，柱子支承在梁上；另一类是将梁放在底板的下方，底板上面平整，可作建筑物底层底面。

5）箱形基础。为了使基础具有更大刚度，大大减少建筑物的相对弯矩，可将基础做成由顶板、底板及若干纵横隔墙组成的箱形基础。

6）桩基础。桩基由桩身和桩承台组成。桩基是按设计的点位将桩身置入土中的，桩的上端灌注钢筋混凝土承台，承台上接柱或墙体，使荷载均匀地传递给桩基。

桩基的种类很多，根据材料可分为木桩、钢筋混凝土桩和钢桩等；根据断面形式可分为圆形桩、方形桩、环形桩、六角形桩及工字形桩等；根据施工方法可分为预制柱和灌注桩。根据荷载传递的方式可分为端承桩和摩擦桩。

常见的基础形式如图 1-16 所示。此外还有壳体基础、圆环基础、沉井基础、沉箱基础等其他基础形式。

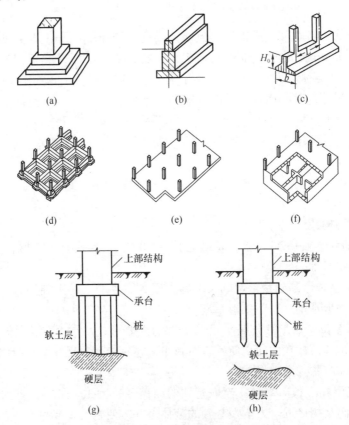

图 1-16 基础形式示意图

(a) 柱下独立基础；(b) 墙下条形基础；(c) 柱下条形基础；(d) 柱下十字交叉基础；
(e) 片筏基础；(f) 箱形基础；(g) 端承桩；(h) 摩擦桩

2. 基础埋深

从室外设计地面至基础底面的垂直距离称为基础的埋深。埋深大于或等于 5m 或埋深大于或等于基础宽度的 4 倍的基础称为深基础；埋深为 0.5m～5m 或埋深小于基础宽度 4 倍的基础称为浅基础。基础埋深除岩石地基外，不应浅于 0.5m；基础顶面应低于设计地面 100mm 以上，以避免基础外露，遭受外界的破坏。

[例1-5] 基础埋深是指从室外设计地坪至( )的垂直距离。

A. 基础顶面　　　　　　　　B. 基础底面

C. 地下室地坪　　　　　　　D. 基底垫层底面

正确答案：B

分析：基础埋深是指从室外设计地坪至基础底面的垂直距离。

3. 地下室防潮与防水构造

在建筑物底层以下的房间叫地下室。按功能可把地下室分为普通地下室和人防地下室两种；按形式可把地下室分为全地下室和半地下室两种；按材料可把地下室分为砖混结构地下室和钢筋混凝土结构地下室。

（1）地下室防潮。当地下室地坪位于常年地下水位以上时，地下室须做防潮处理。

对于砖墙，其构造要求是墙体必须采用水泥砂浆砌筑，灰缝要饱满；在墙外侧设垂直防潮层。其具体做法是：在墙体外表面先抹一层20mm厚的水泥砂浆找平层，再涂一道冷底子油和两道热沥青，然后在防潮层外侧回填低渗透土壤，并逐层夯实，土层宽500mm左右，以防地面雨水或其他地表水的影响。

地下室的所有墙体都必须设两道水平防潮层。一道设在地下室地坪附近，具体位置视地坪构造而定；另一道设置在室外地面散水以上150mm～200mm的位置，以防地下潮气沿地下墙身或勒脚渗入室内。凡在外墙穿管、接缝等处，均应嵌入油膏填缝防潮。当地下室使用要求较高时，可在围护结构内侧涂抹防水涂料，以消除或减少潮气渗入，如图1-17所示。

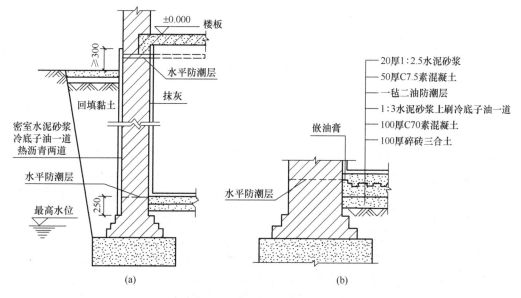

图 1-17　地下室防潮示意图

（a）墙体防潮；（b）地坪处防潮

地下室地面主要借助混凝土材料的憎水性能来防潮，但当地下室的防潮要求较高时，地层应做防潮处理。一般设在垫层与地面面层之间，且与墙身水平防潮层在同一水平面上。

（2）地下室防水。当地下室地坪位于最高设计地下水位以下时，地下室四周墙体及底板均受水压影响，应有防水功能。

地下室防水做法根据材料的不同常用的有防水混凝土防水、水泥砂浆防水、卷材防水、涂料防水、防水板防水、膨润土防水材料等。一般处于侵蚀介质中的工程应采用耐腐蚀的防水混凝土、防水砂浆或卷材、涂料；结构刚度较差或受振动影响的工程应采用卷材、涂料等柔性防水材料。地下室卷材防水做法示意图如图1-18所示。

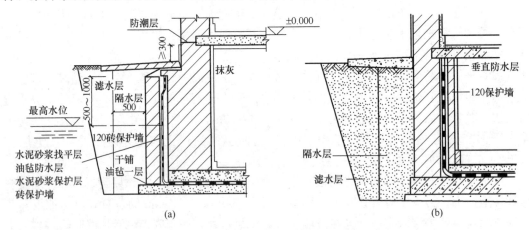

图1-18　地下室卷材防水做法示意图
（a）卷材外防水做法；（b）卷材内防水做法

1.3.2　墙

在一般砖混结构房屋中，墙既是承重结构，又是围护结构。在框架承重的房屋中，柱是主要承重结构，墙仅为分割房间、遮蔽风雨和阳光辐射的围护结构。

1. 墙的类型

墙在建筑物中主要起承重、围护及分隔作用，按墙在建筑物中的位置、受力情况、所用材料和构造方式不同可分为不同类型。

根据墙在建筑物中的位置，可分为内墙、外墙、横墙和纵墙。按受力不同，墙可分为承重墙和非承重墙。建筑物内部只起分隔作用的非承重墙称为隔墙。按构造方式不同，又分为实体墙、空体墙和组合墙三种类型。按所用材料不同，有砖墙、石墙、土墙、加气混凝土或工业废料制成的砌块墙、板材墙等。

（1）几种特殊材料墙体。

1）预制钢筋混凝土墙。预制外墙板是装配在预制或现浇框架结构上的围护外墙，适用于一般办公楼、旅馆、医院、教学、科研楼等民用建筑。

2）加气混凝土墙。有砌块、外墙板和隔墙板。加气混凝土墙可作承重墙或非承重墙，设计时应进行排块设计，避免浪费，其砌筑方法与构造基本与砌墙类似。加气混凝土砌块墙如无切实有效措施，不得使用在建筑物±0.00m以下，或长期浸水、干湿交替部位，以及受化学侵蚀的环境，制品表面经常处于80℃以上的高温环境。

3）压型金属板墙。压型金属板材是指采用各种薄型钢板（或其他金属板材）经过辊压冷弯成型为各种断面的板材，是一种轻质高强的建筑材料，有保温与非保温型两种。

4）石膏板墙。主要有石膏龙骨石膏板、轻钢龙骨石膏板、增强石膏空心条板等，适合用于中低档民用和工业建筑中的非承重内隔墙。

5）舒乐舍板墙。由聚苯乙烯泡沫塑料芯材、两侧钢丝网片和斜插腹丝组成，其具有强度高、自重轻、保温隔热、防火及抗震等良好的综合性能，适用于框架建筑的围护外墙及轻质内墙、承重的外保温复合外墙的保温层、低层框架的承重墙和屋面板等。

（2）隔墙。隔墙是分隔室内空间的非承重构件。隔墙的类型很多，按其构造方式可分为块材隔墙、骨架隔墙、板材隔墙三大类。

1）块材隔墙。块材隔墙是用普通砖、空心砖、多孔砖、加气混凝土等块材砌筑而成的，常用的有普通砖隔墙和砌块隔墙。

2）骨架隔墙。骨架隔墙由骨架和面层两部分组成，由于是先立墙筋后做面层，因而又称为立筋式隔墙。

3）板材隔墙。板材隔墙是指单板高度相当房间净高，面积较大，且不依赖骨架，直接装配而成的隔墙。目前，采用的大多为条板，如加气混凝土条板、石膏条板、碳化石灰板、增强石膏空心板、水泥刨花板等。

［例1-6］按照结构受力情况，墙体可分为（　　）。

A. 承重墙和非承重墙　　　　B. 外墙和内墙

C. 实体墙和组合墙　　　　　D. 块材墙和板筑墙

正确答案：A

分析：按受力不同，墙可分为承重墙和非承重墙。

2. 墙体细部构造

为了保证砖墙的耐久性和墙体与其他构件的连接，应在相应的位置进行构造处理。砖墙的细部构造主要包括：

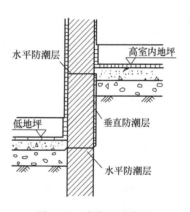

图 1-19　防潮层示意图

（1）防潮层。在墙身中设置防潮层的目的是防止土壤中的水分沿基础墙上升和勒脚部位的地面水影响墙身，其作用是提高建筑物的耐久性，保持室内干燥卫生。当室内地面均为实铺时，外墙墙身防潮层在室内地坪以下60mm处；当建筑物墙体两侧地坪不等高时，在每侧地表下60mm处，防潮层应分别设置，并在两个防潮层间的墙上加设垂直防潮层，如图1-19所示；当室内地面采用架空木地板时，外墙防潮层应设在室外地坪以上，地板木搁栅垫木之下。墙身防潮层一般有油毡防潮层、防水砂浆防潮层、细石混凝土防潮层和钢筋混凝土防潮层等。

［例1-7］关于砖墙墙体防潮层设置位置的说法，正确的是（　　）。

A. 室内地面均为实铺时，外墙防潮层设在室内地坪处

B. 墙体两侧地坪不等高时，应在较低一侧的地坪处设置

C. 室内采用架空木地板时，外墙防潮层设在室外地坪以上、地板木搁栅垫木以下

D. 钢筋混凝土基础的砖墙墙体不需设置水平和垂直防潮层

正确答案：C

分析：选项 A，当室内地面均为实铺时，外墙墙身防潮层在室内地坪以下 60mm 处；选项 B，当建筑物墙体两侧地坪不等高时，在每侧地表下 60mm 处，防潮层应分别设置，并在两个防潮层间的墙上加设垂直防潮层；选项 D，基础的砖墙墙体是需要设置的。

（2）勒脚。勒脚是指外墙与室外地坪接近的部分，如图 1-20 所示。其作用是防止地面水、屋檐滴下的雨水对墙面的侵蚀，从而保护墙面，保证室内干燥，提高建筑物的耐久性，同时，还有美化建筑外观的作用。勒脚经常采用抹水泥砂浆、水刷石，或在勒脚部位将墙体加厚，或用坚固材料来砌，如石块、天然石板、人造板贴面。勒脚的高度一般为室内地坪与室外地坪高差，也可以根据立面的需要而提高勒脚的高度尺寸。

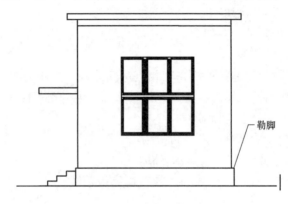

图 1-20 勒脚示意图

（3）散水和暗沟（明沟）。为了防止地表水对建筑基础的侵蚀，在建筑物的四周地面上设置暗沟（明沟）或散水。降水量大于 900mm 的地区应同时设置暗沟（明沟）和散水。

（4）窗台。窗洞口的下部应设置窗台。窗台根据窗子的安装位置可形成内窗台和外窗台。外窗台是防止在窗洞底部积水，并流向室内；内窗台则是为了排除窗上的凝结水，以保护室内墙面。内窗台的做法也有两种：水泥砂浆窗台，窗台板，对于装修要求高的房间，一般均采用窗台板。

（5）过梁。过梁是门窗等洞口上设置的横梁，承受洞口上部墙体与其他构件（楼层、屋顶等）传来的荷载。宽度超过 300m 的洞口上部，应设置过梁。过梁可直接用砖砌筑，也可用木材、型钢和钢筋混凝土制作。钢筋混凝土过梁采用最为广泛。

（6）圈梁。圈梁是在房屋的檐口、窗顶、楼层、吊车梁顶或基础顶面标高处，沿砌体墙水平方向设置封闭状的按构造配筋的混凝土梁式构件。

钢筋混凝土圈梁宽度一般同墙厚，当墙厚不小于 240mm 时其宽度不宜小于墙厚的 2/3，高度不小于 120mm。纵向钢筋数量不少于 4 根，直径不应小于 10mm，箍筋间距不应大于 300mm。当圈梁遇到洞口不能封闭时，应在洞口上部设置截面不小于圈梁截面的附加梁，其搭接长度不小于 1m，且应大于两梁高差的 2 倍，但对有抗震要求的建筑物，圈梁不宜被洞口截断，如图 1-21 所示。

（7）构造柱。在砌体房屋墙体的规定部位，按构造配筋，并按先砌墙后浇灌混凝土柱施工顺序制成的混凝土柱称为构造柱。构造柱与圈梁一起构成空间骨架，提高了建筑物的

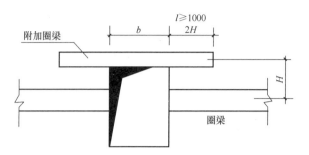

图 1-21 附加圈梁与原圈梁间的搭接

整体刚度和墙体的延性，约束墙体裂缝的开展，从而增加建筑物承受地震作用的能力。

砖混结构中构造柱的最小截面尺寸为 240mm×180mm，竖向钢筋一般用 4 Φ 12，箍筋间距不大于 250mm，且在柱上下端应适当加密。构造柱可不单独设置基础，但构造柱应伸入室外地面下 500mm，或与埋深小于 500mm 的基础圈梁相连。

[例 1-8] 提高墙体抗震性能的构造主要有（　　）。

A. 圈梁　　　　　　　　　　　　B. 过梁

C. 构造柱　　　　　　　　　　　D. 沉降缝

E. 防震缝

正确答案：A、C

分析：提高墙体抗震性能的构造主要有圈梁、构造柱。

（8）变形缝。变形缝包括伸缩缝、沉降缝和防震缝，它的作用是保证房屋在温度变化、基础不均匀沉降或地震时能有一些自由伸缩，以防止墙体开裂，结构破坏。

1）伸缩缝。又称温度缝，主要作用是防止房屋因气温变化而产生裂缝。其做法为沿建筑物长度方向每隔一定距离预留缝隙，将建造物从屋顶、墙体、楼层等地面以上构件全部断开，基础因受温度变化影响较小，不必断开。伸缩缝的宽度一般为 20mm～30mm，缝内应填保温材料。

2）沉降缝。当房屋相邻部分的高度、荷载和结构形式差别很大而地基又较弱时，房屋有可能产生不均匀沉降，致使某些薄弱部位开裂。为此，应在适当位置如复杂的平面或体形转折处、高度变化处、荷载、地基的压缩性和地基处理的方法明显不同处设置沉降缝。沉降缝与伸缩缝不同之处是除屋顶、楼板、墙身都要断开外，基础部分也要断开，即使相邻部分也可自由沉降、互不牵制。

3）防震缝。地震区设计的多层房屋，为防止地震使房屋破坏，应用防震缝将房屋分成若干形体简单、结构刚度均匀的独立部分。防震缝一般从基础顶面开始，沿房屋全高设置。缝的宽度按建筑物高度和所在地区的地震烈度来确定。一般多层砌体建筑的缝宽50mm～100mm；多层钢筋混凝土结构建筑，高度 15m 及以下时，缝宽为 70mm；当建筑高度超过 15m 时，按烈度增大缝宽。

[例 1-9] 避免因各段荷载不均引起下沉而产生裂缝，将建筑物从基础到顶部分隔成段的竖直缝是（　　）。

A. 沉降缝　　　　　B. 伸缩缝　　　　　C. 防震缝　　　　　D. 施工缝

正确答案：A

分析：避免因各段荷载不均引起下沉而产生裂缝，将建筑物从基础到顶部分隔成段的竖直缝是沉降缝。

[**例 1-10**] 为防止房屋因温度变化产生裂缝而设置的变形为（　　）。

A. 沉降缝　　　　　　B. 防震缝　　　　　　C. 施工缝　　　　　　D. 伸缩缝

正确答案：D

分析：为防止房屋因温度变化产生裂缝而设置的变形为伸缩缝。

（9）烟道与通风管道。烟道用于排除燃煤气的烟气。通风道主要用来排除室内的污浊空气。烟道设于厨房内，通风道常设于暗厕内。

3. 墙体保温隔热

建筑物的耗热量主要是由围护结构的传热损失引起的，建筑围护结构的传热损失占总耗热量的73%～77%。在围护结构的传热损失中，外墙约占25%，减少墙体的传热损失能显著提高建筑的节能效果。外墙的保温构造，按其保温层所在的位置不同分为单一保温外墙、外保温外墙、内保温外墙和夹芯保温外墙4种类型，如图1-22所示。

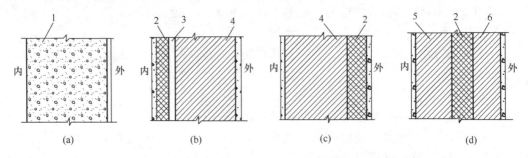

图 1-22　外墙保温结构的类型

(a) 单一保温墙体；(b) 内保温墙体；(c) 外保温墙体；(d) 夹芯保温墙体；

1—主体结构兼保温材料；2—保温材料；3—空气层；4—主体结构；5—内层墙体；6—外层墙体

（1）外墙外保温。外墙外保温是指在建筑物外墙的外表面上设置保温层。其构造由外墙、保温层、保温层的固定和面层等部分组成。具体构造示意如图1-23所示。

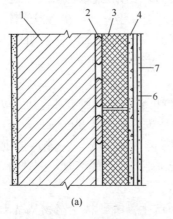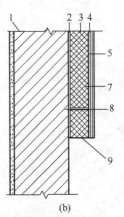

图 1-23　外墙外保温基本构造

(a) 外墙外保温基本构造一；(b) 外墙外保温基本构造二；

1—主体结构；2—胶粘剂；3—保温层；4—抹灰层；5—有钢丝网加强的抹灰层；

6—加强网布；7—饰面层；8—固定件；9—底边覆盖条

1）外墙外保温的构造。常用的外保温材料有：膨胀型聚苯乙烯板（EPS）、挤塑型聚苯乙烯板（XPS）、岩棉板、玻璃棉毡以及超轻保温浆料等。采用钉固方式时，通常采用膨胀螺栓或预埋筋等固件将保温层固定在基层上。超轻保温浆可直接涂抹在外墙表面上。

2）外墙外保温的特点。与内保温墙体比较，外保温墙体有下列优点：一是外墙外保温系统不会产生热桥，因此具有良好的建筑节能效果。二是外保温对提高室内温度的稳定性有利。三是外保温墙体能有效地减少温度波动对墙体的破坏，保护建筑物的主体结构，延长建筑物的使用寿命。四是外保温墙体构造可用于新建的建筑物墙体，也可以用于旧建筑外墙的节能改造。

（2）外墙内保温。

外墙内保温构造。外墙内保温构造由主体结构与保温结构两部分组成，主体结构一般为砖砌体、混凝土墙等承重墙体，也可以是非承重的空心砌块或加气混凝土墙体。保温结构由保温板和空气层组成，常用的保温板有 GRC 内保温板、玻纤增强石膏外墙内保温板、P-GRC 外墙内保温板等；空气层的作用既能防止保温材料变潮，也能提高墙体的保温能力。外墙内保温大多采用干作业施工，使保温材料避免了施工水分的入侵而变潮。

1.3.3 地面

1. 地面构造

地面主要由面层、垫层和基层三部分组成，当它们不能满足使用或构造要求时，可考虑增设结合层、隔离层、找平层、防水层、隔声层、保温层等附加层。

（1）面层。面层是地面上表面的铺筑层，也是室内空间下部的装修层。它起着保证室内使用条件和装饰地面的作用。

（2）垫层。垫层是位于面层之下用来承受并传递荷载的部分，它起到承上启下的作用。根据垫层材料的性能，可把垫层分为刚性垫层和柔性垫层。

（3）基层。基层是地面的最下层，它承受垫层传来的荷载，因而要求它坚固、稳定。实铺地面的基层为地表回填土，它应分层夯实，其压缩变形量不得超过允许值。

2. 地面节能构造

地面按是否直接与土壤接触分为两类：一类是直接接触土壤的地面，另一类是不直接与土壤接触的地面。这种不直接与土壤接触的地面，按情况又可分为接触室外空气的地板和不采暖地下室上部的地板两种。

（1）直接与土壤接触地面的节能构造。对一般性的民用建筑，房间中部的地面可以不做保温隔热处理。但是，靠近外墙四周边缘部分的地面下部的土壤，温度变化是相当大的。在严寒地区的冬季，靠近外墙周边地区下土壤层的温度很低。因此，对这部分地面必须进行保温处理，否则大量的热能会由这部分地面损失掉，同时使这部分地面出现冷凝现象。常见的保温构造方法是在距离外墙周边 2m 的范围内设保温层，如图 1-24 所示。

（2）与室外空气接触地板的节能构造。对直接与室外空气接触的地板（如骑楼、过街楼地板）以及不采暖地下室上部的地板等，应采取保温隔热措施，使这部分地板满足建筑节能的要求。

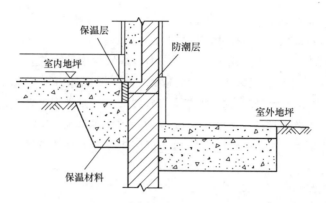

图 1-24　外墙周边地面的保温构造

1.3.4　楼板

楼板是多层建筑中沿水平方向分隔上下空间的结构构件。它除了承受并传递竖向荷载和水平荷载外，还应具有一定程度的隔声、防火、防水等能力。同时，建筑物中的各种水平设备管线，也将在楼板内安装，主要由楼板结构层、楼面面层、板底天棚三个部分组成。

1. 楼板的类型

根据楼板结构所采用材料的不同，可分为木楼板、砖拱楼板、钢筋混凝土楼板以及压型钢板与钢梁组合的楼板等多种形式。

木楼板、砖拱楼板现已趋于不用。钢筋混凝土楼板具有强度高、刚度好、耐久、防火，且具有良好的可塑性，便于机械化施工等特点，是目前我国工业与民用建筑楼板的基本形式。近年来，由于压型钢板在建筑上的应用，出现了以压型钢板为底模的钢衬板楼板。钢筋混凝土楼板按施工方式的不同可以分为现浇整体式、预制装配式和装配整体式楼板。

2. 现浇钢筋混凝土楼板

（1）板式楼板。整块板为一厚度相同的平板。根据周边支承情况及板平面长短边边长的比值，又可把板式楼板分为单向板、双向板和悬挑板。房屋中跨度较小的房间（如厨房、厕所、贮藏室、走廊）及雨篷、遮阳等常采用现浇钢筋混凝土板式楼板。

（2）梁板式楼板。梁板式楼板由主梁、次梁（肋）、板组成。当房屋的开间、进深较大，楼面承受的弯矩较大时，常采用这种楼板。

（3）井字形密肋楼板。井字形密肋楼板没有主梁，都是次梁（肋），且肋与肋间的距离较小。当房间的平面形状近似正方形，跨度在 10m 以内时，常采用这种楼板。

（4）无梁楼板。对于平面尺寸较大的房间或门厅，也可以不设梁，直接将板支承于柱上，这种楼板称无梁楼板。无梁楼板分无柱帽和有柱帽两种类型。

3. 预制装配式钢筋混凝土楼板

预制装配式钢筋混凝土楼板是在工厂或现场预制楼板，然后采用人工或机械吊装到房屋上经坐浆灌缝而成。此做法可节省模板，改善劳动条件，提高效率，缩短工期，促进工业化水平。但预制楼板的整体性不好，灵活性也不如现浇板，更不宜在楼板上穿洞。

（1）预制钢筋混凝土板的类型

预制钢筋混凝土板有实心平板、槽形板和空心板三种类型。

1）实心平板。预制实心平板的跨度一般较小，不超过 2.4m，如做成预应力构件，跨度可达 2.7m。预制实心平板由于跨度较小，常被用作走道板、储藏室隔板或厨房、厕所板等。

2）槽形板。槽形板是由四周及中部若干根肋及顶面或底面的平板组成，属肋梁与板的组合构件。由于有肋，它的允许跨度可大些。当肋在板下时，称为正槽板。当肋在板上时，称为反槽板。

3）空心板。空心板是将平板沿纵向抽孔而成，以圆孔板最为常见。

（2）预制钢筋混凝土板的细部构造

1）板的搁置构造。板的搁置方式有两种。一种是板直接搁置在墙上，形成板式结构；另一种是将板搁置在梁上，梁支承在墙或柱子上，形成梁板式结构。

2）板的侧缝有 V 形缝、U 形缝、回槽缝三种形式

在进行板的布置时，一般要求的规格、类型越少越好，通常一个房间的预制板宽度尺寸的规格不超过两种。

4. 装配整体式钢筋混凝土楼板

装配整体式钢筋混凝土楼板是将楼板中的部分构件预制安装后，再通过现浇的部分连接成整体。这种楼板的整体性较好，可节省模板，施工速度较快。

（1）叠合楼板。叠合楼板是由预制板和现浇钢筋混凝土层叠合而成的装配整体式楼板。预制板既是楼板结构的组成部分，又是现浇钢筋混凝土叠合层的永久性模板，叠合楼板的预制部分，可以采用预应力实心薄板，也可采用钢筋混凝土空心板。

（2）密肋填充块楼板。密肋填充块楼板的密肋小梁有现浇和预制两种。现浇密肋填充块楼板以陶土空心砖，矿渣混凝土空心块等作为肋间填充块，然后现浇密肋和面板。

1.3.5 阳台与雨篷

1. 阳台

阳台主要由阳台板和栏杆扶手组成。阳台板是承重结构，栏杆扶手是围护安全的构件。阳台按其与外墙的相对位置分为挑阳台、凹阳台、半凹半挑阳台、转角阳台。

阳台承重结构的支承方式有墙承式、悬挑式等。墙承式多用于凹阳台；悬挑式适用于挑阳台或半凹半挑阳台，按悬挑方式不同有挑梁式和挑板式两种。

2. 雨篷

雨篷是设置在建筑物外墙出入口的上方用以挡雨并有一定装饰作用的水平构件。雨篷的支承方式多为悬挑式，其悬挑长度一般为 0.9m～1.5m。按结构形式不同，雨篷有板式和梁板式两种。板式雨篷多做成变截面形式，一般板根部厚度不小于 70mm，板端部厚度不小于 50mm。梁板式雨篷为使其底面平整，常采用翻梁形式。

1.3.6 楼梯

楼梯是建筑物内竖向交通和人员紧急疏散的主要交通设施。楼梯的宽度、坡度和踏步级数都应满足人们通行和搬运家具、设备的要求。楼梯的数量，取决于建筑物的平面布

置、用途、大小及人流的多少。楼梯应设在明显易找和通行方便的地方，以便在紧急情况下能迅速安全地将室内人员疏散到室外。

1. 楼梯的组成

楼梯一般由梯段、平台、栏杆扶手三部分组成。

（1）楼梯段。楼梯段是联系两个不同标高平台的倾斜构件。梯段的踏步步数一般不宜超过18级，且一般不宜少于3级，以防行走时踩空。

（2）楼梯平台。按平台所处位置和高度不同，有中间平台和楼层平台之分。两楼层之间的平台称为中间平台，而与楼层地面标高齐平的平台称为楼层平台。楼梯梯段净高不宜小于2.20m，楼梯平台过道处的净高不应小于2m。

（3）栏杆与扶手。栏杆是布置在楼梯梯段和平台边缘处有一定安全保障度的围护构件。扶手一般附设于栏杆顶部，也可附设于墙上，称为靠墙扶手。

2. 楼梯的类型

按所在位置，楼梯可分为室外楼梯和室内楼梯两种；按使用性质，楼梯可分为主要楼梯、辅助楼梯、疏散楼梯、消防楼梯等；按所用材料，楼梯可分为木楼梯、钢楼梯、钢筋混凝土楼梯等；按形式，楼梯可分为直跑式、双跑式、双分式、双合式、三跑式、四跑式、曲尺式、螺旋式、圆弧形、桥式、交叉式等。楼梯的形式根据使用要求、在房屋中的位置、楼梯间的平面形状而定。

3. 钢筋混凝土楼梯构造

钢筋混凝土楼梯按施工方法不同，主要有现浇整体式和预制装配式两类。

（1）现浇钢筋混凝土楼梯。现浇钢筋混凝土楼梯按楼梯段传力的特点可以分为板式和梁式两种。

1）板式楼梯。板式楼梯的梯段是一块斜放的板，它通常由梯段板、平台梁和平台板组成。

2）梁式楼梯。梁式楼梯段是由斜梁和踏步板组成。梯梁通常设两根，分别布置在踏步板的两端。

（2）预制装配式钢筋混凝土楼梯。装配式钢筋混凝土楼梯根据构件尺度的差别，大致可分为：小型构件装配式、中型构件装配式和大型构件装配式。

1）小型构件装配式楼梯。小型构件装配式楼梯是将梯段、平台分割成若干部分，分别预制成小构件装配而成。按照预制踏步的支承方式分为悬挑式、墙承式、梁承式三种。

2）中型及大型构件装配式楼梯。中型构件装配式楼梯一般是由楼梯段和带有平台梁的休息平台板两大构件组合而成，楼梯段直接与楼梯休息平台梁连接，楼梯的栏杆与扶手在楼梯结构安装后再进行安装。大型构件装配式楼梯，是将楼梯段与休息平台一起组成一个构件，每层由第一跑及中间休息平台和第二跑及楼层休息平台板两大构件组合而成。

4. 台阶与坡道

因建筑物构造及使用功能的需要，建筑物的室内外地坪有一定的高差，在建筑物的入口处，可以选择台阶或坡道来衔接。

（1）室外台阶。室外台阶一般包括踏步和平台两部分。台阶的坡度应比楼梯小，通常踏步高度为100mm～150mm，宽度为300mm～400mm。台阶一般由面层、垫层及基层组成。面层可选用水泥砂浆、水磨石、天然石材或人造石材等块材；垫层材料可选用混凝土、石材或砖砌体；基层为夯实的土壤或灰土。在严寒地区，为了防止冻害，在基层与混凝土垫层之间应设砂垫层。

（2）坡道。考虑车辆通行或有特殊要求的建筑物室外台阶处，应设置坡道或用坡道与台阶组合。坡道对防滑要求较高或坡度较大时可设置防滑条或做成锯齿形。

1.3.7　门与窗

门和窗是建筑物中的围护构件。门在建筑中的作用主要是交通联系，并兼有采光、通风之用；窗的作用主要是采光和通风。门窗还要有一定的保温、隔声、防雨、防风沙等能力，在构造上，应满足开启灵活、关闭紧密、坚固耐久、便于擦洗、符合模数等方面的要求。

1. 门、窗的类型

（1）按所用的材料分，有木、钢、铝合金、玻璃钢、塑料、钢筋混凝土门窗等几种。

1）木门窗。选用优质松木或杉木等制作，但耐腐蚀性能一般，且耗用木材，目前采用较少。

2）钢门窗。由轧制成型的型钢经焊接而成，但易锈蚀，且自重大，目前采用较少。

3）铝合金门窗。铝合金门窗由经表面处理的专用铝合金型材制作构件，经装配组合制成。

4）塑料门窗。塑料门窗由工程塑料经注模制作而成，是近几年发展起来的一种新型门窗。

5）钢筋混凝土门窗。主要是用预应力钢筋混凝土做门窗框，门窗扇由其他材料制作，具有耐久性好、价格低、耐潮湿等优点，但密闭性及表面光洁度较差。

6）复合门窗。复合门窗一般由铝合金、型钢与木材、塑料、保温材料等复合而成的门窗。常见的做法是用木材或塑料来阻断金属矿料的传热通道，形成钢木型复合框料或钢塑型复合框料，如图 1-25 所示。

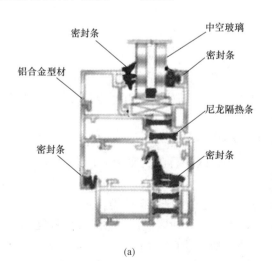

（a）　　　　　　　　（b）

图 1-25　断桥式铝合金窗

（a）铝合金型材断桥示意；（b）铝合金窗截面

（2）按开启方式分类。可分为平开门、弹簧门、推拉门、转门、折叠门、卷门、自动门等。窗分为平开窗、推拉窗、悬窗、固定窗等几种形式。

（3）按镶嵌材料分类。可以把窗分为玻璃窗、百叶窗、纱窗、防火窗、防爆窗、保温窗、隔音窗等几种。按门板的材料，可以把门分为镶板门、拼板门、纤维板门、胶合板门、百叶门、玻璃门、纱门等。

2. 门、窗的构造组成

（1）门的构造组成。一般门的构造主要由门和门扇两部分组成。门樘又称门框，由上槛、中槛和边框等组成，多扇门还有中竖框。门扇由上冒头、中冒头、下冒头和边梃等组成。

（2）窗的构造组成。窗主要由窗樘和窗扇两部分组成。窗樘又称窗框，一般由上框、下框、中横框、中竖框及边框等组成。

3. 门与窗的尺度

（1）门的尺度。房间中门的最小宽度，是由人体尺寸、通过人流股数及家具设备的大小决定的。门的最小宽度一般为 700mm，常用于住宅中的厕所、浴室。住宅中卧室、厨房、阳台的门应考虑一人携带物品通行，卧室常取 900mm。厨房可取 800mm。

（2）窗的尺度。窗的尺度主要取决于房间的采光、通风、构造做法和建筑造型等要求，并应符合《建筑模数协调标准》GB/T 50002 的规定。一般平开木窗的窗扇高度为 800mm～1200mm，宽度不宜大于 500mm，上下悬窗的窗扇高度为 300mm～600mm，中悬窗窗扇高不宜大于 1200mm，宽度不宜大于 1000mm，推拉窗高宽均不宜大于 1500mm。各类窗的高度与宽度尺寸通常采用扩大模数 3M 数列作为洞口的标志尺寸，需要时只要按所需类型及尺度大小直接选用。

4. 门窗节能

门窗是建筑节能的重要部位，提高建筑门窗的节能效率应从改善门窗的保温隔热性能和加强门窗的气密性两个方面进行。

（1）窗户节能。

1）控制窗户的面积。窗墙比是节能设计的一个控制指标，它是指窗口面积与房间立面单元面积（即房间层高与开间定位线围成的面积）的比值。

2）提高窗的气密性。在工程实践中，窗的空气渗透主要是由窗框与墙洞、窗框与窗扇、玻璃与窗扇这三个部位的缝隙产生的，提高这三个部位的密封性能是改善窗户的气密性能、减少冷风渗透的主要措施。

3）减少窗户传热。在《建筑外门窗保温性能分级及检测方法》GB/T 8484 中，根据外窗的传热系数，将窗户的保温性能分为 10 级，我国现行的建筑节能标准对各种情况下外窗传热系数的限制都有详细的规定。

（2）门的节能。门的保温隔热性能与门框、门扇的材料和构造类型有关。

1）入户门。根据我国建筑节能设计标准，不同气候地区应选择不同保温性能的户门。

2）阳台门。目前阳台门有两种类型：一种落地玻璃阳台门，这种门的节能设计可将其看作外窗来处理；另一种是由门芯板及玻璃组合形成的阳台门，这种门的玻璃部分按外窗处理，阳台门下部的门芯板应采取保温隔热措施，例如，可用聚苯夹芯板型材代替单层钢质门芯板等。

（3）建筑遮阳。建筑遮阳是防止太阳直射光线进入室内引起夏季室内过热及避免产生眩光而采取的一种建筑措施。在建筑设计中，建筑物的挑檐、外廊、阳台都有一定的遮阳作用。

1.3.8 屋顶

屋顶是房屋最上层起承重和覆盖作用的构件。它的作用主要有三个：一是防御自然界的风、雨、雪、太阳辐射热和冬季低温等的影响；二是承受自重及风、沙、雨、雪等荷载及施工或屋顶检修人员的活荷载；三是屋顶是建筑物的重要组成部分，对建筑形象的美观起着重要作用。

1. 屋顶的类型

由于地域不同、自然环境不同，屋面材料不同、承重结构不同，屋顶的类型也很多。归纳起来大致可分为三大类：平屋顶、坡屋顶和曲面屋顶。

（1）平屋顶。平屋顶是指屋面坡度在10%以下的屋顶，最常用的排水坡度为2%～3%。

（2）坡屋顶。坡屋顶是指屋面坡度在10%以上的屋顶。它包括单坡、双坡、四坡、歇山式、折板式等多种形式。

（3）曲面屋顶。屋顶为曲面，如球形、悬索形、鞍形等。这种屋顶施工工艺较复杂，但外部形状独特。

2. 平屋顶的构造

平屋顶（从下到上）主要由结构层、找平层、隔汽层、找坡层、隔热层（保温层）、找平层、结合层、防水层、保护层等部分组成。其构造简图如图1-26所示。与坡屋顶相比，平屋顶具有屋面面积小，减少建筑所占体积，降低建筑总高度，屋面便于上人等特点，因而被广泛采用。

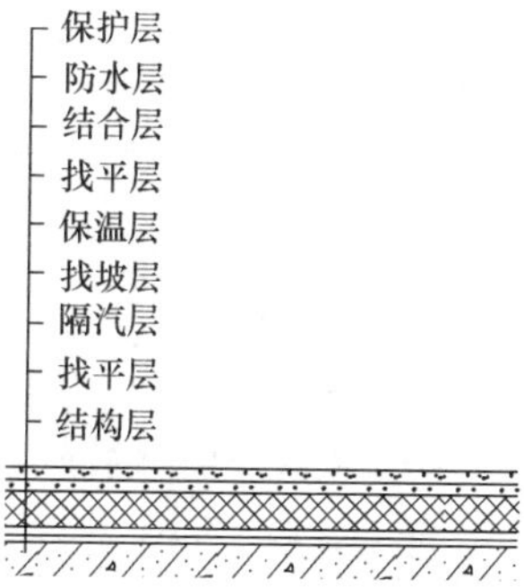

图1-26 平屋顶构造

保护层
防水层
结合层
找平层
保温层
找坡层
隔汽层
找平层
结构层

（1）平屋顶的排水。

1）平屋顶起坡方式。要使屋面排水通畅，平屋顶应设置不小于1%的屋面坡度。形成这种坡度的方法有两种：

第一种方法是材料找坡，也称垫坡。这种找坡法是把屋顶板平置，屋面坡度由铺设在屋面板上的厚度有变化的找坡层形成。设有保温层时，利用屋面保温层找坡；没有保温层时，利用屋面找平层找坡。找坡层的厚度最薄处不小于20mm，平屋顶材料找坡的坡度宜为2%。

第二种方法是结构起坡，也称搁置起坡。把顶层墙体或圈梁、大梁等结构构件上表面做成一定坡度，屋面板依势铺设形成坡度，平屋顶结构找坡的坡度宜为3%。檐沟、天沟纵向找坡不应小于1%，沟底水落差不得超过200mm。

2）平屋顶排水方式。屋面排水方式可分为有组织排水和无组织排水两种方式。有组织排水时，宜采用雨水收集系统。高层建筑屋面宜采用内排水；多层建筑屋面宜采用有组织外排水；低层建筑及高小于10m的屋面，可采用无组织排水。多跨及汇水面积较大的屋面宜采用天沟排水，天沟找坡较长时，宜采用中间内排水和两端外排水。

3）屋面落水管的布置。屋面落水管的布置量与屋面集水面积大小、每小时最大降雨量、排水管管径等因素有关。在工程实践中，落水管间的距离（天沟内流水距离）以

10m～15m 为宜。当计算间距大于适用距离时，应按适用距离设置落水管；当计算间距小于适用间距时，按计算间距设置落水管。

[例1-11]　高层建筑的屋面排水应优先选择（　　　　）。

A. 内排水　　　　　　　　　　B. 外排水

C. 无组织排水　　　　　　　　D. 天沟排水

正确答案：A

分析：高层建筑的屋面排水应优先选择内排水；多层建筑屋面宜采用有组织外排水。

（2）平屋顶柔性防水及构造。屋面防水工程应根据建筑物的类别、重要程度、使用功能要求确定防水等级，并按相应等级进行防水设防，对防水有特殊要求的建筑屋面，应进行专项防水设计。屋面防水等级和设防要求应符合表1-1的规定。

屋面防水等级和设防要求

表1-1

防水等级	建筑类型	设防要求	具体做法
一级	重要建筑和高层建筑	两道	卷材防水层和卷材防水层； 卷材防水层和涂膜防水层； 复合防水层
二级	一般建筑	一道	卷材防水层； 涂膜防水层； 复合防水层

1）找平层。卷材、涂膜的基层宜设找平层，找平层设置在结构层或保温层上面，常用 15mm～25mm 厚的 1：2.5～1：3 水泥砂浆做找平层，或用 C20 的细石混凝土做找平层。

保温层上的找平层应留设分隔缝，缝宽宜为 5mm～20mm，纵横缝的间距不宜大于 6m。基层转角处应抹成圆弧形，其半径不小于 50mm。找平层表面平整度的允许偏差为 5mm。分格缝处应铺设带胎体增强材料的空铺附加层，其宽度为 200mm～300mm。

2）结合层。当采用水泥砂浆及细石混凝土为找平层时，为了保证防水层与找平层能更好地黏结，采用沥青为基材的防水层，在施工前应在找平层上涂刷冷底子油做基层处理（用汽油稀释沥青），当采用高分子防水层时，可用专用基层处理剂。

3）防水层。柔性防水屋顶可采用防水卷材防水、涂膜防水或复合防水。

① 卷材防水屋面。防水卷材应铺设在表面平整、干燥的找平层上，待表面干燥后作为卷材防水屋面的基层。目前卷材防水使用较多的是合成高分子防水卷材和高聚物改性沥青防水卷材，其最小厚度如表1-2所示。

每道卷材防水层最小厚度

表1-2

防水等级	合成高分子防水卷材	高聚物改性沥青防水卷材		
		聚酯胎、玻纤胎、自粘聚酯胎	自粘无胎	聚乙烯胎
一级	1.2	3.0	2.0	1.5
二级	1.5	4.0	3.0	2.0

② 涂膜防水屋面。涂膜防水屋面是在屋面基层上涂刷防水涂料，经固化后形成一层

有一定厚度和弹性的整体涂膜，从而达到防水目的的一种防水屋面形式。

防水涂料每道涂膜防水层的最小厚度规定如表 1-3 所示。

每道涂膜防水层的最小厚度规定（mm）　　　　　　　　　　表 1-3

防水等级	合成高分子防水涂膜	聚合物水泥防水涂膜	高聚物改性沥青防水涂膜
一级	1.5	1.2	2.0
二级	2.0	2.0	3.0

③ 复合防水屋面。由彼此相容的卷材和涂料组合而成的防水层称作复合防水层。

4）保护层。保护层是防水层上表面的构造层。它可以防止太阳光的辐射而致防水层过早老化。

块体材料、水泥砂浆、细石混凝土保护层与卷材、涂膜防水层之间，应设置隔离层。采用细石混凝土做保护层时，表面应抹平压光，并应设分隔缝。采用淡色涂料做保护层时，应与防水层黏结牢固，厚薄应均匀，不得漏涂。

5）平屋顶防水细部构造。屋面细部构造应包括檐口、檐沟和天沟、女儿墙和山墙、水落口、变形缝等。

① 檐口。卷材防水屋面檐口 800mm 范围内的应满粘，卷材收头应采用金属压条钉压，并应用密封材料封严。卷材防水和涂膜防水口下端均应做鹰嘴和滴水槽，如图 1-27 和图 1-28 所示。

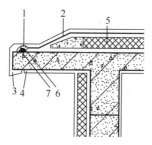
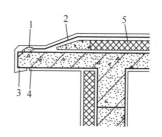

图 1-27　卷材防水屋面檐口　　　　　　　　图 1-28　卷材防水屋面檐口

1—密封材料；2—卷材防水层；3—鹰嘴；　　　1—涂料多遍涂刷；2—涂料防水层；

4—滴水槽；5—保温层；6—金属压条；　　　　3—鹰嘴；4—滴水槽；5—保温层

7—水泥钉

② 檐沟和天沟。卷材或涂膜防水屋面檐沟和天沟的防水层下应增设附加层，附加层伸入屋面的宽度不应小于 250mm。卷材或涂膜防水屋面檐沟和天沟的防水构造如图 1-29 所示。

③ 女儿墙。女儿墙压顶可采用混凝土或金属制品。压顶向内排水坡度不应小于 5%，压顶内侧下端应做滴水处理。女儿墙涂膜收头应用防水涂料多遍涂刷，如图 1-30 所示。高女儿墙泛水处的防水层泛水高度不应小于 250mm，泛水上部的墙体应做防水处理，如图 1-31 所示。

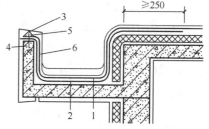

图 1-29　卷材或涂膜防水屋面檐沟

1—防水层；2—附加层；3—密封材料；

4—水泥钉；5—金属压条；6—保护层

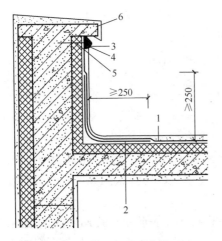

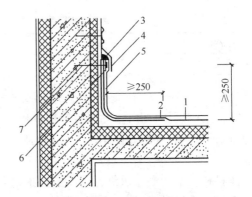

图 1-30 低女儿墙防水处理

1—防水层；2—附加层；3—密封材料；

4—金属压条；5—水泥钉；6—压顶

图 1-31 高女儿墙防水处理

1—防水层；2—附加层；3—密封材料；4—金属盖条；

5—保护层；6—金属压条；7—水泥钉

（3）平屋顶的保温、隔热。保温层是指减少屋面热交换作用的构造层。隔热层是指减少太阳辐射热向室内传递的构造层。保温层分为板状材料、纤维材料、整体材料三种类型，隔热层分为种植、架空、蓄水三种形式。

1）平屋顶的节能措施。

平屋顶保温层的构造方式有正置式和倒置式两种，正置式屋面（传统屋面构造做法），其构造一般为隔热保温层在防水层的下面。倒置式做法即把传统屋面中防水层和隔热层的层次颠倒一下，防水层在下面，保温隔热层在上面。

平屋顶均可在屋顶设置架空通风隔热层或布置屋顶绿化，以提高屋顶的通风和隔热效果。

2）平屋顶的保温材料，平屋顶倒置式保温材料可采用：挤塑聚苯板、泡沫玻璃保温板等，平屋顶正置式保温材料可采用，膨胀聚苯板、挤塑聚苯板、硬泡聚氨酯、石膏玻璃棉板、水泥聚苯板、加气混凝土等。

3）平顶的几种节能构造做法。

① 高效保温材料节能屋顶构造。这种屋顶保温层选用高效轻质的保温材料，保温层为实铺。

② 架空型保温节能屋顶构造。架空层的常见做法是 2～3 块实心黏土砖的砖墩，上铺钢筋混凝土板，架空层内铺轻质保温材料。

③ 保温、找坡结合型保温节能屋顶构造。这种屋顶常用浮石砂或蛭石做保温与找坡相结合的构造层，保温层厚度要经过节能计算，并形成 2% 的排水坡度。

[例 1-12] 所谓倒置式保温屋顶指的是（　　）。

A. 先做保温层，后做找平层　　B. 先做保温层，后做防水层

C. 先做找平层，后做保温层　　D. 先做防水层，后做保温层

正确答案：D

分析：倒置式保温屋顶是指先做防水层，后做保温层。

3. 坡屋顶的构造

所谓坡屋顶是指屋面坡度在10％以上的屋顶。屋面构造层次主要由屋顶天棚、承重结构层及屋面面层组成，必要时还应增设保温层、隔热层等，如图1-32所示。坡屋面采用沥青瓦、块瓦、波形瓦和一级设防的压型金属板时，应设置防水垫层，与瓦屋面共同组成防水层。防水垫层是指设置在瓦材或金属板材下面，起防水、防潮作用的构造层。

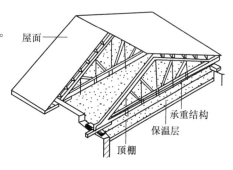

图1-32　坡屋顶的构造

（1）坡屋顶的承重结构

1）砖墙承重。砖墙承重又叫硬山搁檩，是将房屋的内外横墙砌成尖顶状，在上面直接搁置檩条来支承屋面的荷载。砖墙承重结构体系适用于开间较小的房屋，如图1-33（a）所示。

2）屋架承重。屋顶上搁置屋架，用来搁置檩条以支承屋面荷载。通常屋架搁置在房屋的纵向外墙或柱上，使房屋有一个较大的使用空间。为了防止屋架的倾覆，提高屋架及屋面结构的空间稳定性，屋架间要设置支撑，屋架支撑主要有垂直剪刀撑和水平系杆等，如图1-33（b）所示。

3）梁架结构。民间传统建筑多采用由木柱、木梁、木枋构成的这种结构，又称为穿斗结构，如图1-33（c）所示。

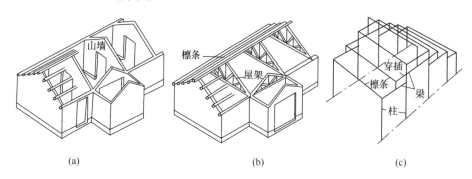

（a）　　　　　　　　（b）　　　　　　　　（c）

图1-33　坡屋顶的承重结构方式
（a）砖墙承重；（b）屋架承重；（c）梁架结构

4）钢筋混凝土梁板承重。钢筋混凝土承重结构层按施工方法分有两种：一种是现浇钢筋混凝土梁和屋面板，另一种是预制钢筋混凝土屋面板直接搁置在山墙上或屋架上。

（2）坡屋顶屋面

1）平瓦屋面。平瓦有水泥瓦和黏土瓦两种，其外形按防水及排水要求设计制作，机平瓦的外形尺寸约为230mm×（380～420）mm，瓦的四边有榫和沟槽。

2）波形瓦屋面。波形瓦屋面包括水泥石棉波形瓦、钢丝网水泥瓦、玻璃钢瓦、钙塑瓦、金属钢板瓦、石棉菱苦土瓦等。根据波形瓦的波浪大小又可分为大波瓦、中波瓦和小波瓦三种。

3）小青瓦屋面。小青瓦屋面在我国传统房屋中采用较多，目前有些地方仍然采用。

小青瓦断面呈弧形，尺寸及规格不统一。

（3）坡屋面的细部构造

1）檐口。坡屋面的檐口式样主要有两种：一种是挑出檐口，要求挑出部分的坡度与屋面坡一致；另一种是女儿墙檐口。

2）山墙。双坡屋面的山墙有硬山和悬山两种。硬山是指山墙与屋面等高或高于屋面成女儿墙。悬山是把屋面挑出山墙之外。

3）斜天沟。坡屋面的房屋平面形状有凸出部分，屋面上会出现斜天沟。构造上常采用镀锌铁皮折成槽状，依势固定在斜天沟下的屋面板上，以作为防水层。

4）烟囱泛水构造。烟囱四周应做泛水，以防雨水的渗漏。

5）檐沟和落水管。坡屋面房屋采用有组织排水时，需在檐口处设檐沟，并布置落水管。

（4）坡屋顶的天棚及保温、隔热与通风

1）天棚。坡屋面房屋，为室内美观及保温隔热的需要，多数均设天棚（吊顶），把屋面的结构层隐藏起来，以满足室内使用要求。

2）坡屋面的保温。坡屋顶应该设置保温隔热层，当结构层为钢筋混凝土板时，保温层宜设在结构层上部。当结构层为轻钢结构时，保温层可设置在上侧或下侧。

坡屋顶常采用的保温材料有：挤塑聚苯板、泡沫玻璃、膨胀聚苯板、微孔硅酸钙板硬泡聚氨酯等。

3）坡屋面的隔热与通风。坡屋面的隔热与通风有以下几种方法：

①通风屋面。把屋面做成双层，从檐口处进风，屋脊处排风。利用空气的流动，带走热量，降低屋面的温度。

②吊顶隔热通风。吊顶层与屋面之间有较大的空间，通过在坡屋面的檐口下，山墙处或屋面上设置通风窗，使吊顶层内空气有效流通，带走热量，降低室内温度。

1.3.9 装饰构造

装饰装修可以起到保护建筑物、改善建筑物的使用功能、美化环境、提高建筑物艺术效果的作用。装饰构造的分类方法很多，按装饰的位置不同，分为墙面装饰、楼地面装饰和天棚装饰。

1. 墙体饰面装修构造

按材料和施工方式的不同，常见的墙体饰面可分为抹灰类、贴面类、涂料类、裱糊类和铺钉类等。饰面装修一般由基层和面层组成。

（1）抹灰类。抹灰类墙面是指用石灰砂浆、水泥砂浆、水泥石灰混合砂浆、聚合物水泥砂浆、膨胀珍珠岩水泥砂浆，以及麻刀灰、纸筋灰、石膏灰等作为饰面层的装修做法。一般抹灰按质量要求分为普通抹灰、中级抹灰和高级抹灰三级。

（2）贴面类。贴面类是指利用各种天然石材或人造板、块，通过绑、挂或直接粘贴于基层表面的饰面做法。常用的贴面材料有陶瓷面砖、马赛克，以及水磨石、水刷石、剁斧石等水泥预制板和天然的花岗石、大理石板等。其中，质地细腻的材料常用于室内装修，如瓷砖，大理石板等。而面质感粗放的材料，如陶瓷面砖、马赛克、花岗岩板等，多用作室外装修。

（3）涂料类。涂料类是指利用各种涂料敷于基层表面，形成完整牢固的膜层，起到保护墙面和美观的一种饰面做法。用于外墙面的涂料，应具有良好的耐久、耐冻、耐污染性能。内墙料除应满足装饰要求外，还应有一定的强度和耐擦洗性能。

（4）裱糊类。裱糊类是将各种装饰性墙纸、墙布等卷材裱糊在墙面上的一种饰面做法。依面层材料的不同，有塑料面墙纸（PVC墙纸）、织物面墙纸、金属面墙纸及天然木纹面墙纸等。

（5）铺钉类。铺钉类指利用天然板条或各种人造薄板借助于钉，胶粘等固定方式对墙面进行的饰面做法。铺钉类装修是由骨架和面板两部分组成，施工时先在墙面上立骨架，然后在骨架上钉装饰面板。

2. 楼地面装饰构造

地面的材料和做法应根据房间的使用要求和装修要求并结合经济条件加以选用。地面按材料形式和施工方式可分为四大类，即整体浇筑楼地面、块料楼地面、卷材楼地面和涂料楼地面。

（1）整体浇筑楼地面。整体浇筑楼地面是指用现场浇筑的方法做成整片的地面，按材料不同可分为水泥砂浆楼地面、水磨石楼地面、菱苦土楼地面等。

1）水泥砂浆楼地面。水泥砂浆楼地面通常是用水泥砂浆在地面基层或垫层上一次抹压而成。

2）水磨石楼地面。水磨石楼地面是将用水泥作胶结材料、大理石或白云石等中等硬度石料的石屑作骨料而形成的水泥石屑浆浇抹硬结后，经磨光打蜡而成。

3）菱苦土楼地面。菱苦土楼地面是用苦土、锯末、滑石粉和矿物颜料干拌均匀后，加入氯化镁溶液调制成胶泥，铺抹压光，硬化稳定后，用磨光机磨光打蜡而成。

（2）块料楼地面。块料楼地面是指利用板材或块材铺贴而成的地面。按地面材料不同有陶瓷板块楼地面、石板楼地面、塑料板块楼地面和木楼地面等。

1）陶瓷板块楼地面。用作楼地面的陶瓷板块有锦砖和缸砖、陶瓷彩釉砖、瓷质无釉砖等各种陶瓷地砖。

2）石板楼地面。石板楼地面包括天然石楼地面和人造石楼地面。天然石有大理石和花岗石等，天然大理石色泽艳丽，具有各种斑驳纹理，可取得较好的装饰效果。

3）塑料板块楼地面。塑料楼地面材料的种类很多，目前聚乙烯塑料地面材料应用最广泛，它是以聚氯乙烯树脂为主要胶结材料，添加增塑剂、填充料、稳定剂、润滑剂和颜料等经塑化热压而成，可加工成块材和卷材，其材质有软质和半硬质两种。目前在我国应用较多的是半硬质聚氯乙烯块材。

4）木楼地面。木楼地面按构造方式有空铺式和实铺式两种。空铺式木楼地面是将支承木地板的搁栅架空搁置，使地板下有足够的空间便于通风，以保持干燥，防止木板受变形腐烂，空铺式木地面构造复杂，耗费木材较多，因而采用较少。实铺式木楼地面有铺钉式和粘贴式两种做法。铺钉式实铺木楼地面是将木搁栅搁置在混凝土垫层或钢筋混凝土楼板上的水泥砂浆或细石混凝土找平层上，在搁栅上铺钉木地板。粘贴式实铺木楼面是将木地板用沥青胶或环氧树脂等黏结材料直接粘在找平层上，若为底层地面，则应在找平层上做防潮层，或直接用沥青砂浆找平。

（3）卷材楼地面。卷材楼地面是用成卷的卷材铺贴而成。常见的地面卷材有软质聚氯乙烯塑料地毡，油地毡、橡胶地毡和地毯等。

（4）涂料楼地面。涂料楼地面是利用涂料涂刷或涂刮而成，它是水泥砂浆地面的一种表面处理形式，用以改善水泥砂浆地面在使用和装饰方面的不足，地面涂料品种较多，有溶剂型、水溶型和水乳型等地面涂料。

（5）踢脚线。为保护墙面，防止外界碰撞损坏墙面，或擦洗地面时弄脏墙面，通常在墙面靠近地面处设踢脚线（又称踢脚板）。踢脚线的材料一般与地面相同，故可看作是地面的一部分，即地面在墙面上的延伸部分。踢脚线通常凸出墙面，也可与墙面平齐或凹进墙面，其高度一般为 120mm～150mm。

3. 天棚装饰构造

一般天棚多为水平式，但根据房间用途不同，天棚可做成弧形、凹凸形、高低形、折线形等，依构造方式不同，天棚有直接式天棚和悬吊式天棚之分。

（1）直接式天棚。直接式天棚系指直接在钢筋混凝土楼板下喷刷粘贴装饰装修材料的一种构造方式，多用于大量性工业与民用建筑中，直接式天棚装修常用的方法有以下几种：直接喷、刷涂料，抹灰装修，贴面式装修。

（2）悬吊式天棚。悬吊式天棚又称吊天花，简称吊顶。在现代建筑中，为提高建筑物的使用功能，除照明、给排水管道，煤气管需安装在楼板层中外，空调管、灭火喷淋、感知器，广播设备等管线及其装置，均需安装在天棚上，为处理好这些设施，往往必借助于吊天棚来解决。吊顶依所采用的材料、装修标准以及防火要求的不同有木质骨架和金属骨架之分。

1.4 本章复习题及解析

1. 按厂房层数划分不包括（   ）。

A. 单层厂房   B. 多层厂房

C. 低层厂房   D. 混合层数厂房

正确答案：C

分析：本题考查工业建筑分类。按厂房层数划分单层厂房、多层厂房和混合层数厂房。

2. 按工业建筑用途划分，机械制造厂房的修理车间属于（   ）。

A. 动力用厂房   B. 其他建筑

C. 辅助生产厂房   D. 主要生产厂房

正确答案：C

分析：本题考查工业建筑分类。辅助生产厂房指为生产厂房服务的厂房，如机械制造厂房的修理车间、工具车间等，如表 1-4 所示。

按工业建筑用途划分工业建筑类型　　　　　　　　　　　　　　　表 1-4

类 别	用 途
主要生产厂房	指进行备料、加工、装配等主要工艺流程的厂房
辅助生产厂房	指为生产厂房服务的厂房，如机械制造厂房的修理车间、工具车间等

续表

类　别	用　途
动力用厂房	指为生产提供动力源的厂房，如发电站、变电所、锅炉房等
储存用建筑	贮存原材料、半成品、成品房屋
运输用建筑	管理、储存及检修交通运输工具的房屋，如汽车库、机车库、起重车库、消防车库等
其他建筑	如水泵房、污水处理建筑等

3. 柱与屋架铰接连接的工业建筑结构是(　　)。

A. 网架结构　　　　B. 排架结构　　　　C. 钢架结构　　　　D. 空间结构

正确答案：B

分析：本题考查工业建筑分类。排架结构型工业建筑是将厂房承重柱的柱顶与屋架或屋面梁作铰接连接，而柱下端则嵌固于基础中，构成平面排架，各平面排架再经纵向结构构件连接组成为一个空间结构。

4. 某办公楼的层数为8层，层高3.4m，按建筑物的层数和高度来划分应属于(　　)建筑。

A. 低层　　　　　　B. 多层　　　　　　C. 中高层　　　　　D. 高层

正确答案：D

分析：本题考查民用建筑分类。总高度超过24m的为高层建筑（不包括高度超过24m的单层主体建筑）如图1-34所示。

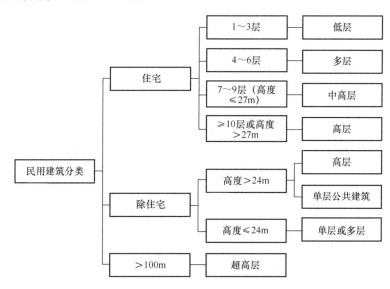

图1-34　民用建筑按层数与高度分类

5. 通常情况下，重要的建筑结构的耐久年限应在(　　)。

A. 25年以上　　　　B. 50年以上　　　　C. 100年以上　　　　D. 150年以上

正确答案：C

分析：本题考查民用建筑分类。一级建筑耐久年限为100年以上，适用于重要的建筑和高层建筑，如表1-5所示。

民用建筑按建筑的耐久年限分类   表 1-5

类 别	耐久年限	适 用
一级建筑	100 年＜耐久年限	重要、高层建筑
二级建筑	50 年＜耐久年限≤100 年	一般性建筑
三级建筑	25 年＜耐久年限≤50 年	次要的建筑
四级建筑	耐久年限＜15 年	临时建筑

6. 关于民用建筑的分类，下列说法正确的有（   ）。

A. 住宅建筑 10 层及以上的为高层建筑

B. 二层的体育场馆，高度为 25.8m，为高层建筑

C. 次要建筑的耐久年限不低于 25 年

D. 临时建筑的耐久年限不低于 15 年

E. 框架结构体系的主要优点是建筑平面布置灵活，可形成较大的建筑空间

正确答案：A、B、E

分析：本题考查民用建筑分类。10 层及以上或高度大于 27m 为高层住宅。除住宅建筑之外的民用建筑高度不大于 24m 者为单层或多层建筑，大于 24m 者为高层建筑（不包括建筑高度大于 24m 的单层公共建筑）。

7. 在满足一定功能前提下，与钢筋混凝土结构相比，型钢混凝土结构的优点在于（   ）。

A. 造价低   B. 承载力大

C. 节省钢材   D. 刚度大

E. 抗震性能好

正确答案：B、D、E

分析：本题考查民用建筑分类。型钢混凝土结构具备了比传统的钢筋混凝土结构承载力大、刚度大、抗震性能好的优点，如表 1-6 所示。

型钢混凝土组合结构的优点   表 1-6

对 比	优 点
传统钢筋混凝土结构	承载力大、刚度大、抗震性能好
钢结构	防火性能好、结构局部和整体稳定性好、节省钢材

8. 设计跨度为 120m 的展览馆，应优先采用（   ）。

A. 混合结构   B. 筒体结构   C. 排架结构   D. 悬索结构

正确答案：D

分析：本题考查民用建筑分类。悬索结构是比较理想的大跨度结构形式之一。主要用于体育馆、展览馆及大跨度桥梁中。

9. 高层建筑抵抗水平荷载最有效的结构是（   ）。

A. 剪力墙结构   B. 框架结构   C. 筒体结构   D. 混合结构

正确答案：C

分析：本题考查民用建筑分类。在高层建筑中，特别是特高层建筑中，水平荷载越来

越大，起着控制作用，筒体结构是抵抗水平荷载最有效的结构体系。

10. 单层工业厂房屋盖常见的承重构件有（　　）。

A. 钢筋混凝土屋面板　　　　　　B. 钢筋混凝土屋架

C. 钢筋混凝土屋面梁　　　　　　D. 钢屋架

E. 钢木屋架

正确答案：B、C、D、E

分析：本题考查工业建筑构造。屋盖的承重构件有钢筋混凝土屋架或屋面梁、钢屋架、木屋架、钢木屋架。

11. 单层工业厂房柱间支撑的作用是（　　）。

A. 提高厂房局部竖向承载能力　　B. 方便检修维护吊车梁

C. 提升厂房内部美观效果　　　　D. 加强厂房纵向刚度和稳定性

正确答案：D

分析：本题考查工业建筑构造。柱间支撑的作用是加强厂房纵向刚度和稳定性，将吊车纵向制动力和山墙抗风柱经屋盖系统传来的风力经柱间支撑传至基础。单层厂房的结构组成如表1-7所示。

单层厂房的结构组成　　　　　　　　　　　　　　　　表1-7

结构类型		结构构件	作　用
承重结构	横向排架	基础、柱、屋架	承受竖向荷载
	纵向连系构件	吊车梁、圈梁、连系梁、基础梁	保证厂房整体性、稳定性
	支撑系统构件	柱间支撑、屋盖支撑	传递水平荷载，保证厂房空间刚度、稳定性
围护结构	外墙、屋顶、地面、门窗、天窗、地沟、散水、坡道、消防梯、吊车梯等		围合建筑空间

12. 单层厂房的结构组成中，属于围护结构的是（　　）。

A. 基础　　　　　B. 吊车梁　　　　　C. 屋盖　　　　　D. 地面

正确答案：D

分析：本题考查工业建筑构造。围护结构包括屋顶、地面等。

13. 关于地基、基础的概念，下列表述正确的是（　　）。

A. 基础指地基以下的土层

B. 基础是建筑物埋在地面以下的承重构件

C. 地基是建筑物的组成部分

D. 地基将上部荷载及其自重传给基础

正确答案：B

分析：本题考查基础。地基指基础以下的土层，承受由基础传来的整个建筑物荷载及其自重。地基不是建筑物的组成部分。

14. 对于地基软弱土层厚、荷载大和建筑面积不太大的一些重要高层建筑，最常采用的基础构造形式为（　　）。

A. 独立基础　　　　　　　　　　B. 柱下十字交叉基础

C. 片筏基础　　　　　　　　　　D. 箱形基础

正确答案：D

分析：本题考查基础。箱形基础一般由钢筋混凝土建造，减少了基础底面的附加应力，因而适用于地基软弱土层厚、荷载大和建筑面积不太大的一些重要建筑物，目前高层建筑中多采用箱形基础，如表 1-8 所示。

基础按构造形式分类　　　　　　　　　　　　　　　　　　　　　　　表 1-8

类　别		构造形式
独立基础		一般多为柱下独立基础。 当柱为预制时，采用杯形基础
条形基础	墙下条形基础	当上部结构荷载较大而土质较差时，可采用钢筋混凝土建造，分为无肋式和肋式（减少不均匀沉降）
	柱下钢筋混凝土条形基础	地基软弱而荷载较大
柱下十字交叉基础		地基条件较差，增强基础的整体刚度，减少不均匀沉降
筏形基础		地基基础软弱而荷载又很大，采用十字基础仍不能满足要求或相邻基槽距离很小，可分为平板式和梁板式
箱形基础		适用于地基软弱土层厚、荷载大和建筑面积不太大的一些重要建筑物，目前高层建筑中多采用箱形基础
桩基础		建筑物荷载较大，地的软弱土层厚度在 5m 以上，基础不能埋在软弱土层内，或对软弱土层进行人工处理困难和不经济时。 节省材料，减少挖填土方工程量，改善工人的劳动条件，缩短工期。 根据施工方法可分为预制桩及灌注桩；根据荷载传递的方式可分为端承桩和摩擦桩

15. 当建筑物墙体两侧地坪不等高时，在每侧地表下（　　）处，应分别设置防潮层。

A. 45mm　　　　　　B. 50mm　　　　　　C. 60mm　　　　　　D. 70mm

正确答案：C

分析：本题考查墙体细部构造。当建筑物墙体两侧地坪不等高时，在每侧地表下 60mm 处，应分别设置防潮层。

16. 按照结构受力情况，墙体可分为（　　）。

A. 承重墙和非承重墙　　　　　　　　B. 横墙和纵墙

C. 实体墙和组合墙　　　　　　　　　D. 多孔砖墙和复合板材墙

正确答案：A

分析：本题考查墙体。墙按受力情况分为承重墙和非承重墙两种。承重墙直接承受楼板及屋顶传下来的荷载，非承重墙不承受外来荷载，如表 1-9 所示。

墙的类型　　　　　　　　　　　　　　　　　　　　　　　　　　　　表 1-9

分类依据	类　型
位置	内墙、外墙、横墙、纵墙
受力情况	承重墙、非承重墙
构造方式	实体墙、空体墙、组合墙
材料	砖墙、石墙、土墙、加气混凝土或工业废料制成的砌块墙、板材墙等

17. 设置圈梁的主要意义在于(　　)。

A. 提高建筑物空间刚度 B. 提高建筑物的整体性

C. 传递墙体荷载 D. 提高建筑物的抗震性

E. 增加墙体的稳定性

正确答案：A、B、D、E

分析：本题考查墙体细部构造。圈梁可以提高建筑物的空间刚度和整体性，增加墙体稳定，减少由于地基不均匀沉降而引起的墙体开裂，并防止较大振动荷载对建筑物的不良影响。在抗震设防地区，设置圈梁是减轻震害的重要构造措施。

18. 当圈梁遇到洞口不能封闭时，应设附加圈梁，如果圈梁与附加圈梁高差为600mm，可以采用的搭接长度为(　　)。

A. 600mm B. 800mm

C. 1m D. 1.2m

正确答案：D

分析：本题考查墙体细部构造。当圈梁遇到洞口不能封闭时，应在洞口上部设置截面不小于圈梁截面的附加梁，其搭接长度不小于1m，且应大于两梁高差的2倍。

19. 关于建筑物变形缝的说法，下列说法正确的有(　　)。

A. 防震缝应从基础底面开始，沿房屋全高设置

B. 沉降缝的宽度应根据房屋的层数而定，五层以上时不应小于120mm

C. 对多层钢筋混凝土结构建筑，高度15m及以下时，防震缝缝宽为70mm

D. 伸缩缝一般为20mm～30mm，应从基础、屋顶、墙体、楼层等房屋构件处全部断开

E. 变形缝包括伸缩缝、沉降缝和防震缝，其作用在于防止墙体开裂，结构破坏

正确答案：B、C、E

分析：本题考查墙体细部构造。变形缝宽度如表1-10所示。

变形缝宽度　　　　　　表1-10

变形缝类型	建筑层数（或高度）	宽　度
伸缩缝	—	20mm～30mm
沉降缝	2～3层	50mm～80mm
	4～5层	80mm～120mm
	5层以上	不应小于120mm
防震缝	多层砌体建筑	50mm～100mm
	多层钢筋混凝土结构建筑，高度15m及以下	70mm
	建筑高度超过15m	按烈度增大缝宽

21. 现浇板下无主次梁，板直接以柱支撑的结构构件是(　　)。

A. 无梁板 B. 有梁板 C. 平板 D. 栏板

正确答案：A

分析：本题考查楼板。无梁板是指现浇板下无主、次梁，现浇板直接以柱支撑，此时的现浇板为无梁板，如表1-11所示。

现浇钢筋混凝土楼板
表 1-11

类　型	适　用	示　例
板式楼板	房屋中跨度较小的房间	厨房、厕所、贮藏室、走廊
	雨篷	—
	遮阳	—
梁板式楼板	房屋的开间、进深较大	—
	楼面承受的弯矩较大	—
井字形密肋楼板	房间的平面形状近似正方形	门厅、会议室
	跨度在 10m 以内	
无梁楼板	荷载较大、管线较多	商店、仓库

21.（　　）又叫做硬山搁檩，是将房屋的内外横墙砌成尖顶状。

A. 砖墙承重　　　　　　　　　　　　B. 屋架承重

C. 梁架承重　　　　　　　　　　　　D. 钢筋混凝土梁板承重

正确答案：A

分析：本题考查屋顶。砖墙承重又叫做硬山搁檩，是将房屋的内外横墙砌成尖顶状，在上面直接搁置檩条来支承屋面的荷载。

2 土建工程常用材料的分类、基本性能及用途

【知识导学】

本章将主要介绍建筑结构材料、建筑装饰材料和建筑功能材料,如图 2-1 所示。

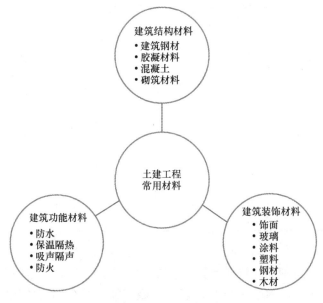

图 2-1 本章知识体系

2.1 建筑结构材料

2.1.1 建筑钢材

钢材具有品质稳定、强度高、塑性和韧性好、可焊接和铆接、能承受冲击和振动荷载等优异性能,是土木工程中使用量最大的材料品种之一。常用的钢材有普通碳素结构钢、优质碳素结构钢和低合金高强结构钢。

1. 常用的建筑钢材

建筑钢材可分为钢筋混凝土结构用钢、钢结构用钢和建筑装饰用钢材制品等。

(1)钢筋混凝土结构用钢

钢筋混凝土结构用钢主要有热轧钢筋、冷加工钢筋、预应力混凝土热处理钢筋、预应力混凝土钢丝和钢绞线。

1)热轧钢筋。热轧钢筋是建筑工程中用量最大的钢材之一,主要用于钢筋混凝土结构和预应力混凝土结构。根据现行国家标准,热轧光圆钢筋为 HPB300 一种牌号,普通热轧钢筋分 HRB400、HRB500、HRB600、HRB400E、HRB500E 五种牌号,细晶粒热

轧钢筋分 HREF400、HRBF500、HREF400E、HRBF500E 四种牌号。热轧钢筋的品种及技术要求应符合表 2-1。

热轧钢筋的技术要求

表 2-1

表面形状	牌 号	公称直径 (mm)	下屈服强度 R_{eL}（MPa）	抗拉强度 R_m（MPa）	断后伸长率 A（%）	最大总伸长率 A_{gt}（%）	冷弯试验 180°
			≥				
热轧光圆钢筋	HPB300	6～22	300	420	25	10	$d=a$
热轧带肋钢筋	HRB400 HRBF400	6～25	400	540	16	7.5	$d=4a$
		28～40					$d=5a$
	HRB400E HRBF400E	>40～50			—	9.0	$d=6a$
	HRB500 HRBF500	6～25	500	630	15	7.5	$d=6a$
		28～40					$d=7a$
	HRB500E HRBF500E	>40～50			—	9.0	$d=8a$
	HRB600	6～25	600	730	14	7.5	$d=6a$
		28～40					$d=7a$
		>40～50					$d=8a$

注：d—弯心直径；a—公称直径。

钢筋牌号中 F 表示细晶粒热轧钢筋，指通过冷控控轧的方法，使钢筋组织晶粒细化，可提高强度、降低脆性；钢筋牌号中 E 表示抗震钢筋。综合钢筋的强度、塑性、工艺性和经济性等因素，热轧光圆钢筋可用于中小型混凝土结构的受力钢筋或箍筋，以及作为冷加工（冷拉、冷拔、冷轧）的原料；热轧带肋钢筋可用于混凝土结构受力筋，以及预应力钢筋。

2）冷加工钢筋。冷加工钢筋是在常温下对热轧钢筋进行机械加工（冷拉、冷拔、冷轧、冷扭、冲压等）而成。常见的品种有冷拉热轧钢筋、冷轧带肋钢筋和冷拔低碳钢丝。

① 冷拉热轧钢筋。在常温下将热轧钢筋拉伸至超过屈服点、小于抗拉强度的某一应力，然后卸荷，即制成了冷拉热轧钢筋。冷拉可使屈服点提高，材料变脆，屈服阶段缩短，塑性、韧性降低。实践中可将冷拉、除锈、调直、切断合并为一道工序，这样可简化流程，提高效率。

② 冷轧带肋钢筋。用低碳钢热轧盘圆条直接冷轧或经冷拔后再冷轧，形成三面或两面横肋的钢筋。冷轧带肋钢筋克服了冷拉、冷拔钢筋握力低的缺点，具有强度高、握裹力强、节约钢材、质量稳定等优点，但塑性降低，强屈比变小。根据《冷轧带肋钢筋》GB 13788 的规定，冷轧带肋钢筋分为 CRB550、CRB650、CRB800、CRB600H、CRB680H、CRB800H 六个牌号。CRB550、CRB600H 为普通钢筋混凝土用钢筋，CRB650、CRB800、CRB800H 为预应力混凝土用钢筋，CRB680H 既可作为普通钢筋混凝土用钢筋，也可作为预应力混凝土用钢筋使用。

［例 2-1］ 常用于普通钢筋混凝土的冷轧带肋钢筋有（   ）。

A. CRB650   B. CRB800

C. CRB550   D. CRB600H

E. CRB680H

正确答案：C、D、E

分析：冷轧带肋钢筋在热轧钢筋基础上再冷轧或冷拔后再冷轧而成，普通钢筋混凝土用钢筋分为 CRB550、CRB600H 和 CRB680H 三个牌号。

③ 冷拔低碳钢丝。低碳钢热轧圆盘条或热轧光圆钢筋经一次或多次冷拔制成的光圆钢丝。冷拔低碳钢丝只有 CDW550 一个牌号。冷拔低碳钢丝宜作为构造钢筋使用，作为结构构件中纵向受力钢筋使用时应采用钢丝焊接网。冷拔低碳钢丝不得作预应力筋使用。作为箍筋使用时，冷拔低碳钢丝的直径不宜小于 5mm，间距不应大于 200mm，构造应符合国家现行相关标准的有关规定。

[例 2-2] 钢材 CDW550 主要用于(　　)。

A. 地铁钢轨   B. 预应力钢筋   C. 吊车梁主筋   D. 构造钢筋

正确答案：D

分析：冷拔低碳钢丝只有 CDW550 一个牌号。冷拔低碳钢丝宜作为构造钢筋使用。可用于预应力的钢筋包括热轧带肋钢筋、冷轧带肋钢筋（CRB650、CRB800、CRB800H、CRB680H）；不可用于预应力的钢筋包括热轧光圆钢筋、冷拉热轧钢筋、冷轧带肋钢筋（CRB550、CRB600H）、冷拔低碳钢丝 CDW550。

3）预应力混凝土热处理钢筋。热处理钢筋是钢厂将热轧的带肋钢筋（中碳低合金钢）经淬火和高温回火调质处理而成的，以热处理状态交货。热处理钢筋强度高，用材省，锚固性好，预应力稳定，主要用作预应力钢筋混凝土轨枕，也可用于预应力混凝土板、吊车梁等构件。

4）预应力混凝土用钢丝与钢绞线。

① 预应力混凝土用钢丝。预应力混凝土用钢丝是用优质碳素结构钢经冷加工及时效处理或热处理等工艺制得，具有高强度，安全可靠，且便于施工等优点。根据《预应力混凝土用钢丝》GB/T 5223，预应力混凝土用钢丝按照加工状态分为冷拉钢丝和消除应力钢丝两类；钢丝按外形分为光面钢丝（P）、螺旋类钢丝（H）和刻痕钢丝（I）三种。消除应力后钢丝的塑性比冷拉钢丝高；刻痕钢丝是经压痕轧制而成，刻痕后与混凝土握裹力大，可减少混凝土裂缝。

② 预应力混凝土用钢绞线。钢绞线是以热轧盘条钢为原料，经冷拔后将钢丝若干根捻制而成。

预应力钢丝与钢绞线均属于冷加工强化及热处理钢材，拉伸试验时无屈服点；但抗拉强度远远超过热轧钢筋和冷轧钢筋，并具有很好的柔韧性，应力松弛率底；适用于大荷载、大跨度及需要曲线配筋的预应力混凝土结构，如大跨度屋架、薄腹梁、吊车梁等大型构件的预应力结构。

（2）钢结构用钢

钢结构用钢主要是热轧成型的钢板和型钢等，其中型钢又分为热轧型钢和冷弯薄壁型钢。钢材所用的母材主要是普通碳素结构钢及低合金高强度结构钢。

1）热轧型钢。按钢材的外形，钢结构常用的热轧型钢有：工字钢、H 形钢、T 形钢、槽钢、等边角钢、不等边角钢等。型钢是钢结构中采用的主要钢材。型钢的规格表示方法如表 2-2 所示。

2）冷弯薄壁型钢。薄壁型钢是用薄钢板（通长 2mm～6mm）冷弯或者模压而成，其界面形状多样，可分为 C 型钢、H 型钢等开口薄壁型钢及方形、矩形等空心薄壁型钢。

3）钢板和压型钢板。用光面轧辊轧制而成的扁平钢材称为钢板。按轧制温度的不同，钢板又可分热轧和冷轧两类。土木建筑工程用钢板的钢种主要是碳素结构钢。按厚度来分类，热轧钢板可分为厚板（厚度大于 4mm）和薄板（厚度不大于 4mm）两种；冷轧钢板只有薄板。钢板规格表示方法如表 2-2 所示。

型钢及钢板规格表示方法　表 2-2

类　型	表示方法	示　例	
		表示方法示例	简记示例
工字钢	I 高度值×腿宽度值×腰宽度值	I450×150×11.5	I45a
槽钢	[高度值×腿宽度值×腰宽度值	[200×200×24	[20b
等边角钢	L 边宽度值×边宽度值×边厚度值	L200×200×24	L200×24
不等边角钢	L 长边宽度值×短边宽度值×边厚度值	L160×100×16	—
钢板	— 宽度×厚度×长度	—500×6×2000	—

（3）钢管混凝土结构用钢

钢管混凝土结构即采用钢管混凝土构件作为主要受力构件的结构。钢管混凝土构件是指在钢管内填充混凝土的构件，包括实心和空心钢管混凝土构件，截面可为圆形、矩形及多边形。

2. 钢材的性能

钢材的主要性能包括力学性能和工艺性能。其中力学性能是钢材最重要的使用性能，包括抗拉性能、冲击性能、硬度、耐疲劳性能等。工艺性能表示钢材在各种加工过程中的行为，包括冷弯性能和焊接性能等。

（1）抗拉性能。抗拉性能是钢材的最主要性能，表征其性能的技术指标主要是屈服强度、抗拉强度和伸长率。

（2）冲击性能。钢材的冲击性能是指钢材抵抗冲击荷载的能力。其指标是通过标准试件的弯曲冲击韧性试验确定，以冲击韧性值 A_{kv}（J）表示。A_{kv} 值随温度的下降而减小，当温度降低达到某一范围时，A_{kv} 急剧下降而呈脆性断裂，此种现象称为冷脆性。发生冷脆时的温度称为脆性临界温度，其数值越低，说明钢材的低温冲击韧性越好。因此，对直接承受动荷载而且可能在负温下工作的重要结构，必须进行冲击韧性检验，并选用脆性临界温度较使用温度低的钢材。

（3）硬度。钢材的硬度是指表面层局部体积抵抗较硬物体压入产生塑性变形的能力，表征值常用布氏硬度值 HB 表示，数值越大，表示钢材越硬。

（4）疲劳性能。在交变荷载反复作用下，钢材往往在应力远小于抗拉强度时发生断裂，这种现象称为钢材的疲劳破坏。疲劳破坏的危险应力用疲劳极限来表示，它是指钢材在交变荷载作用下于规定的周期基数内不发生断裂所能承受的最大应力。

（5）冷弯性能。冷弯性能是指钢材在常温下承受弯曲变形的能力，是钢材的重要工艺性能。冷弯性能指标是通过试件被弯曲的角度（90°、180°）及弯心直径 d 对试件厚度（或直径）a 的比值（d/a）区分的。冷弯时的弯曲角度越大、弯心直径越小，则表示其冷弯性能越好。冷弯试验是一种比较严格的试验，对钢材的焊接质量也是一种严格的检验，能揭示焊件在受弯表面存在的未熔合、裂纹和夹杂物等问题。

（6）焊接性能。钢材的可焊性是指焊接后在焊缝处的性质与母材性质的一致程度。影响钢材可焊性的主要因素是化学成分及含量。含碳量超过 0.3％时，可焊性显著下降；硫含量较多时，会使焊缝处产生裂纹并硬脆，严重降低焊接质量。正确地选用焊接材料和焊接工艺是提高焊接质量的主要措施。

2.1.2 胶凝材料

经过一系列物理作用、化学作用，能从浆体变成坚固的石状体，并能将其他固体物料胶结成整体而具有一定机械强度的物质，统称为胶凝材料。根据化学组成的不同，胶凝材料可分为无机与有机两大类。石灰、石膏、水泥等建筑材料属于无机胶凝材料；而沥青、天然或合成树脂等属于有机胶凝材料。无机胶凝材料按其硬化条件的不同又可分为气硬性和水硬性两类。只能在空气中硬化，也只能在空气中保持和发展其强度的称气硬性胶凝材料，如石灰、石膏等；既能在空气中还能更好地在水中硬化、保持和继续发展其强度的称水硬性胶凝材料，如各种水泥。气硬性胶凝材料一般只适用于干燥环境中，而不宜用于潮湿环境，更不可用于水中。

1. 水泥

水泥是一种良好的矿物胶凝材料，属于水硬性胶凝材料。

（1）硅酸盐水泥、普通硅酸盐水泥

1）定义与代号。

① 硅酸盐水泥。根据《通用硅酸盐水泥》，凡由硅酸盐水泥熟料、0～5％的石灰石或粒化高炉矿渣、适量石膏磨细制成的水硬性胶凝材料，称为硅酸盐水泥。可分两种类型：不掺混合材料的称为 I 型硅酸盐水泥，代号 P·I；掺入不超过水泥质量5％的石灰石或粒化高炉矿渣混合材料的称为 II 型硅酸盐水泥，代号 P·II。

② 普通硅酸盐水泥。由硅酸盐水泥熟料、5％～20％的混合材料、适量石膏磨细制成的水硬性胶凝材料，称为普通硅酸盐水泥，代号 P·O。掺活性混合材料时，最大掺量不得超过20％，其中允许用不超过水泥质量5％的窑灰或不超过水泥质量8％的非活性混合材料来代替。

2）硅酸盐水泥的凝结硬化。

水泥的凝结硬化包括化学反应（水化）及物理化学作用（凝结硬化）。影响水泥凝结硬化的主要因素有熟料的矿物组成、细度、水灰比、石膏掺量、环境温湿度和龄期等。

3）硅酸盐水泥及普通硅酸盐水泥的技术性质。

① 细度。细度是指硅酸盐水泥及普通水泥颗粒的粗细程度，用比表面积法表示。水泥的细度直接影响水泥的活性和强度。颗粒越细，与水反应的表面积越大，水化速度快，早期强度高，但硬化收缩较大，且粉磨时能耗大，成本高。但颗粒过粗，又不利于水泥活性的发挥，强度也低。根据《通用硅酸盐水泥》GB 175，硅酸盐水泥比表面积应大于 $300m^2/kg$。

② 凝结时间。凝结时间分为初凝时间和终凝时间。初凝时间为水泥加水拌和起，至水泥浆开始失去塑性所需的时间；终凝时间为从水泥加水拌和起，至水泥浆完全失去塑性并开始产生强度所需的时间。为使混凝土和砂浆有充分的时间进行搅拌、运输、浇捣和砌筑，水泥初凝时间不能过短；当施工完毕后，则要求尽快硬化，具有强度，故终凝时间不能太长。根据《通用硅酸盐水泥》GB 175，硅酸盐水泥初凝时间不得早于45min，终凝时间不得迟于6.5h；普通硅酸盐水泥初凝时间不得早于45min，终凝时间不得迟于10h。

水泥初凝时间不合要求，该水泥报废；终凝时间不合要求，视为不合格。

[例2-3] 通常要求普通硅酸盐水泥的初凝时间和终凝时间（   ）。

A. ＞45min 和＞10h   B. ＞45min 和＜10h

C. ＜45min 和＜10h   D. ＜45min 和＞10h

正确答案：B

分析：普通硅酸盐水泥初凝时间不得早于45min，终凝时间不得迟于10h。

③ 体积安定性。水泥体积安定性是指水泥在硬化过程中，体积变化是否均匀的性能。水泥安定性不良会导致构件（制品）产生膨胀性裂纹或翘曲变形，造成质量事故。引起安定性不良的主要原因是熟料中游离氧化钙、游离氧化镁或石膏含量过多。

安定性不合格的水泥不得用于工程，应废弃。

④ 强度。水泥强度是指胶砂的强度而不是净浆的强度，它是评定水泥强度等级的依据。根据现行国家标准《水泥胶砂强度检验方法（ISO法）》GB/T 17671，将水泥、标准砂和水按照（质量比）水泥：标准砂＝1：3拌和用0.5的水灰比制成胶砂试件，在标准温度（20±1）℃的水中养护，测3d和28d的试件抗折和抗压强度，以规定龄期的抗压强度和抗折强度划分强度等级。

[例2-4] 水泥强度是指（   ）。

A. 水泥净浆的强度   B. 水泥胶浆的强度

C. 水泥混凝土的强度   D. 水泥砂浆砂石强度

正确答案：B

分析：水泥强度是指胶砂的强度而不是净浆的强度。

⑤ 碱含量。水泥的碱含量将影响构件（制品）的质量或引起质量事故。现行国家标准《通用硅酸盐水泥》GB 175规定：水泥中碱含量按 $Na_2O＋0.658K_2O$ 计算值来表示，若使用活性骨料，用户要求提供低碱水泥时，水泥中碱含量不得大于0.60%或由供需双方商定。

⑥ 水化热。水化热是水化过程中放出的热量。水化热与水泥矿物成分、细度、掺入的外加剂品种、数量、水泥品种及混合材料掺量有关。水泥的水化热主要在早期释放，后期逐渐减少。对大型基础等大体积混凝土工程，由于水化热产生的热量积聚在内部不易发散，将会使混凝土内外产生较大的温度差，所引起的温度应力使混凝土可能产生裂缝，因此，水化热对大体积混凝土工程是不利的。

（2）常用水泥的主要特性及适用范围（见表2-3）

（3）其他水泥

1）铝酸盐水泥。以前称为高铝水泥，也称矾土水泥，属于快硬水泥，代号CA。根据 Al_2O_3 含量百分数将铝酸盐水泥分为CA50、CA60、CA70、CA80四类。铝酸盐水泥早期强度高，凝结硬化快，具有快硬、早强的特点，水化热高，放热快且放热量集中，同时具有很强的抗硫酸盐腐蚀作用和较高的耐热性，但抗碱性差。

常用水泥的主要特性及适用范围　　　　　　　　　　　　表 2-3

水泥种类	硅酸盐水泥	普通硅酸盐水泥	矿渣硅酸盐水泥	火山灰硅酸盐水泥	粉煤灰硅酸盐水泥
代号	P·Ⅰ、P·Ⅱ	P·O	P·S	P·P	P·F
强度等级	42.5，42.5R 52.5，52.5R 62.5，62.5R	42.5，42.5R 52.5，52.5R	32.5，32.5R 42.5，42.5R 52.5，52.5R	32.5，32.5R 42.5，42.5R 52.5，52.5R	32.5，32.5R 42.5，42.5R 52.5，52.5R
主要特性	1. 早期强度较高，凝结硬化快； 2. 水化热较大； 3. 耐冻性好； 4. 耐热性较差； 5. 耐腐蚀及耐水性较差； 6. 干缩性较小	1. 早期强度较高，凝结硬化较快； 2. 水化热较大； 3. 耐冻性较好； 4. 耐热性较差； 5. 耐腐蚀及耐水性较差； 6. 干缩性较小	1. 早期强度低，后期强度增长较快，凝结硬化慢； 2. 水化热较小； 3. 耐热性较好； 4. 耐硫酸盐侵蚀和耐水性较好； 5. 抗冻性较差； 6. 干缩性较大； 7. 抗碳化能力差	1. 早期强度低，后期强度增长较快，凝结硬化慢； 2. 水化热较小； 3. 耐热性较差； 4. 耐硫酸盐侵蚀和耐水性较好； 5. 抗冻性较差； 6. 干缩性较大； 7. 抗渗性较好； 8. 抗碳化能力差	1. 早期强度低，后期强度增长较快，凝结硬化慢； 2. 水化热较小； 3. 耐热性较差； 4. 耐硫酸盐侵蚀和耐水性较好； 5. 抗冻性较差； 6. 干缩性较小； 7. 抗碳化能力较差
适用范围	适用于快硬早强的工程、配制高强度等级混凝土	适用于建造地上、地下及水中的混凝土、钢筋混凝土及预应力钢筋混凝土结构，包括受反复冰冻的结构；也可配制高强度等级混凝土及早期强度要求高的工程	1. 适用于高温车间和有耐热、耐火要求的混凝土结构； 2. 大体积混凝土结构； 3. 蒸汽养护的混凝土结构； 4. 一般地上、地下和水中混凝土结构； 5. 有抗硫酸盐侵蚀要求的一般工程	1. 适用于大体积工程； 2. 有抗渗要求的工程； 3. 蒸汽养护的混凝土构件； 4. 可用于一般混凝土结构； 5. 有抗硫酸盐侵蚀要求的一般工程	1. 适用于地上、地下、水中及大体积混凝土工程； 2. 蒸汽养护的混凝土构件； 3. 可用于一般混凝土工程； 4. 有抗硫酸盐侵蚀要求的一般工程
不适用范围	1. 不宜用于大体积混凝土工程； 2. 不宜用于受化学侵蚀、压力水（软水）作用及海水侵蚀的工程	1. 不适用于大体积混凝土工程； 2. 不宜用于化学侵蚀、压力水（软水）作用及海水侵蚀的工程	1. 不适用于早期强度要求较高的工程； 2. 不适用于严寒地区并处在水位升降范围内的混凝土工程	1. 不适用于处在干燥环境的混凝土工程； 2. 不宜用于耐磨性要求高的工程； 3. 其他同矿渣硅酸盐水泥	1. 不适用于有抗碳化要求的工程； 2. 其他同矿渣硅酸盐水泥

铝酸盐水泥可用于配制不定型耐火材料；与耐火粗细集料（如铬铁矿等）可制成耐高温的耐热混凝土；用于工期紧急的工程，如国防、道路和特殊抢修工程等；也可用于抗硫酸盐腐蚀的工程和冬季施工的工程。铝酸盐水泥不宜用于大体积混凝土工程；不能用于与碱溶液接触的工程；不得与未硬化的硅酸盐水泥混凝土接触使用，更不得与硅酸盐水泥或

石灰混合使用；不能蒸汽养护，不宜在高温季节施工。

2）硫铝酸盐水泥。硫铝酸盐水泥是以适当成分的生料，经煅烧所得以无水硫铝酸钙和硅酸二钙为主要矿物成分的熟料，掺入不同量的石灰石、适量石膏共同磨细制成的水硬性胶凝材料，代号 P·SAC。硫铝酸盐水泥分为快硬硫铝酸盐水泥（R·SAC）、低碱度硫铝酸盐水泥（L·SAC）和自应力硫铝酸盐水泥（S·SAC）。快硬硫铝酸盐水泥以 3d 抗压强度划分为 42.5、52.5、62.5 和 72.5 四个强度等级。

硫铝酸盐水泥具有快凝、早强、不收缩的特点，宜用于配制早强、抗渗和抗硫酸盐侵蚀等混凝土，适用于浆锚、喷锚支护、抢修、抗硫酸盐腐蚀、海洋建筑等工程。不宜用于高温施工及处于高温环境的工程。

2. 沥青

沥青是一种有机胶凝材料，主要用于生产防水材料和铺筑沥青路面等。常用的沥青主要是石油沥青，另外还使用少量的煤沥青。

（1）石油沥青。石油沥青是石油经蒸馏等提炼出各种轻质油（如汽油、柴油等）及润滑油以后的残留物，或再经加工而得的产品。在常温下呈固体、半固体或粘性液体，颜色为褐色或黑褐色。建筑石油沥青按针入度不同分为 10 号、30 号和 40 号三个牌号。主要用作制造油纸、油毡、防水涂料和沥青嵌缝膏。绝大部分用于屋面及地下防水、沟槽防水防腐蚀及管道防腐等工程。

（2）改性石油沥青。改性沥青是指添加了橡胶、树脂、高分子聚合物、磨细了的胶粉等改性剂，或采用对沥青进行轻度氧化加工，从而使沥青的性能得到改善的沥青混合物，主要有橡胶改性沥青、树脂改性沥青、橡胶和树脂改性沥青、矿物填充料改性沥青几类。常用的改性沥青主要有橡胶改性沥青。

橡胶改性沥青有较好的混溶性，能使沥青具有橡胶的很多优点，如高温变形性小，低温柔性好。常用的橡胶改性沥青有氯丁橡胶改性沥青、丁基橡胶改性沥青、热塑性弹性体（SBS）橡胶改性沥青、再生橡胶改性沥青等。SBS 橡胶改性沥青具有良好的耐高温性、优异的低温柔性和耐疲劳性，是目前应用最成功和用量最大的一种改性沥青，主要用于制作防水卷材和铺筑高等级公路路面等。

2.1.3 混凝土

混凝土是指以胶凝材料将骨料胶结成整体的工程复合材料的统称。按所用胶凝材料的种类不同，混凝土可分为水泥混凝土（也称普通混凝土）、沥青混凝土、树脂混凝土、聚合物混凝土等。水泥混凝土是以水泥、骨料和水为主要原料，也可加入外加剂和矿物掺料等材料，经拌和成型、养护等工艺制成的、硬化后具有强度的工程材料。

1. 预拌混凝土

土木建筑工程中主要使用预拌混凝土。预拌混凝土是指在搅拌站（楼）生产的、通过运输设备送至使用地点的、交货时为拌和物的混凝土。

预拌混凝土分为常规品和特制品。常规品代号为 A，特制品代号为 B，包括的混凝土种类有高强混凝土、自密实混凝土、纤维混凝土、轻骨料混凝土和重混凝土。预拌混凝土供货量应以体积计，计算单位为 m³。

2. 普通混凝土

（1）组成材料

普通混凝土（以下简称混凝土）一般是由水泥、砂、石和水所组成。为改善混凝土的某些性能，还常加入适量的外加剂和掺和料。在混凝土中，砂、石起骨架作用，称为骨料或集料；水泥与水形成水泥浆，包裹在骨料的表面并填充其空隙。水泥浆硬化后，则将砂、石骨料胶结成一个结实的整体。

1）水泥。水泥是影响混凝土强度、耐久性及经济性的重要因素。配制混凝土时，应根据工程性质与特点、工程部位、工程所处环境以及施工条件等，根据不同品种水泥的特性进行合理的选择。

2）砂。粒径在 4.75mm 以下骨料为细骨料（砂），主要有天然砂和机制砂两类。天然砂包括河砂、湖砂、海砂和山砂。机制砂是经过除土处理，由机械破碎、筛分制成的岩石颗粒，但不含软质岩、风化岩石的颗粒。

3）石子。粒径大于 4.75mm 的骨料称为粗骨料（石子），包括碎石和卵石。

4）水。混凝土拌和用水和混凝土养护用水应符合《混凝土用水标准》JGJ 63 的规定。

5）外加剂

混凝土外加剂是指在拌制混凝土过程中掺入的用以改善新拌混凝土或硬化混凝土性能的材料。混凝土外加剂的质量应符合《混凝土外加剂》GB 8076、《混凝土外加剂应用技术规范》GB 50119 及相关的外加剂行业标准的有关规定。

① 减水剂。混凝土减水剂是指在保持混凝土坍落度基本相同的条件下，具有减水增强作用的外加剂。减水剂常用品种有普通减水剂、高效减水剂、高性能减水剂等。

② 早强剂。混凝土早强剂是指能提高混凝土早期强度，并对后期强度无显著影响的外加剂。若外加剂兼有早强和减水作用则称为早强减水剂。早强剂多用于抢修工程和冬季施工的混凝土。早强剂不宜用于大体积混凝土。常用的早强剂有氯盐、硫酸盐、三乙醇胺和以它们为基础的复合早强剂。

③ 引气剂。在混凝土搅拌过程中，能引入大量分布均匀的稳定而密封的微小气泡，以减少拌和物泌水离析、改善和易性，同时显著提高硬化混凝土抗冻融耐久性的外加剂。

④ 缓凝剂。缓凝剂是指延缓混凝土凝结时间，并不显著降低混凝土后期强度的外加剂。兼有缓凝和减水作用的外加剂称为缓凝减水剂。

⑤ 泵送剂。泵送剂是指能改善混凝土拌和物的泵送性能，使混凝土具有能顺利通过输送管道，不阻塞、不离析，粘塑性良好的外加剂。

⑥ 膨胀剂。膨胀剂能使混凝土产生一定的体积膨胀，其与水反应生成膨胀性水化物，与水泥混凝土凝结硬化过程中产生的收缩相抵消。

（2）技术性质

1）混凝土的强度

① 立方体抗压强度（f_{cu}）。按照标准的制作方法制成边长为 150mm 的立方体试件，在标准养护条件（温度 20±2℃，相对湿度 95% 以上或在氢氧化钙饱和溶液中）下养护到 28d，按照标准的测定方法测定其抗压强度值称为混凝土立方体试件抗压强度，以 f_{cu} 表示。立方体抗压强度标准值是按数理统计方法确定，具有不低于 95% 保证率的立方体抗

压强度。混凝土的强度等级是根据立方体抗压强度标准值来确定的。

② 抗拉强度。混凝土的抗拉强度只有抗压强度的 $1/20\sim1/10$，且强度等级越高，该比值越小。所以，混凝土在工作时，一般不依靠其抗拉强度。

③ 抗折强度。在道路和机场工程中，混凝土抗折强度是结构设计和质量控制的重要指标，而抗压强度作为参考强度指标。

④ 影响混凝土强度的因素

混凝土的强度主要取决于水泥石强度及其与骨料表面的粘结强度，而水泥石强度及其与骨料的粘结强度又与水泥强度等级、水灰比及骨料性质有密切关系。此外混凝土的强度还受施工质量、养护条件及龄期的影响。

[例 2-5] 除了所用水泥和骨料的品种外，通常对混凝土强度影响最大的因素是（　　）。

A. 外加剂　　　　B. 水灰比　　　　C. 养护温度　　　　D. 养护湿度

正确答案：B

分析：除了所用水泥和骨料的品种外，混凝土强度等级主要取决于水灰比。

2）混凝土的和易性

混凝土的和易性指混凝土拌和物在一定的施工条件下，便于各种施工工序的操作，以保证获得均匀密实的混凝土的性能，其主要技术指标包括流动性、粘聚性、保水性三个方面。

① 流动性。指混凝土拌和物在自重或机械振捣作用下，产生流动并均匀密实地充满模板的能力。

② 粘聚性。指混凝土拌和物具有一定的粘聚力，在施工、运输及浇筑过程中不致出现分层离析，使混凝土保持整体均匀性的能力。

③ 保水性。混凝土拌和物在施工中不致发生严重的泌水现象。

混凝土拌和物的流动性、粘聚性、保水性三者既相互联系，又相互矛盾。粘聚性好的混凝土拌和物，其保水性也好，但流动性较差；如增大流动性，则粘聚性、保水性易变差。混凝土拌和物和易性通常采用坍落度及坍落扩展度试验和维勃稠度试验进行评定。

3）混凝土耐久性

混凝土耐久性是指混凝土在实际使用条件下抵抗各种破坏因素作用，长期保持强度和外观完整性的能力。包括混凝土的抗冻性、抗渗性、抗侵蚀性及抗碳化能力等。

① 抗冻性。指混凝土在饱和水状态下，能经受多次冻融循环而不破坏，也不严重降低强度的性能，是评定混凝土耐久性的主要指标。

② 抗渗性。指混凝土抵抗水、油等液体渗透的能力。影响混凝土抗渗性的因素有水灰比、水泥品种、骨料的粒径、养护方法、外加剂及掺和料等，其中水灰比对抗渗性起决定性作用。抗渗性好坏用抗渗等级表示。

③ 抗侵蚀性。混凝土的抗侵蚀性与密实度有关，水泥品种、混凝土内部孔隙特征对抗腐蚀性也有较大影响。

④ 混凝土碳化。环境中的 CO_2 和水与混凝土内的 $Ca(OH)_2$ 发生反应，生成碳酸钙和水，从而使混凝土的碱度降低，减弱了混凝土对钢筋的保护作用。

混凝土耐久性主要取决于组成材料的质量及混凝土密实度。提高混凝土耐久性的主要措施包括根据工程环境及要求，合理选用水泥品种；控制水灰比及保证足够的水泥用量；选用质量良好、级配合理的骨料和合理的砂率；掺用合适的外加剂。

[例 2-6] 提高混凝土耐久性的措施有（　　）。

A. 提高水泥用量 　　　　　　　　B. 合理选用水泥品种

C. 控制水灰比 　　　　　　　　　D. 提高砂率

E. 掺用合适的外加剂

正确答案：B、C、E

分析：本题考查提高混凝土耐久性的主要措施。

3. 特种混凝土

（1）高性能混凝土

高性能混凝土是一种新型高技术混凝土。根据《高性能混凝土应用技术规程》CECS 207，高性能混凝土是采用常规材料和工艺生产，具有混凝土结构所要求的各项力学性能、高耐久性、高工作性和高体积稳定性的混凝土。具有自密实性好、体积稳定性好、抗压强度高、水化热低、收缩量小、徐变少、耐久性好、耐高温（火）差等特性。能最大限度地延长混凝土结构的使用年限，降低工程造价。这种混凝土特别适用于高层建筑、桥梁以及暴露在严酷环境中的建筑物。

[例 2-7] 与普通混凝土相比，高性能混凝土的明显特性有（　　）。

A. 体积稳定性好 　　　　　　　　B. 耐久性好

C. 早期强度发展慢 　　　　　　　D. 抗压强度高

E. 自密实性差

正确答案：A、B、D

分析：高性能混凝土具有高耐久性、高工作性和高体积稳定性。

（2）高强混凝土

高强混凝土是用普通水泥、砂石作为原料，采用常规制作工艺，主要依靠高效减水剂，或同时外加一定数量的活性矿物掺和料，使硬化后强度等级不低于 C60 的混凝土。高强混凝土应符合《高强混凝土应用技术规程》JGJ/T 281 的规定。

（3）轻骨料混凝土

根据《轻骨料混凝土技术规程》JGJ 51，轻骨料混凝土是指用轻砂（或普通砂）、水泥和水配制而成的干表观密度不大于 $1950 kg/m^3$ 的混凝土。轻骨料本身强度较低，结构多孔，表面粗糙，具有较高吸水率，故轻骨料混凝土的性质在很大程度上受轻骨料性能的制约。保温隔热性能较好，水泥水化充分，毛细孔少，耐久性明显改善。轻骨料混凝土按干表观密度及用途分为保温轻骨料混凝土、结构保温轻骨料混凝土和结构轻骨料混凝土；按轻骨料的来源分为工业废渣轻骨料混凝土、天然轻骨料混凝土和人造轻骨料混凝土；按细骨料品种分为砂轻混凝土和全轻混凝土。

（4）防水混凝土

防水混凝土又叫抗渗混凝土，一般通过对混凝土组成材料质量改善，合理选择配合比和集料级配，以及掺加适量外加剂，达到混凝土内部密实或是堵塞混凝土内部毛细管通路，使混凝土具有较高的抗渗性能，可提高混凝土结构自身的防水能力，节省外用防水材料，简化防水构造，对地下结构、高层建筑的基础以及贮水结构具有重要意义。

（5）纤维混凝土

纤维混凝土是以混凝土为基体，外掺各种纤维材料而成，掺入纤维的目的是提高混凝土的抗拉强度与降低其脆性。纤维的品种有高弹性模量纤维（如钢纤维、碳纤维、玻璃纤维等）和低弹性模量纤维（如尼龙纤维、聚丙烯纤维）两类。纤维混凝土目前已逐渐地应用在高层建筑楼面，高速公路路面，荷载较大的仓库地面、停车场、贮水池等处。

（6）聚合物混凝土

聚合物混凝土是由有机聚合物、无机胶凝材料、集料有效结合而形成的一种新型混凝土材料的总称。它是混凝土与聚合物的复合材料，克服了普通混凝土抗拉强度低、脆性大、易开裂、耐化学腐蚀性差等缺点，扩大了混凝土的使用范围。聚合物混凝土主要分为：聚合物浸渍混凝土、聚合物水泥混凝土和聚合物胶结混凝土（树脂混凝土）三类。

聚合物浸渍混凝土可作为高效能结构材料应用于特种工程，例如腐蚀介质中的管、桩、柱、地面砖、海洋构筑物和路面、桥面板，以及水利工程中对抗冲、耐磨、抗冻要求高的部位。也可应用于现场修补构筑物的表面和缺陷，以提高其使用性能。

聚合物水泥混凝土可应用于现场灌筑构筑物、路面及桥面修补，混凝土储罐的耐蚀面层，新老混凝土的粘结以及其他特殊用途的预制品。

聚合物胶结混凝土（树脂混凝土）可在工厂预制。与水泥混凝土相比，具有快硬、高强和显著改善抗渗、耐蚀、耐磨、抗冻融以及粘结等性能，可现场应用于混凝土工程快速修补、地下管线工程快速修建、隧道衬里等。

2.1.4　砌筑材料

1. 砖

（1）烧结砖

经焙烧而制成的砖称之为烧结砖，常结合主要原材料命名，如烧结黏土砖、烧结粉煤灰砖、烧结页岩砖。按规格尺寸及空心率，烧结砖有烧结普通砖、烧结多孔砖、烧结空心砖等。

1）烧结普通砖。烧结普通砖的外形为直角六面体，其标准尺寸为 240mm×115mm×53mm，其强度分为 MU30、MU25、MU20、MU15 和 MU10 五个等级。烧结普通砖具有较高的强度，良好的绝热性、耐久性、透气性和稳定性，且原料广泛，生产工艺简单，因而可用作墙体材料，砌筑柱、拱、窑炉、烟囱、沟道及基础等。

2）烧结多孔砖。烧结多孔砖是以黏土、页岩、煤矸石和粉煤灰等为主要原料烧制的主要用于结构承重的多孔砖。多孔砖大面有孔，孔多而小，孔洞垂直于大面（即受压面），孔洞率不小于 25%，如图 2-2 所示。烧结多孔砖主要用于六层以下建筑物的承重墙体。

3）烧结空心砖。烧结空心砖是以黏土、页岩、煤矸石和粉煤灰等为主要原料烧制的主要用于非承重部位的空心砖。其顶面有孔、孔大而少，孔洞为矩形条孔或其他孔形，孔洞率不小于 40%，如图 2-3 所示。这种砖强度不高，而且自重较轻，因而多用于非承重墙。如多层建筑内隔墙或框架结构的填充墙等。

图 2-2　烧结多孔砖

图 2-3　烧结空心砖

（2）蒸养（压）砖

蒸养（压）砖属于硅酸盐制品，是以石灰和含硅原料（砂、粉煤灰、炉渣、矿渣、煤矸石等）加水拌和，经成型、蒸养（压）而制成的。主要有粉煤灰砖、灰砂砖和炉渣砖。这种砖与烧结普通砖尺寸规格相同，按抗压、抗折强度值可划分为 MU25、MU20、MU15 和 MU10 四个强度等级。MU15 以上者可用于基础及其他建筑部位。MU10 砖可用于防潮层以上的建筑部位。这种砖均不得用于长期经受 200℃ 高温、急冷急热或有酸性介质侵蚀的建筑部位。

[例 2-8] MU10 蒸压灰砂砖可用于的建筑部位是（　　）。

A. 基础底面以上　　　　　　　　B. 有酸性介质侵蚀

C. 冷热交替　　　　　　　　　　D. 防潮层以上

正确答案：D

分析：MU10 蒸压灰砂砖可用于防潮层以上的建筑部位。

2. 砌块

砌块按主规格尺寸可分为小砌块、中砌块和大砌块。按其空心率大小，砌块又可分为空心砌块和实心砌块两种。空心率小于 25% 或无孔洞的砌块为实心砌块；空心率大于或等于 25% 的砌块为空心砌块。砌块又可按其所用主要原料及生产工艺命名，如水泥混凝土砌块、加气混凝土砌块、粉煤灰砌块、石膏砌块、烧结砌块等。常用的砌块有普通混凝土小型空心砌块、轻骨料混凝土小型空心砌块和蒸压加气混凝土砌块等。

（1）普通混凝土小型空心砌块

普通混凝土小型空心砌块作为烧结砖的替代材料，可用于承重结构和非承重结构。目前主要用于单层和多层工业与民用建筑的内墙和外墙，如果利用砌块的空心配置钢筋，可用于建造高层砌块建筑。混凝土砌块吸水率小、吸水速度慢，砌筑前不允许浇水，以免发生"走浆"现象，影响砂浆饱满度和砌体的抗剪强度；但在气候特别干燥炎热时，可在砌筑前稍喷水湿润。与烧结砖砌体相比，混凝土砌块墙体较易产生裂缝，应注意在构造上采取抗裂措施。

空心砌块按其强度等级分为 MU5.0、MU7.5、MU10、MU15、MU20 和 MU25 六个等级；实心砌块按其强度等级分为 MU10、MU15、MU20、MU25、MU30、MU35 和 MU40 七个等级。砌块的主规格尺寸为 390mm×190mm×190mm，其孔洞设置在受压面，有单排孔、双排孔、三排孔及四排孔洞。

（2）轻骨料混凝土小型空心砌块

轻骨料混凝土小型空心砌块按密度划分为 500 kg/m³、600 kg/m³、700kg/m³、800kg/m³、900kg/m³、1000kg/m³、1200kg/m³ 和 1400kg/m³ 八个等级；按强度可采用 MU3.5、MU5.0、MU7.5、MU10 和 MU15 五个等级。轻骨料混凝土小型空心砌块主要用于非承重的隔墙和围护墙。

（3）蒸压加气混凝土砌块

砌块按干密度分为 B03、B04、B05、B06、B07、B08 共六个级别；按抗压强度分 A1.0、A2.0、A2.5、A3.5、A5.0、A7.5、A10 七个强度级别；按尺寸偏差与外观质量、干密度、抗压强度和抗冻性分为优等品（A）、合格品（B）两个等级。加气混凝土砌块广泛用于一般建筑物墙体，还用于多层建筑物的非承重墙及隔墙，也可用于底层建筑的承重墙。体积密度级别低的砌块还用于屋面保温。

3. 砌筑砂浆

砂浆是由胶凝材料、细骨料、掺和料和水配置而成的材料，在建筑工程中起粘结、衬垫和传递应力的作用。按用途可分为砌筑砂浆、抹面砂浆、其他特种砂浆等；按所用胶凝材料的不同，可分为水泥砂浆、石灰砂浆、水泥石灰混合砂浆等；按生产形式可分成现场拌制砂浆和预拌砂浆。水泥砂浆及预拌砂浆的强度等级分为 M5、M7.5、M10、M15、M20、M25、M30；水泥混合砂浆的强度等级分为 M5、M7.5、M10、M15。

（1）砂浆的组成材料

砂浆的组成材料包括胶凝材料、细骨料、掺和料、水、外加剂和纤维等。

1）胶凝材料。常用的胶凝材料有水泥、石灰、石膏等。在干燥条件下使用的砂浆既可选用气硬性胶凝材料（石灰、石膏），也可选用水硬性胶凝材料（水泥）；若在潮湿环境或水中使用的砂浆，则必须选用水泥作为胶凝材料。水泥宜采用通用硅酸盐水泥或砌筑水泥；M15 及以下强度等级的砌筑砂浆宜选用 32.5 级的通用硅酸盐水泥或砌筑水泥；M15 以上强度等级的砌筑砂浆宜选用 42.5 级通用硅酸盐水泥。

2）细骨料。对于砌筑砂浆用砂，优先选用中砂，既可满足和易性要求，又可节约水泥。毛石砌体宜选用粗砂。

3）掺和料。掺和料是指为改善砂浆和易性而加入的无机材料，如石灰膏、电石膏、黏土膏、粉煤灰、沸石粉等。掺和料对砂浆强度无直接影响。消石灰粉不能直接用于砌筑砂浆。

4）水。拌制砂浆的水应是不含有害物质的洁净水，食用水可用来拌制各类砂浆。若用工业废水和矿泉水时，须经化验合格后才能使用。

5）纤维。为改善砂浆韧性，提高抗裂性，常在砂浆中加入纤维，如纸筋、麻刀、木纤维、合成纤维等。

（2）砌筑砂浆的主要技术性质

在土木建筑工程中，新拌砌筑砂浆应具有良好的和易性，硬化后应具有一定的强度和良好的耐久性。

（3）预拌砂浆

预拌砂浆是指由专业化厂家生产的，用于建设工程中的各种砂浆拌和物。按生产方式，可将预拌砂浆分为湿拌砂浆和干混砂浆两大类。

1）湿拌砂浆。湿拌砂浆是指将水泥、细骨料、矿物掺和料、外加剂、添加剂和水，按一定比例，在搅拌站经计量、拌制后，运至使用地点，并在规定时间内使用的拌和物。湿拌砂浆按用途可分为湿拌砌筑砂浆、湿拌抹灰砂浆、湿拌地面砂浆和湿拌防水砂浆。

2）干混砂浆。干混砂浆是将水泥、干燥骨料或粉料、添加剂以及根据性能确定的其他组分，按一定比例，在专业生产厂计量、混合而成的混合物，在使用地点按规定比例加水或配套组分拌和使用。按用途分为干混砌筑砂浆、干混抹灰砂浆、干混地面砂浆、干混普通防水砂浆、干混陶瓷砖粘结砂浆、干混界面砂浆、干混保温板粘结砂浆、干混保温板抹面砂浆、干混聚合物水泥防水砂浆、干混自流平砂浆、干混耐磨地坪砂浆和干混饰面砂浆。既有普通干混砂浆又有特种干混砂浆。普通干混砂浆主要用于砌筑、抹灰、地面及普通防水工程，而特种干混砂浆是指具有特种性能要求的砂浆。

2.2　建筑装饰材料

2.2.1　饰面材料

常用的饰面材料有天然石材、人造石材、陶瓷与玻璃制品、塑料制品、石膏制品、木材以及金属材料等。

1. 饰面石材

（1）天然饰面石材

天然饰面石材一般用致密岩石凿平或锯解而成厚度不大的石板，要求饰面石板具有耐久、耐磨、色彩美观、无裂缝等性质。常用的天然饰面石板有花岗石板、大理石板等。

1）花岗石板材。花岗石板材质地坚硬密实、强度高、密度大、吸水率极低、耐磨、耐酸，抗风化、耐久性好，使用年限长，但耐火性差。主要应用于大型公共建筑或装饰等级要求较高的室内外装饰工程。

2）大理石板。大理石质地较密实、抗压强度较高、吸水率低、质地较软，属中硬石材，是理想的室内高级装饰材料；但因其抗风化性能较差，除个别品种（含石英为主的砂岩及石曲岩）外一般不宜用作室外装饰。

[例2-9]　作为建筑饰面材料的天然花岗岩有很多优点，但其不能被忽视的缺点是（　　）。

A. 耐酸性差　　　　B. 抗风化差　　　　C. 吸水率低　　　　D. 耐火性差

正确答案：D

分析：花岗石板材耐火性差。

（2）人造饰面石材

人造石材是以大理石、花岗石碎料，石英砂、石渣等为骨料，树脂或水泥等为胶结料，经拌和、成型、聚合或养护后，研磨抛光、切割而成。常用的人造石材有人造花岗石、大理石和水磨石三种。它们具有天然石材的花纹、质感和装饰效果，而且花色、品种、形状等多样化，并具有质量轻、强度高、耐腐蚀、耐污染、施工方便等优点。目前常用的人造石材有水泥型人造石材、聚酯型人造石材、复合型人造石材、烧结型人造石材四类。

2. 饰面陶瓷

凡是用于砖石墙面、地面及卫生间的装饰等的各种陶瓷及其制品统称建筑陶瓷。用作饰面的陶瓷主要有釉面砖、墙地砖、陶瓷锦砖、瓷质砖等。

（1）釉面砖

釉面砖又称瓷砖，釉面砖为正面挂釉，背面有凹凸纹，以便于粘贴施工。它是建筑装饰工程中最常用、最重要的饰面材料之一。釉面砖按釉面颜色分为单色（含白色）、花色及图案砖三种；按形状分为正方形、长方形和异型配件砖三种；按外观质量分为优等品、一等品与合格品三个等级。釉面砖表面平整、光滑，坚固耐用，色彩鲜艳，易于清洁，防火、防水、耐磨、耐腐蚀等。因釉面砖砖体多孔，吸收大量水分后将产生湿胀现象，从而导致釉面开裂，出现剥落、掉皮现象，故不应用于室外。

（2）墙地砖

墙地砖是墙砖和地砖的总称，该类产品作为墙面、地面装饰都可使用，故称为墙地砖，实际上包括建筑物外墙装饰贴面用砖和室内外地面装饰铺贴用砖。

（3）陶瓷锦砖

俗称马赛克，是以优质瓷土烧制成的小块瓷砖。出厂前按设计图案将其反贴在牛皮纸上，每张大小约 30cm，称作一联。表面有无釉与有釉两种；花色有单色与拼花两种；基本形状有正方形、长方形、六角形等多种。陶瓷锦砖色泽稳定、美观、耐磨、耐污染、易清洗，抗冻性能好，坚固耐用，且造价较低，主要用于室内地面铺装。

（4）瓷质砖

瓷质砖又称同质砖、通体砖、玻化砖。是由天然石料破碎后添加化学粘合剂压合经高温烧结而成。瓷质砖具有天然石材的质感，而且更具有高光度、高硬度、高耐磨、吸水率低、色差少以及规格多样化和色彩丰富等优点。装饰在建筑物外墙壁上能起到隔声、隔热的作用，而且它比大理石轻便，质地均匀致密、强度高、化学性能稳定。瓷质砖正逐渐成为天然石材装饰材料的替代产品。

2.2.2　建筑玻璃

在土木建筑工程中，玻璃是一种重要的建筑材料。它除了能采光和装饰外，还有控制光线、调节热量、节约能源、控制噪声、降低建筑物自重、改善建筑环境、提高建筑艺术水平等功能。

1. 平板玻璃

平板玻璃按颜色属性分为无色透明平板玻璃和本体着色平板玻璃。按生产方法不同，可分为普通平板玻璃和浮法玻璃两类。根据现行国家标准《平板玻璃》GB 11614，平板玻璃按其公称厚度分为 2mm、3mm、4mm、5mm、6mm、8mm、10mm、12mm、15mm、19mm、22mm 和 25mm，共 12 种规格，以 3mm 厚的玻璃用量最大。

平板玻璃具有良好的透视、透光性能；隔声、有一定的保温性能；有较高的化学稳定性；热稳定性较差，急冷急热，易发生炸裂等特性。

3mm～5mm 的平板玻璃一般直接用于有框门窗的采光，8mm～12mm 的平板玻璃可用于隔断、橱窗、无框门。平板玻璃的另外一个重要用途是作为钢化、夹层、镀膜、中空等深加工玻璃的原片。

2. 装饰玻璃

装饰玻璃是专门用于装修的玻璃产品，大部分都经过深加工处理，主要有彩色平板玻璃、釉面玻璃、压花玻璃、喷花玻璃、乳花玻璃、刻花玻璃、冰花玻璃等。

3. 安全玻璃

（1）防火玻璃

防火玻璃是经特殊工艺加工和处理、在规定的耐火试验中能保持其完整性和隔热性的特种玻璃。防火玻璃原片可选用浮法平板玻璃、钢化玻璃，复合防火玻璃原片还可选用单片防火玻璃制造。

（2）钢化玻璃

钢化玻璃是用物理或化学的方法，在玻璃的表面上形成一个压应力层，而内部处于较大的拉应力状态，内外拉压应力处于平衡状态，玻璃本身具有较高的抗压强度，表面不会造成破坏的玻璃品种。

（3）夹丝玻璃

夹丝玻璃也称防碎玻璃或钢丝玻璃。它是由压延法生产的，即在玻璃熔融状态时将经预热处理的钢丝或钢丝网压入玻璃中间，经退火、切割而成。夹丝玻璃表面可以是压花的或磨光的，颜色可以制成无色透明或彩色的。

（4）夹层玻璃

夹层玻璃是将玻璃与玻璃和（或）塑料等材料用中间层分隔并通过处理使其粘结为一体的复合材料的统称。常见和大多数使用层的是玻璃与玻璃，用中间层分隔并通过处理使其粘结为一体的玻璃构件。而安全夹层玻璃是指在破碎时，中间层能够限制其开口尺寸并提供残余阻力以减少割伤或扎伤危险的夹层玻璃。用于生产夹层玻璃的原片可以是浮法玻璃、钢化玻璃、着色玻璃、镀膜玻璃等。夹层玻璃的层数有 2 层、3 层、5 层、7 层，最多可达 9 层。

4. 节能装饰型玻璃

（1）着色玻璃

着色玻璃是一种既能显著地吸收阳光中热作用较强的近红外线，而又保持良好透明度的节能装饰性玻璃。着色玻璃通常都带有一定的颜色，所以也称为着色吸热玻璃。

着色玻璃能有效吸收太阳的辐射热，产生"冷室效应"，可达到蔽热节能的效果。着色玻璃在建筑装修工程中应用的比较广泛。凡既需采光又须隔热之处均可采用。采用不同颜色的着色玻璃能合理利用太阳光，调节室内温度，节省空调费用，而且对建筑物的外形有很好的装饰效果。一般多用作建筑物的门窗或玻璃幕墙。

（2）镀膜玻璃

镀膜玻璃是由无色透明的平板玻璃镀覆金属膜或金属氧化物而制得，分为阳光控制镀膜玻璃和低辐射镀膜玻璃。它是一种既能保证可见光良好透过又可有效反射热射线的节能装饰型玻璃。根据外观质量，镀膜玻璃可分为优等品和合格品。

1）阳光控制镀膜玻璃。阳光控制镀膜玻璃是对太阳光具有一定控制作用的镀膜玻璃，其具有良好的隔热性能。阳光控制镀膜玻璃可用作建筑门窗玻璃、幕墙玻璃还可用于制作高性能中空玻璃。

2）低辐射镀膜玻璃。低辐射镀膜玻璃又称"Low-E"玻璃，是一种对远红外线有较高反射比的镀膜玻璃。低辐射镀膜玻璃一般不单独使用，往往与普通平板玻璃、浮法玻璃、钢化玻璃等配合，制成高性能的中空玻璃。

（3）中空玻璃

中空玻璃是由两片或多片玻璃以有效支撑均匀隔开并周边粘结密封，使玻璃层间形成带有干燥气体的空间，从而达到保温隔热效果的节能玻璃制品。中空玻璃按玻璃层数，有双层和多层之分，一般是双层结构。可采用无色透明玻璃、热反射玻璃、吸热玻璃或钢化玻璃等作为中空玻璃的基片。

中空玻璃主要用于保温隔热、隔声等功能要求较高的建筑物，如宾馆、住宅、医院、商场、写字楼等，也广泛用于车船等交通工具。

（4）真空玻璃

真空玻璃是将两片平板玻璃四周密闭起来，将其间隙抽成真空并密封排气孔，两片玻璃之间的间隙仅为 $0.1mm\sim0.2mm$，而且两片玻璃中一般至少有一片是低辐射玻璃。真空玻璃比中空玻璃有更好的隔热、隔声性能，在绿色建筑的应用上具有良好的发展潜力和前景。

2.2.3　建筑装饰涂料

1. 建筑装饰涂料的基本组成

（1）主要成膜物质。主要成膜物质也称胶粘剂。它的作用是将其他组分粘结成一个整体，并能牢固附着在被涂基层的表面形成坚韧的保护膜。主要成膜物质分为油料与树脂两类。现代建筑涂料中，成膜物质多用树脂，尤以合成树脂为主。

（2）次要成膜物质。次要成膜物质不能单独成膜，它包括颜料与填料。颜料不溶于水和油，赋予涂料美观的色彩。填料能增加涂膜厚度，提高涂膜的耐磨性和硬度，减少收缩，常用的有碳酸钙、硫酸钡、滑石粉等。

（3）辅助成膜物质。辅助成膜物质不能构成涂膜，但可用于改善涂膜的性能或影响成膜过程，常用的有助剂和溶剂。

建筑涂料主要是指用于墙面与地面装饰涂敷的材料。建筑涂料的主体是乳液涂料和溶剂型合成树脂涂料，也有以无机材料（钾水玻璃等）胶结的高分子涂料，但成本较高，尚未广泛使用。建筑材料按其使用不同而分为外墙涂料、内墙涂料及地面涂料。

2. 建筑装饰涂料的基本要求

（1）对外墙涂料的基本要求

外墙涂料主要起装饰和保护外墙墙面的作用，要求有良好的装饰性、耐水性、耐候性、耐污染性，施工及维修容易。常用于外墙的涂料有苯乙烯-丙烯酸酯乳液涂料、丙烯酸酯系外墙涂料、聚氨酯系外墙涂料、合成树脂乳液砂壁状涂料等。

（2）对内墙涂料的基本要求

内墙饰面与人接触密切，对内墙涂料的基本要求是色彩丰富、细腻、调和，耐碱性、耐水性、耐粉化性良好，透气性良好，涂刷方便、重涂容易。常用的内墙涂料有聚乙烯醇水玻璃涂料（106内墙涂料）、聚醋酸乙烯乳液涂料、醋酸乙烯-丙烯酸酯有光乳液涂料、多彩涂料等。

（3）对地面涂料的基本要求

地面涂料的主要功能是装饰与保护室内地面。为了获得良好的装饰效果和使用性能，对地面涂料的基本要求是耐碱性良好，耐水性良好，耐磨性良好，抗冲击性良好，与水泥砂浆有好的粘接性能，涂刷施工方便，重涂容易。

地面涂料的应用主要有两方面，一是用于木质地面的涂饰，如常用的聚氨酯漆、钙酯地板漆和酚醛树脂地板漆等；二是用于地面装饰，做成无缝涂布地面等，如常用的过氯乙烯地面涂料、聚氨酯地面涂料、环氧树脂地面涂料等。

2.2.4 建筑装饰塑料

塑料是以合成树脂为主要成分，加入各种填充料和添加剂，在一定的温度、压力条件下塑制而成的材料。塑料具有优良的加工性能，质量轻、比强度高，绝热性、装饰性、电绝缘性、耐水性和耐腐蚀性好，但塑料的刚度小，易燃烧、变形和老化，耐热性差。一般将用于建筑工程中的塑料及制品称为建筑塑料，常用作装饰材料、绝热材料、吸声材料、防水材料、管道及卫生洁具等。

1. 塑料的基本组成

塑料的基本组成包括合成树脂、填料、增塑剂、着色剂、固化剂等，根据塑料用途及成型加工的需要，还可加入稳定剂、润滑剂、抗静电剂、发泡剂、阻燃剂、防霉剂等添加剂。

2. 建筑塑料装饰制品

（1）塑料门窗

与钢木门窗及铝合金门窗相比，塑料门窗的隔热性能优异，容易加工，施工方便，同时具有良好的气密性、水密性、装饰性和隔声性能。在节约能耗、保护环境方面，塑料门窗比木、钢、铝合金门窗有明显的优越性。

目前，塑料门窗多用中空异形型材，为提高塑料型材的刚度，减少变形，常在中空主腔中加入弯成槽形或方形的镀锌钢板，这种门窗称为塑钢门窗。

（2）塑料地板

塑料地板品种很多，分类方法各异。目前，绝大多数塑料地板属于聚氯乙烯塑料地板。塑料地板施工铺设方便，耐磨性好，使用寿命较长，便于清扫，脚感舒适且有多种功能，如隔声、隔热和隔潮等。

（3）塑料墙纸

塑料墙纸是以一定材料（如纸、纤维织物等）为基材，表面进行涂塑后，再经过印花、压花或发泡处理等多种工艺而制成的一种墙面装饰材料，分为普通壁纸（纸基壁纸）、发泡壁纸和特种壁纸三类。塑料墙纸具有装饰效果好、粘贴方便、使用寿命长、易维修保养、物理性能好等优点，广泛用于室内墙面装饰装修，也可用于顶棚、梁、柱等处的贴面装饰。

2.2.5 建筑装饰钢材

现代建筑装饰工程中，钢材制品得到广泛应用。常用的主要有不锈钢钢板和钢管、彩色不锈钢钢板、彩色涂层钢板和彩色涂层压型钢板，以及镀锌钢卷帘门板及轻钢龙骨等。

1. 不锈钢及其制品

不锈钢是指含铬量在12%以上的铁基合金钢。用于建筑装饰的不锈钢材具有较好的耐大气和水蒸气侵蚀性，主要包括薄板（厚度小于2mm）和用薄板加工制成的管材、型材等。

用于装饰的板材按反光率分为镜面板、亚光板和浮雕板三种类型，常用装饰不锈钢板的厚度为0.35mm～2mm（薄板），幅面宽度为500mm～1000mm，长度为1000mm～2000mm，市场上常见的幅面规格为1200mm×2440mm。不锈钢装饰管材按截面可分为等径圆管和变径花形管，按壁厚可分为薄壁管（小于2mm）或厚壁管（大于4mm），按其表面光泽度可分为抛光管、亚光管和浮雕管。

装饰不锈钢主要应用于室内外墙、柱饰面、幕墙及室内外楼梯扶手、护栏、电梯间护壁、门口包镶等工程部位。

2. 轻钢龙骨

建筑用轻钢龙骨（简称龙骨）是以连续热镀锌钢板（带）或以其为基材的彩色涂层钢板（带）作原料，采用冷弯工艺生产的薄壁型钢。龙骨按荷载类型分，有上人龙骨和不上人龙骨。轻钢龙骨是木龙骨的换代产品，比木龙骨强度高，具有防火、耐潮和便于安装的特点；用作吊顶或墙体龙骨，与各种饰面板（纸面石膏板、矿棉板等）相配合，构成的轻型吊顶或隔墙在装饰工程中得到广泛的应用。

3. 彩色涂层钢板

彩色涂层钢板发挥金属材料与有机材料各自的特性，具有较高的强度、刚性，良好的可加工性（可剪、切、弯、卷、钻），多变的色泽和丰富的表面质感，且涂层耐腐蚀、耐湿热、耐低温。彩色涂层钢板应用于各类建筑物的外墙板、屋面板、室内的护壁板、吊顶板，还可作为排气管道、通风管道和其他类似的有耐腐蚀要求的构件及设备。

4. 彩色涂层压型钢板

彩色涂层压型钢板是以镀锌钢板为基材，经辊压、冷弯成异型断面，表面涂装彩色防腐涂层或烤漆而制成的轻型复合板材。也可采用彩色涂层钢板直接成型制作彩色压型钢板。该种板材的基材钢板厚度只有0.5mm～1.2mm，属薄型钢板。彩色涂层压型钢板广泛用于外墙、屋面、吊顶及夹芯保温板材的面板等。

2.2.6 建筑装饰木材

1. 木材的含水率

木材的含水量用含水率表示，指木材所含水的质量占木材干燥质量的百分比。木材吸水的能力很强，其含水量随所处环境的湿度变化而异，所含水分由自由水、吸附水、化合水三部分组成。影响木材物理力学性质和应用的最主要的含水率指标是纤维饱和点和平衡含水率。

1）纤维饱和点。纤维饱和点是木材物理力学性质是否随含水率而发生变化的转折点。

2）平衡含水率。平衡含水率是木材和木制品使用时避免变形或开裂而应控制的含水率指标。

2. 木材的湿胀干缩与变形

木材仅当细胞壁内吸附水的含量发生变化才会引起木材的变形，即湿胀干缩。只有吸附水的改变才影响木材的变形，而纤维饱和点正是这一改变的转折点。

由于木材构造的不均匀性，木材的变形在各个方向上也不同：顺纹方向最小，径向较大，弦向最大。因此，湿材干燥后其截面尺寸和形状会发生明显的变化。

湿胀干缩将影响木材的使用。干缩会使木材翘曲、开裂、接榫松动、拼缝不严。湿胀可造成表面鼓凸，所以木材在加工或使用前应预先进行干燥，使其接近于与环境湿度相适应的平衡含水率。

3. 木材的强度

木材按受力状态分为抗拉、抗压、抗弯和抗剪四种强度，抗拉、抗压和抗剪强度又有顺纹和横纹之分。木材的顺纹和横纹强度有很大差别。木材的强度除由本身组成构造因素决定外，还与含水率、疵病、外力持续时间、温度等因素有关。

4. 木材的应用

建筑工程中木材常用于脚手架、木结构构件和家具等。为提高木材利用率，充分利用木材的性能，经过深加工和人工合成，可以制成各种装饰材料和人造板材。

（1）旋切微薄木

有色木、桦木或树根瘤多的木段，经水蒸软化后，旋切成 0.1mm 左右的薄片，与坚韧的纸胶合而成。由于具有天然的花纹，具有较好的装饰性，可压贴在胶合板或其他板材表面，作墙、门和各种柜体的面板。

（2）软木壁纸

软木壁纸是由软木纸与基纸复合而成。软木纸是以软木的树皮为原料，经粉碎、筛选和风选的颗粒加胶结剂后，在一定压力和温度下胶合而成。它保持了原软木的材质，手感好，隔声、吸声，典雅舒适，特别适用于室内墙面和顶棚的装修。

（3）木质合成金属装饰材料

木质合成金属装饰材料是以木材、木纤维作芯材，再合成金属层（铜和铝），在金属层上进行着色氧化、电镀贵重金属，再涂膜养护等工序加工制成。木质芯材金属化后克服了木材易腐烂、虫蛀、易燃等缺点，又保留了木材易加工、安装的优良工艺性能，主要用于装饰门框、墙面、柱面和顶棚等。

（4）木地板

木地板可分为实木地板、强化木地板、实木复合地板和软木地板。实木地板是由天然木材经锯解、干燥后直接加工而成，其断面结构为单层。强化木地板是多层结构地板，由表面耐磨层、装饰层、缓冲层、人造板基材和平衡层组成，具有很高的耐磨性，力学性能较好，安装简便，维护保养简单。实木复合地板是利用珍贵木材或木材中的优质部分以及其他装饰性强的材料作表层，材质较差或质地较差部分的竹、木材料作中层或底层，经高温高压制成的多层结构的地板。

（5）人造木材

人造木材是将木材加工过程中的大量边角、碎料、刨花、木屑等，经过再加工处理，制成各种人造板材。

1）胶合板。胶合板又称层压板，是将原木旋切成大张薄片，各片纤维方向相互垂直交错，用胶粘剂加热压制而成。胶合板一般是 3～13 层的奇数，并以层数取名，如三合板、五合板等。胶合板可用于隔墙板、天花板、门芯板、室内装修和家具等。

　　2）纤维板。纤维板是将树皮、刨花、树枝等木材废料经切片、浸泡、磨浆、施胶、成型及干燥或热压等工序制成。纤维板按密度大小分为硬质纤维板、中密度纤维板和软质纤维板。硬质纤维板密度大、强度高，主要用作壁板、门板、地板、家具和室内装修等。中密度纤维板是家具制造和室内装修的优良材料。软质纤维板表观密度小、吸声绝热性能好，可作为吸声或绝热材料使用。

　　3）胶合夹心板（细木工板）。胶合夹心板分实心板和空心板两种。实心板内部将干燥的短木条用树脂胶拼成，表皮用胶合板加压加热粘结制成。空心板内部则由厚纸蜂窝结构填充，表面用胶合板加压加热粘结制成。主要适用于家具制作、室内装修等。

　　4）刨花板。刨花板是利用木材或木材加工剩余物作原料，加工成刨花（或碎料），再加入一定数量的合成树脂胶粘剂，在一定温度和压力作用下压制而成的一种人造板材，又称碎料板。按表面状况，刨花板可分为：加压刨花板、砂光或刨光刨花板、饰面刨花板、单板贴面刨花板等。普通刨花板由于成本低、性能优，用作芯材比木材更受欢迎，而饰面刨花板则由于材质均匀、花纹美观、质量较小等原因，大量应用在家具制作、室内装修、车船装修等方面。

2.3　建筑功能材料

2.3.1　防水材料

1. 防水卷材

防水卷材有聚合物改性沥青防水卷材和合成高分子防水卷材等系列。

（1）聚合物改性沥青防水卷材

聚合物改性沥青防水卷材是以合成高分子聚合物改性沥青为涂盖层，纤维织物或纤维毡为胎体，粉状、粒状、片状或薄膜材料为覆面材料制成的可卷曲片状防水材料。由于在沥青中加入了高聚物改性剂，具有高温不流淌、低温不脆裂、拉伸强度高、延伸率较大等优异性能，且价格适中。常见的有 SBS 改性沥青防水卷材、APP 改性沥青防水卷材、PVC 改性焦油沥青防水卷材等。此类防水卷材一般单层铺设，也可复层使用，根据不同卷材可采用热熔法、冷粘法、自粘法施工。

　　1）SBS 改性沥青防水卷材。SBS 改性沥青防水卷材属弹性体沥青防水卷材中的一种，弹性体沥青防水卷材是用沥青或热塑性弹性体（如苯乙烯-丁二烯嵌段共聚物 SBS）改性沥青（简称"弹性体沥青"）浸渍胎基，两面涂以弹性体沥青涂盖层，上表面撒以细砂、矿物粒（片）料或覆盖聚乙烯膜，下表面撒以细砂或覆盖聚乙烯膜所制成的一类防水卷材。该类卷材使用玻纤胎和聚酯胎两种胎基。

　　该类防水卷材广泛适用于各类建筑防水、防潮工程，尤其适用于寒冷地区和结构变形频繁的建筑物防水，并可采用热熔法施工。

　　2）APP 改性沥青防水卷材。APP 改性沥青防水卷材属塑性体沥青防水卷材中的一种，塑性体沥青防水卷材是用沥青或热塑性塑料（如无规聚丙烯 APP）改性沥青（简称"塑性体沥青"）浸渍胎基，两面涂以塑性体沥青涂盖层，上表面撒以细砂、矿物粒（片）料或覆盖聚乙烯膜，下表面撒以细砂或覆盖聚乙烯膜所制成的一类防水卷材。本类卷材也使用玻纤毡或聚酯毡两种胎基,厚度与 SBS 改性沥青防水卷材相同。

该类防水卷材广泛适用于各类建筑防水、防潮工程,尤其适用于高温或有强烈太阳辐射地区的建筑物防水。

[例 2-10] APP 改性沥青防水卷材,其突出的优点是(　　)。

A. 用于寒冷地区铺贴

B. 适宜于结构变形频繁地区的建筑物防水

C. 适宜于强烈太阳辐射地区的建筑物防水

D. 可用热熔法施工

正确答案:C

分析:APP 改性沥青防水卷材适宜于强烈太阳辐射地区的建筑物防水。

3) 沥青复合胎柔性防水卷材。沥青复合胎柔性防水卷材是指以橡胶、树脂等高聚物材料作改性剂制成的改性沥青材料为基料,以两种材料复合毡为胎体,细砂、矿物料(片)料、聚酯膜、聚乙烯膜等为覆盖材料,以浸涂、滚压等工艺而制成的防水卷材。

该类卷材适用于工业与民用建筑的屋面、地下室、卫生间等部位的防水防潮,也可用于桥梁、停车场、隧道等建筑物的防水。

(2) 合成高分子防水卷材

合成高分子防水卷材是以合成橡胶、合成树脂或它们两者的共混体为基料,加入适量的化学助剂和填充料等,经混炼、压延或挤出等工序加工而制成的可卷曲的片状防水材料,其中又可分为加筋增强型与非加筋增强型两种。常用的有再生胶防水卷材、三元乙丙橡胶防水卷材、三元丁橡胶防水卷材、聚氯乙烯防水卷材、氯化聚乙烯防水卷材、氯化聚乙烯-橡胶共混防水卷材等。一般单层铺设,可采用冷粘法或自粘法施工。

三元乙丙(EPDM)橡胶防水卷材有优良的耐候性、耐臭氧性和耐热性,还具有重量轻、使用温度范围宽、抗拉强度高、延伸率大、对基层变形适应性强、耐酸碱腐蚀等特点;广泛适用于防水要求高、耐用年限长的土木建筑工程的防水。聚氯乙烯(PVC)防水卷材的尺度稳定性、耐热性、耐腐蚀性、耐细菌性等均较好,适用于各类建筑的屋面防水工程和水池、堤坝等防水抗渗工程。氯化聚乙烯防水卷材不但具有合成树脂的热塑性能,而且还具有橡胶的弹性,还具有耐候、耐臭氧和耐油、耐化学药品以及阻燃性能;适用于各类工业、民用建筑的屋面防水、地下防水、防潮隔气、室内墙地面防潮、地下室卫生间的防水。氯化聚乙烯-橡胶共混型防水卷材不仅具有氯化聚乙烯所特有的高强度和优异的耐臭氧、耐老化性能,而且具有橡胶类材料所特有的高弹性、高延伸性和良好的低温柔性;特别适用于寒冷地区或变形较大的土木建筑防水工程。

2. 防水涂料

防水涂料是一种流态或半流态物质,可用刷、喷等工艺涂布在基层表面,经溶剂或水分挥发或各组分间的化学反应,形成具有一定弹性和一定厚度的连续薄膜,使基层表面与水隔绝,起到防水、防潮作用。防水涂料广泛适用于工业与民用建筑的屋面防水工程、地下室防水工程和地面防潮、防渗等,特别适用于各种不规则部位的防水。

防水涂料按成膜物质的主要成分可分为聚合物改性沥青防水涂料和合成高分子防水涂料两类。

1) 高聚物改性沥青防水涂料。指以沥青为基料,用合成高分子聚合物进行改性,制成的水乳型或溶剂型防水涂料。品种有再生橡胶改性防水涂料、氯丁橡胶改性沥青防水涂料、SBS橡胶改性沥青防水涂料、聚氯乙烯改性沥青防水涂料等。

2）合成高分子防水涂料。指以合成橡胶或合成树脂为主要成膜物质制成的单组分或多组分的防水涂料。品种有聚氨酯防水涂料、丙烯酸酯防水涂料、环氧树脂防水涂料和有机硅防水涂料等。

3. 建筑密封材料

建筑密封材料是能承受接缝位移以达到气密、水密目的而嵌入建筑接缝中的材料。建筑密封材料分为定形密封材料和不定形密封材料。不定型密封材料通常是粘稠状的材料，又分为弹性密封材料和非弹性密封材料。定型密封材料是具有一定形状和尺寸的密封材料，如密封条带、止水带等。

（1）不定型密封材料

常用的不定型密封材料有沥青嵌缝油膏、聚氯乙烯接缝膏、塑料油膏、丙烯酸类密封胶、聚氨酯密封胶和硅酮密封胶等。

1）沥青嵌缝油膏。沥青嵌缝油膏主要作为屋面、墙面、沟槽的防水嵌缝材料。

2）聚氯乙烯接缝膏和塑料油膏。适用于各种屋面嵌缝或表面涂布作为防水层，也可用于水渠、管道等接缝，用于工业厂房自防水屋面嵌缝、大型屋面板嵌缝等。

3）丙烯酸类密封胶。丙烯酸类密封胶主要用于屋面、墙板、门、窗嵌缝，不宜用于经常泡在水中的工程，不宜用于广场、公路、桥面等有交通来往的接缝中，也不宜用于水池、污水厂、灌溉系统、堤坝等水下接缝中。

4）聚氨酯密封胶。聚氨酯密封胶可以作屋面、墙面的水平或垂直接缝，尤其适用于游泳池工程。它还是公路及机场跑道的补缝、接缝的好材料，也可用于玻璃、金属材料的嵌缝。

5）硅酮密封胶。

硅酮密封胶按用途分为F类和G类两种类别。F类为建筑接缝用密封胶，适用于预制混凝土墙板、水泥板、大理石板的外墙接缝，混凝土和金属框架的粘结，卫生间和公路缝的防水密封等。G类为镶装玻璃用密封胶，主要用于镶嵌玻璃和建筑门、窗的密封。

（2）定型密封材料

定型密封材料包括密封条带和止水带，如铝合金门窗橡胶密封条、丁腈橡胶-PVC门窗密封条、自粘性橡胶、橡胶止水带和塑料止水带等。按密封机理的不同又可分为遇水膨胀型和遇水非膨胀型两类。

2.3.2　保温隔热材料

在建筑工程中，把用于控制室内热量外流的材料称为保温材料，将防止室外热量进入室内的材料称为隔热材料，两者统称为绝热材料。绝热材料主要用于墙体及屋顶、热工设备及管道、冷藏库等工程或冬季施工的工程。

目前，应用较为广泛的纤维状绝热材料，如玻璃棉、石棉、矿物棉和陶瓷纤维等制品；散粒状绝热材料，如膨胀蛭石、膨胀珍珠岩和玻化微珠等；有机绝热材料如泡沫塑料和植物纤维类绝热板等。

1. 纤维状绝热材料

（1）玻璃棉

玻璃棉是将玻璃熔化后从流口流出的同时，用压缩空气喷吹形成乱向的玻璃纤维。包括短棉、超细棉，最高使用温度可达 350℃～600℃，广泛用在温度较低的热力设备和房屋建筑中的保温隔热，同时它还是良好的吸声材料。玻璃棉燃烧性能为不燃材料。

（2）石棉

石棉是一种天然矿物纤维，具有耐火、耐热、耐酸碱、绝热、防腐、隔声及绝缘等特性，最高使用温度可达 500℃～600℃。松散的石棉很少单独使用，常制成石棉粉、石棉纸板、石棉毡等制品用于建筑工程。由于石棉中的粉尘对人体有害，民用建筑很少使用，目前主要用于工业建筑的隔热、保温及防火覆盖等。

（3）矿物棉

岩棉及矿渣棉统称为矿物棉。由熔融的岩石经喷吹制成的称为岩棉，由熔融矿渣经喷吹制成的称为矿渣棉。最高使用温度可达 500℃～600℃。其缺点是吸水性大、弹性小。矿物棉与有机胶结剂结合可以制成矿棉板、毡和筒等制品，也可制成粒状用作填充材料，矿渣棉可作为建筑物的墙体、屋顶、天棚等处的保温隔热和吸声材料，以及热力管道的保温材料。

（4）陶瓷纤维

普通陶瓷纤维又称硅酸铝纤维，因其主要成分之一是氧化铝，而氧化铝又是瓷器的主要成分，所以被叫做陶瓷纤维。陶瓷纤维制品具有重量轻、耐高温、热稳定性好、导热率低、比热小及耐机械振动等优点，最高使用温度可达 1100℃～1350℃，专门用于各种高温，高压，易磨损的环境中。

[例 2-11] 关于保温隔热材料的说法，正确的有（　　　）。

A. 矿物棉的最高使用温度约 600℃　　　B. 石棉最高使用温度可达 600℃～700℃

C. 玻璃棉最高使用温度 300℃～500℃　　D. 陶瓷纤维最高使用温度 1100℃～1350℃

E. 矿物棉的缺点是吸水性大，弹性小

正确答案：A、D、E

分析：矿物棉最高使用温度可达 500℃～600℃，选项 A 正确；石棉最高使用温度可达 500℃～600℃，选项 B 错误；玻璃棉最高使用温度可达 350℃～600℃，选项 C 错误；陶瓷纤维最高使用温度可达 1100℃～1350℃，选项 D 正确；矿物棉的缺点是吸水性大，弹性小，选项 E 正确。

2. 散粒状绝热材料

（1）膨胀蛭石

蛭石是一种复杂的镁、铁含水铝硅酸盐矿物，由云母类矿物经风化而成，吸水性大、电绝缘性不好。具有层状结构。煅烧后的膨胀蛭石可以呈松散状，铺设于墙壁、楼板、屋面等夹层中，作为绝热、隔声材料；也可与水泥、水玻璃等胶凝材料配合，浇筑成板，用于墙、楼板和屋面板等构件的绝热。膨胀蛭石使用时应注意防潮，以免吸水后影响绝热效果。

[例 2-12] 膨胀蛭石是一种较好的绝热材料、隔声材料，但使用时应注意（　　　）。

A. 防潮　　　　　　　　　　　　　　B. 防火

C. 不能松散铺设　　　　　　　　　　D. 不能与胶凝材料配合使用

正确答案：A

分析：膨胀蛭石吸水性大，使用时应注意防潮。

（2）膨胀珍珠岩

膨胀珍珠岩是由天然珍珠岩煅烧而成，呈蜂窝泡沫状的白色或灰白色颗粒，是一种高效能的绝热材料。膨胀珍珠岩具有吸湿小、无毒、不燃、抗菌、耐腐、施工方便等特点。以膨胀珍珠岩为主，配合适量胶凝材料，经搅拌成型养护后而制成的一定形状的板、块、管壳等制品称为膨胀珍珠岩制品。

（3）玻化微珠

玻化微珠是一种酸性玻璃质熔岩矿物质（松脂岩矿砂），内部多孔、表面玻化封闭，呈球状体细径颗粒。玻化微珠吸水率低，易分散，可提高砂浆流动性，还具有防火、吸音隔热等性能，是一种具有高性能的无机轻质绝热材料，广泛应用于外墙内外保温砂浆、装饰板、保温板的轻质骨料。

玻化微珠保温砂浆是以玻化微珠为轻质骨料与玻化微珠保温胶粉料按照一定的比例搅拌均匀混合而成的用于外墙内外保温的一种新型无机保温砂浆材料。玻化微珠保温砂浆具有优良的保温隔热性能和防火耐老化性能、不空鼓开裂、强度高等特性。

3. 有机绝热材料

以天然植物材料或人工合成的有机材料为主要成分的绝热材料。常用品种有泡沫塑料、钙塑泡沫板、木丝板、纤维板和软木制品等。这类材料的特点是质轻、多孔、导热系数小，但吸湿性大、不耐久、不耐高温。

（1）泡沫塑料

泡沫塑料是以合成树脂为基料，加入适当发泡剂、催化剂和稳定剂等辅助材料，经加热发泡而制成的具有轻质、保温、绝热、吸声、防震性能的材料。

目前，常见的泡沫塑料有聚苯乙烯泡沫塑料、聚氯乙烯泡沫塑料、聚氨酯泡沫塑料等。其中，聚苯乙烯板分为模塑聚苯板（EPS）和挤塑聚苯板（XPS）两种，在同样厚度情况下，XPS 板比 EPS 板的保温效果要好，EPS 板与 XPS 相比，吸水性较高、延展性要好。XPS 板是建筑业界常用的隔热、防潮材料，被广泛应用于墙体保温，平面混凝土屋顶及钢结构屋顶的保温，低温储藏，地面、泊车平台、机场跑道、高速公路等领域的防潮保温及控制地面膨胀等方面。

（2）植物纤维类绝热板

该类绝热材料可用稻草、麦秸、甘蔗渣等为原料经加工而成。可用作墙体、地板、顶棚等，也可用于冷藏库、包装箱等。

2.3.3　吸声隔声材料

1. 吸声材料

吸声材料是一种能在较大程度上吸收由空气传递的声波能量的工程材料，通常使用的吸声材料为多孔材料。

（1）薄板振动吸声结构

薄板振动吸声结构具有低频吸声的特性，建筑中常用胶合板、薄木板、硬质纤维板、石膏板、石棉水泥板或金属板等，将其固定在墙或顶棚的龙骨上，并在背后留有空气层，形成薄板振动吸声结构。

（2）柔性吸声结构

具有密闭气孔和一定弹性的材料，如聚氯乙烯泡沫塑料，表面为多孔材料，声波引起的空气振动不是直接传递到材料内部，只能相应地产生振动，在振动过程中由于克服材料内部的摩擦而消耗声能，引起声波衰减。

（3）悬挂空间吸声结构

悬挂于空间的吸声体，由于声波与吸声材料的两个或两个以上的表面接触，增加了有效的吸声面积，产生边缘效应，加上声波的衍射作用，大大提高吸声效果。空间吸声体有平板形、球形、椭圆形和棱锥形等。

（4）帘幕吸声结构

帘幕吸声结构是具有通气性能的纺织品，安装在离开墙面或窗洞一段距离处，背后设置空气层。这种吸声体对中、高频都有一定的吸声效果。帘幕吸声体安装拆卸方便，兼具装饰作用。

2. 隔声材料

隔声材料是能减弱或隔断声波传递的材料。隔声材料必须选用密实、质量大的材料作为隔声材料，如黏土砖、钢板、混凝土和钢筋混凝土等。对固体声最有效的隔绝措施是隔断其声波的连续传递即采用不连续的结构处理，如在墙壁和梁之间、房屋的框架和隔墙及楼板之间加弹性垫，如毛毡、软木、橡胶等材料。

2.3.4 防火材料

燃烧是一种同时伴有放热和发光效应的剧烈的氧化反应。放热、发光、生成新物质是燃烧现象的三个特征。可燃物、助燃物和火源通常被称为燃烧三要素。这三个要素必须同时存在并且互相接触，燃烧才可能进行。根据燃烧理论可知，只要对燃烧三要素中的任何一种因素加以抑制，就可达到阻止燃烧进一步进行的目的。材料的阻燃和防火即是这一理论的具体实施。建筑工程中常用的防火材料包括阻燃剂、防火涂料、水性防火阻燃液和防火堵料等。

1. 阻燃剂

目前已工业化的阻燃剂有多种类型，主要是针对高分子材料的阻燃设计的。

按使用方法分类，阻燃剂可分为添加型阻燃剂和反应型阻燃剂两类。添加型又可分为有机阻燃剂和无机阻燃剂。添加型阻燃剂是通过机械混合方法加入到聚合物中，使聚合物具有阻燃性；反应型阻燃剂则是作为一种单体参加聚合反应，因此使聚合物本身含有阻燃成分，其优点是对聚合物材料使用性能影响较小，阻燃性持久。

2. 防火涂料

防火涂料是指涂覆于物体表面上，能降低物体表面的可燃性，阻隔热量向物体的传播，从而防止物体快速升温，阻滞火势的蔓延，提高物体耐火极限的物质。

防火涂料主要由基料和防火助剂两部分组成。除了应具有普通涂料的装饰作用和对基材提供的物理保护作用外，还需要具有隔热、阻燃和耐火的功能，要求它们在一定的温度和一定时间内形成防火隔热层。因此，防火涂料是一种集装饰和防火为一体的特种涂料。

3. 水性防火阻燃液

水性防火阻燃液又称水性防火剂、水性阻燃剂，是以水为分散介质，采用喷涂或浸渍等方法使木材、织物或纸板等获得规定的燃烧性能的阻燃剂。

根据水性防火阻燃液的使用对象，可分为木材用水基型阻燃处理剂、织物用水基型阻燃处理剂、木材及织物用水基型阻燃处理剂三类。

4. 防火堵料

防火堵料是专门用于封堵建筑物中的各种贯穿物，如电缆、风管、油管、气管等穿过墙壁、楼板形成的各种开孔以及电缆桥架等，具有防火隔热功能且便于更换的材料。

根据防火封堵材料的组成、形状与性能特点可分为三类，即以有机高分子材料为胶粘剂的有机防火堵料，以快干水泥为胶凝材料的无机防火堵料，将阻燃材料用织物包裹形成的防火包。

2.4　本章复习题及解析

1. 常用于普通钢筋混凝土的冷轧带肋钢筋有（　　　）。

A. CRB650　　　　　　　　　　　B. CRB800

C. CRB550　　　　　　　　　　　D. CRB600H

E. CRB680H

正确答案：C、D、E

分析：本题考查建筑钢材，如图 2-4 所示。CRB550、CRB600H 为普通钢筋混凝土用钢筋，CRB680H 既可作为普通钢筋混凝土用钢筋，也可作为预应力混凝土用钢筋使用。热轧带肋钢筋、冷轧带肋钢筋（CRB650、CRB800、CRB800H、CRB680H）可作为预应力混凝土用钢筋使用；热轧光圆钢筋、冷拉热轧钢筋、冷轧带肋钢筋（CRB550、CRB600H）、冷拔低碳钢丝 CDW550 不可以作为预应力混凝土用钢筋使用。

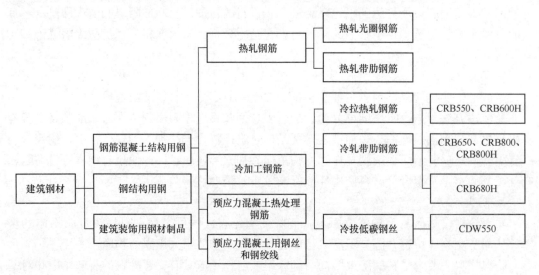

图 2-4　常用建筑钢材

2. 吊车梁、大跨度屋架等大负荷预应力混凝土结构中，应优先采用（   ）。

A. 冷轧带肋钢筋　　　　　　　　B. 预应力混凝土钢绞线

C. 冷拉热轧钢筋　　　　　　　　D. 冷拔低碳钢丝

E. 预应力混凝土热处理钢筋

正确答案：B、E

分析：本题考查建筑钢材。吊车梁、大跨度屋架等大负荷预应力混凝土结构中，应优先采用预应力混凝土钢绞线与预应力混凝土热处理钢筋。选项 A 用于受力筋，选项 C 不可用于预应力，选项 D 用于构造筋。

3. （   ）是指钢材在常温下承受变形的能力，是钢材的重要工艺性能。

A. 伸长率　　　　B. 冷弯性能　　　　C. 抗剪性能　　　　D. 抗拉性能

正确答案：B

分析：本题考查建筑钢材性能，如表 2-4 所示。冷弯性能是指钢材在常温下承受变形的能力，是钢材的重要工艺性能。

钢材性能　　　　　表 2-4

性　能		内　容
力学性能	抗拉性能	屈服强度、抗拉强度、伸长率
	冲击性能	钢材抵抗冲击荷载的能力
	硬度	表面层局部体积抵抗较硬物体压入产生塑性变形的能力
	疲劳性能	在交变荷载反复作用下，钢材往往在应力远小于抗拉强度时发生断裂
工艺性能	冷弯性能	钢材在常温下承受弯曲变形的能力
	焊接性能	焊接后在焊缝处的性质与母材性质的一致程度

4. 表征钢材抗拉性能的技术指标主要有（   ）。

A. 屈服强度　　　　　　　　　　B. 冲击韧性

C. 抗拉强度　　　　　　　　　　D. 硬度

E. 伸长率

正确答案：A、C、E

分析：本题考查建筑钢材力学性能，如表 2-4 所示。包括抗拉性能、冲击性能、硬度和疲劳性能。表征钢材抗拉性能的技术指标主要有屈服强度、抗拉强度、伸长率。

5. 要求合格的硅酸盐水泥终凝时间不迟于 6.5h，是为了（   ）。

A. 满足早期强度要求　　　　　　B. 保证体积安定性

C. 确保养护时间　　　　　　　　D. 保证水化反应充分

正确答案：A

分析：本题考查水泥。水泥凝结时间在施工中有重要意义，为使混凝土和砂浆有充分的时间进行搅拌、运输、浇捣和砌筑，水泥初凝时间不能过短；当施工完毕后，则要求尽快硬化，具有强度，故终凝时间不能太长。《通用硅酸盐水泥》GB 175—2007 规定，硅酸盐水泥初凝时间不小于 45min，终凝时间不大于 390min。

6. 判定硅酸盐水泥是否废弃的技术指标是（   ）。

A. 体积安定性　　　　　　　　　B. 水化热

C. 水泥强度　　　　　　　　　　D. 水泥细度

E. 初凝时间

正确答案：A、E

分析：本题考查水泥。初凝时间不合要求，该水泥报废；终凝时间不合要求，视为不合格。安定性不合格的水泥不得用于工程，应废弃。

7. 关于水泥的知识，下列说法正确的是(　　)。

A. 硅酸盐水泥不宜用于大体积混凝土工程

B. 矿渣硅酸盐水泥早期强度较高，后期强度增长较快

C. 火山灰质硅酸盐水泥早期强度低，水化热较高

D. 粉煤灰硅酸盐水泥抗碳化能力较强

正确答案：A

分析：本题考查水泥。硅酸盐水泥早期强度较高，凝结硬化快，水化热较大，耐冻性好，耐热性、耐腐蚀及耐水性均较差。选项B，矿渣硅酸盐水泥早期强度低，后期强度增长较快；选项C，火山灰质硅酸盐水泥早期强度低，后期强度增长较快，水化热较低，耐热性较差，耐硫酸盐侵蚀和耐水性较好，抗冻性较差，干缩性较大，抗渗性较好，抗碳化能力差；选项D，粉煤灰硅酸盐水泥早期强度低，后期强度增长较快，水化热较低，耐热性较差，耐硫酸盐侵蚀和耐水性较好，抗冻性较差，干缩性较小，抗碳化能力较差。

8. 可用于有高温要求的工业车间大体积混凝土构件的水泥是(　　)。

A. 硅酸盐水泥　　　　　　　　B. 普通硅酸盐水泥

C. 矿渣硅酸盐水泥　　　　　　D. 火山灰质硅酸盐水泥

正确答案：C

分析：本题考查水泥。矿渣硅酸盐水泥早期强度低，后期强度增长较快，耐热性较好。

9. 可用于有抗渗要求的工业车间大体积混凝土构件的水泥是(　　)。

A. 硅酸盐水泥　　　　　　　　B. 普通硅酸盐水泥

C. 矿渣硅酸盐水泥　　　　　　D. 火山灰质硅酸盐水泥

正确答案：D

分析：本题考查水泥。火山灰质硅酸盐水泥早期强度低，后期强度增长较快，水化热较低，耐热性较差，耐硫酸盐侵蚀和耐水性较好。

10. 干缩性较小的水泥有(　　)。

A. 硅酸盐水泥　　　　　　　　B. 普通硅酸盐水泥

C. 矿渣硅酸盐水泥　　　　　　D. 火山灰硅酸盐水泥

E. 粉煤灰硅酸盐水泥

正确答案：A、B、E

分析：本题考查水泥特性，如表2-5所示。干缩性较小的水泥有硅酸盐水泥、普通硅酸盐水泥和粉煤灰硅酸盐水泥。

常用水泥主要特性　　　　　　　　表2-5

主要特性 \ 水泥种类	硅酸盐水泥	普通硅酸盐水泥	矿渣硅酸盐水泥	火山灰质硅酸盐水泥	粉煤灰硅酸盐水泥
强度	早期较高		早期低，后期增长较快		

水泥种类 主要特性	硅酸盐水泥	普通硅酸盐水泥	矿渣硅酸盐水泥	火山灰质硅酸盐水泥	粉煤灰硅酸盐水泥
水化热	较大		较小		
干缩性	较小		较大		较小
耐水性	较差		较好		
耐热性			较好	较差	
凝结硬化	快	较快	慢		
耐冻性	好	较好	较差		
耐腐蚀性	较差		—		
耐硫酸盐侵蚀性	—		较好		
抗碳化能力	—		差		较差

11. 下列水泥中不宜用于大体积混凝土、化学侵蚀及海水侵蚀工程的有( )。

A. 硅酸盐水泥
B. 矿渣水泥
C. 普通硅酸盐水泥
D. 火山灰质水泥
E. 粉煤灰水泥

正确答案：A、C

分析：本题考查水泥特性，如表 2-5 所示。耐腐蚀性较差的水泥有硅酸盐水泥、普通硅酸盐水泥。

12. 有耐火要求的混凝土应采用( )。

A. 硅酸盐水泥
B. 普通硅酸盐水泥
C. 矿渣硅酸盐水泥
D. 火山灰质硅酸盐水泥

正确答案：C

分析：本题考查水泥特性，如表 2-5 所示。矿渣硅酸盐水泥耐热性好。

13. 对于一般强度的混凝土，水泥强度等级宜为混凝土强度等级的( )。

A. 0.8～1.2 倍
B. 0.9～1.5 倍
C. 1.2～1.5 倍
D. 1.5～2.0 倍

正确答案：D

分析：本题考查混凝土。对于一般强度的混凝土，水泥强度等级宜为混凝土强度等级的 1.5～2.0 倍；对于较高强度等级的混凝土，水泥强度宜为混凝土强度等级的 0.9～1.5 倍。

14. 在《建设用砂》GB/T 14684—2011 中，将砂按技术要求分为 I 类、II 类、III 类，属于 III 类的是( )。

A. 强度等级 C70 的混凝土
B. 强度等级 C50 的混凝土
C. 强度等级 C25 的混凝土
D. 强度等级 C20 且有抗冻要求的混凝土

正确答案：C

分析：本题考查混凝土。I 类宜用于强度等级大于 C60 的混凝土，II 类宜用于强度等级为 C30～C60 及有抗冻、抗渗或其他要求的混凝土，III 类宜用于强度等级小于 C30 的混凝土。

15. 测定混凝土立方体抗压强度的龄期是(   )。

A. 7d   B. 14d   C. 21d   D. 28d

正确答案：D

分析：本题考查混凝土。按照标准的制作方法制成边长为 150mm 的立方体试件，在标准养护条件（温度（20±3）℃，相对湿度 95％以上）下，养护到 28d，按照标准的测定方法测定其抗压强度值称为混凝土立方体试件抗压强度。

16. 经检测，一组混凝土标准试件 28 天的抗压强度为 27～29MPa，则其强度等级应定为(   )。

A. C25   B. C27   C. C28   D. C30

正确答案：A

分析：本题考查混凝土。立方体抗压强度是一组试件抗压强度的算术平均值，立方体抗压强度标准值是按数理统计方法确定，具有不低于 95％保证率的立方体抗压强度。混凝土的强度等级由立方体抗压强度标准值确定。（27MPa～29MPa）×95％＝25.65MPa～27.55MPa，则该试件的强度等级为 C25。

17. 一般把强度等级为(   )及其以上的混凝土称为高强混凝土。

A. C50   B. C55   C. C60   D. C65

正确答案：C

分析：本题考查混凝土。一般把强度等级为 C60 及其以上的混凝土称为高强混凝土。

18. 按外加剂的主要功能进行分类时，缓凝剂主要是为了实现(   )。

A. 改善混凝土拌和物流变性能   B. 改善混凝土耐久性
C. 调节混凝土凝结时间、硬化性能   D. 改善混凝土和易性

正确答案：C

分析：本题考查混凝土外加剂，如表 2-6 所示。

混凝土外加剂   表 2-6

外加剂	作用
减水剂、引气剂、泵送剂	改善流变性能
缓凝剂、早强剂	调节凝结时间、硬化性能
引气剂	改善耐久性
膨胀剂	改善其他性能

19. 对混凝土抗渗性起决定性作用的是(   )。

A. 混凝土内部孔隙特性   B. 水泥强度和品质
C. 混凝土水灰比   D. 养护的温度和湿度

正确答案：C

分析：本题考查混凝土。影响混凝土抗渗性的因素有水灰比、水泥品种、骨料的粒径、养护方法、外加剂及掺和料等，其中水灰比对抗渗性起决定性作用。

20. 混凝土的整体均匀性，主要取决于混凝土拌和物的(   )。

A. 抗渗性   B. 流动性   C. 粘聚性   D. 保水性

正确答案：C

分析：本题考查混凝土的和易性。主要技术指标包括流动性、粘聚性、保水性三个方面。流动性是指产生流动并均匀密实的充满模板的能力；粘聚性是指使混凝土保持整体均匀性的能力；保水性是指混凝土拌和物在施工中不致发生严重的泌水现象。

21. 配制高强混凝土的主要技术途径有（　　）。
　　A. 采用掺混合材料的硅酸盐水泥　　　B. 加入高效减水剂
　　C. 适当加大粗骨料的粒径　　　　　　D. 延长拌和时间和提高振捣质量

正确答案：B

分析：本题考查混凝土。高强混凝土是用普通水泥、砂石作为原料，采用常规制作工艺，主要依靠高效减水剂，或同时外加一定数量的活性矿物掺和料，使硬化后强度等级不低于 C60 的混凝土。

22. 下列选项中不属于纤维混凝土作用的是（　　）。
　　A. 增加混凝土的抗破损能力　　　　　B. 增加混凝土的抗冲击能力
　　C. 能控制混凝土结构性裂缝　　　　　D. 对混凝土具有微观补强的作用

正确答案：C

分析：本题考查混凝土。纤维混凝土可以很好地控制混凝土的非结构性裂缝，选项 C 错误。

23. 下列选项中用于非承重墙的是（　　）。
　　A. 煤矸石砖　　　　B. 粉煤灰砖　　　　C. 烧结多孔砖　　　　D. 烧结空心砖

正确答案：D

分析：本题考查砌筑材料。烧结空心砖受力方向与孔方向不垂直。

24. 关于砌筑砂浆的说法，不正确的是（　　）。
　　A. 一般情况下宜选用中砂
　　B. M15 以上等级的砌筑砂浆宜选用 32.5 级的水泥
　　C. 拌制砂浆的水应是不含有害物质的洁净水
　　D. 水泥石灰混合砂浆宜掺入电石膏，以增加砂浆和易性

正确答案：B

分析：本题考查砌筑材料。M15 以上等级的砌筑砂浆宜选用 42.5 级的通用硅酸盐水泥。

25. 下列材料中，（　　）俗称马赛克。
　　A. 釉面砖　　　　B. 陶瓷锦砖　　　　C. 瓷质砖　　　　D. 合成石面板

正确答案：B

分析：本题考查建筑装饰材料。陶瓷锦砖俗称马赛克，是以优质瓷土烧制成的小块瓷砖。色泽稳定、美观、耐磨、耐污染、易清洗，主要用作室内地面铺装。

26. 不应用于室外的饰面陶瓷是（　　）。
　　A. 陶瓷锦砖　　　B. 瓷质砖　　　　　C. 墙地砖　　　　　D. 釉面砖

正确答案：D

分析：本题考查建筑装饰材料。因釉面砖砖体多孔，吸收大量水分后将产生湿胀现象，从而导致釉面开裂，出现剥落、掉皮现象，故不应用于室外。

27. 可较好代替天然石材的装饰材料的饰面陶瓷是(　　　)。

A. 陶瓷锦砖　　　　B. 瓷质砖　　　　C. 墙地砖　　　　D. 釉面砖

正确答案：B

分析：本题考查建筑装饰材料。瓷质砖装饰在建筑物外墙壁上能起到隔声、隔热的作用，而且它比大理石轻便，质地均匀致密、强度高、化学性能稳定。瓷质砖正逐渐成为天然石材装饰材料的替代产品。

28. 钢化玻璃是用物理或化学方法，在玻璃表面上形成一个(　　　)。

A. 压应力层　　　　B. 拉应力层　　　　C. 防脆裂层　　　　D. 刚性氧化层

正确答案：A

分析：本题考查建筑装饰材料。钢化玻璃是用物理或化学的方法，在玻璃的表面上形成一个压应力层，而内部处于较大的拉应力状态，内外拉压应力处于平衡状态。

29. 下列防水卷材中更适于寒冷地区建筑工程防水的有(　　　)。

A. SBS 改性沥青防水卷材　　　　B. APP 改性沥青防水卷材

C. 沥青复合胎柔性防水卷材　　　　D. 氯化聚乙烯防水卷材

E. 氯化聚乙烯-橡胶共混型防水卷材

正确答案：A、E

分析：本题考查建筑功能材料。SBS 改性沥青防水卷材，氯化聚乙烯-橡胶共混型防水卷材更适于寒冷地区。

30. 民用建筑很少使用的保温隔热材料是(　　　)。

A. 岩棉　　　　B. 矿渣棉　　　　C. 石棉　　　　D. 玻璃棉

正确答案：C

分析：本题考查建筑功能材料。由于石棉中的粉尘对人体有害，因而民用建筑很少使用，目前主要用于工业建筑的隔热、保温及防火覆盖等。

31. 燃烧现象的三个特征不包括(　　　)。

A. 放热　　　　B. 发光　　　　C. 耗氧　　　　D. 生产新物质

正确答案：C

分析：本题考查建筑功能材料。放热、发光、生成新物质是燃烧现象的三个特征。可燃物、助燃物和火源通常被称为燃烧三要素。

3 土建工程主要施工工艺与方法

【知识导学】

本章依次介绍土石方工程、地基与基础工程、主体结构工程、防水工程、节能工程和装饰装修工程施工工艺与方法。其中，主体结构是位于地基基础之上，接受、承担和传递建筑工程所有的上部荷载，维持上部结构整体性、稳定性和安全性有机联系的体系，是建筑工程结构安全、稳定、可靠的载体和重要组成部分。主体结构分为砌体结构、混凝土结构、装配式混凝土和结构吊装工程，如图 3-1 所示。

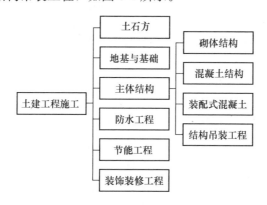

图 3-1 本章知识体系

3.1 土石方工程施工

3.1.1 土石方工程分类

土石方工程是建设工程施工的主要工程之一。它包括土石方的开挖、运输、填筑、平整与压实等主要施工过程，以及场地清理、测量放线、排水、降水、土壁支护等准备工作和辅助工作。土木工程中常见的土石方工程有：

1. 场地平整

场地平整前必须确定场地设计标高，计算挖方和填方的工程量，确定挖方、填方的平衡调配，选择土方施工机械，拟定施工方案。

2. 基坑（槽）开挖

开挖深度在 5m 以内的称为浅基坑（槽），挖深超过 5m（含 5m）的称为深基坑（槽）。应根据建筑物、构筑物的基础形式，坑（槽）底标高及边坡坡度要求开挖基坑（槽）。

3. 基坑（槽）回填

为了确保填方的强度和稳定性，必须正确选择填方土料与填筑方法。填土必须具有一定的密实度，以避免建筑物产生不均匀沉陷。填方应分层进行，并尽量采用同类土填筑。

4. 地下工程大型土石方开挖

对人防工程、大型建筑物的地下室、深基础施工等进行的地下大型土石方开挖涉及降水、排水、边坡稳定与支护、地面沉降与位移等问题。

3.1.2　土石方工程的准备与辅助工作

土石方工程施工前应做好下述准备工作：

（1）场地清理。包括清理地面及地下各种障碍。

（2）排除地面水。地面水的排除一般采用排水沟、截水沟、挡水土坝等措施。

（3）修筑好临时道路及供水、供电等临时设施。

（4）做好材料、机具及土方机械的进场工作。

（5）做好土方工程测量、放线工作。

（6）根据土方施工方案做好土方工程的辅助工作，如边坡稳定、基坑·（槽）支护、降低地下水等。

1. 土方边坡及其稳定

土方边坡坡度以其高度 h 与底宽度 b 之比表示，如图 3-2 所示。边坡可做成直线形、折线形或踏步形。边坡坡度应根据土质、开挖深度、开挖方法、施工工期、地下水位、坡顶荷载及气候条件等因素确定。

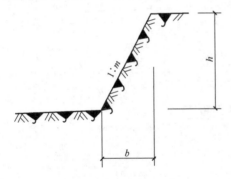

图 3-2　土方边坡坡度

施工中除应正确确定边坡，还要进行护坡，以防边坡发生滑动。因此，在土方施工中，要预估各种可能出现的情况，采取必要的措施护坡防坍，特别要注意及时排除雨水、地面水，防止坡顶集中堆载及振动。必要时可采用钢丝网细石混凝土（或砂浆）护坡面层加固。如果是永久性土方边坡，则应做好永久性加固措施。

2. 基坑（槽）支护

开挖基坑（槽）时，如地质条件及周围环境许可，采用放坡开挖是较经济的。但在建筑稠密地区施工，或有地下水渗入基坑（槽）时，往往不可能按要求的坡度放坡开挖，此时就需要进行基坑（槽）支护，以保证施工的顺利和安全，并减少对相邻建筑、管线等的不利影响。

基坑（槽）支护结构的主要作用是支撑土壁。此外，钢板桩、混凝土板桩及水泥土搅拌桩等围护结构还兼有不同程度的隔水作用。根据受力状态，基坑（槽）支护结构可分为横撑式支撑、重力式支护结构、板桩式支护结构等，其中，板桩式支护结构又分为悬臂式和支撑式。

（1）横撑式支撑

开挖较窄的沟槽，多用横撑式土壁支撑。横撑式支撑根据挡土板的不同，分为水平挡土板式（图 3-3a）以及垂直挡土板式（图 3-3b）两类。

（2）重力式支护结构

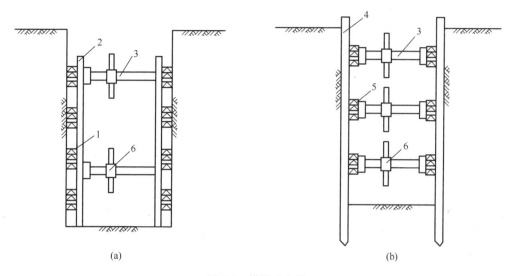

图 3-3　横撑式支撑

（a）水平挡土板支撑；（b）垂直挡土板支撑

1—水平挡土板；2—立柱；3—工具式横撑；4—垂直挡土板；5—横楞木；6—调节螺丝

重力式支护结构是指通过加固基坑周边土形成一定厚度的重力式墙，以达到挡土的目的。水泥土搅拌桩（或称深层搅拌桩）支护结构是一种重力式支护结构。

搅拌桩成桩工艺可采用"一次喷浆、二次搅拌"（图 3-4）或"二次喷浆、三次搅拌"工艺，主要依据水泥掺入比及土质情况而定。水泥掺量较小，土质较松时，可用前者；反之，可用后者。

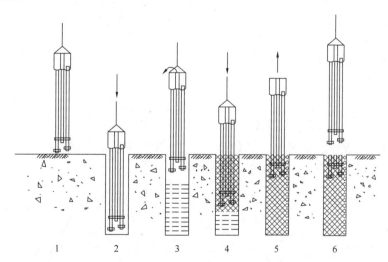

图 3-4　"一次喷浆、二次搅拌"施工流程

1—定位；2—预搅下沉；3—提升喷浆搅拌；4—重复下沉搅拌；

5—重复提升搅拌；6—成桩结束

（3）板式支护结构

板式支护结构由挡墙系统和支撑（或拉锚）系统组成（图 3-5）。悬臂式板桩支护结

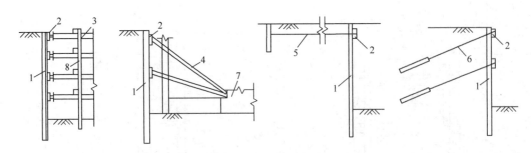

图 3-5 板式支护结构

1—板桩墙；2—围檩；3—钢支撑；4—斜撑；5—拉锚；6—土锚杆；7—已施工基础；8—竖撑

构则不设支撑（或拉锚）。

挡墙系统常用的材料有槽钢、钢板桩、钢筋混凝土板桩、灌注桩及地下连续墙等。钢板桩有平板形和波浪形两种。钢板桩之间通过锁口互相连接，形成一道连续的挡墙。由于锁口的连接，使钢板桩连接牢固，形成整体。

支撑系统一般采用大型钢管、H 型钢或格构式钢支撑，也可采用现浇钢筋混凝土支撑。拉锚系统材料一般用钢筋、钢索、型钢或土锚杆。根据基坑开挖的深度及挡墙系统的截面性能可设置一道或多道支点。基坑较浅，挡墙具有一定刚度时，可采用悬臂式挡墙而不设支撑点。支撑或拉锚与挡墙系统通过围檩、冠梁等连接成整体。

板桩墙的施工根据挡墙系统的形式选取相应的方法。一般钢板桩、混凝土板桩采用打入法，而灌注桩及地下连续墙则采用就地成孔（槽）现浇的方法。

[例 3-1] 在松散且湿度很大的土中挖 6m 深的沟槽，支护应优先选用（　　）。

A. 水平挡土板式支撑　　　　　　B. 垂直挡土板式支撑

C. 重力式支护结构　　　　　　　D. 板式支护结构

正确答案：B

分析：对松散和湿度很高的沟槽土可用垂直挡土板式支撑，其挖土深度不限。

3. 降水与排水

降水方法可分为重力降水（如积水井、明渠等）和强制降水（如轻型井点、深井泵、电渗井点等）。土石方工程中采用较多的是明排水法和轻型井点降水。

排除地面水一般采取在基坑周围设置排水沟、截水沟或筑土堤等办法，并尽量利用原有的排水系统，使临时排水系统与永久排水设施相结合。

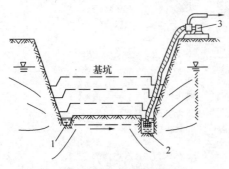

图 3-6 集水坑降水法

1—排水沟；2—集水坑；3—水泵

（1）明排水法施工

明排水法是在基坑开挖过程中，在坑底设置集水坑，并沿坑底周围或中央开挖排水沟，使水流入集水坑，然后用水泵抽走（图 3-6）。抽出的水应予引开，以防倒流。

明排水法由于设备简单和排水方便，采用较为普遍。宜用于粗粒土层，也用于渗水量小的黏土层。但当土为细砂和粉砂时，地下水渗出会带走细粒，发生流砂现象，导致边坡坍塌、坑底涌砂，难以施工，此时应采用井点降水法。

采用集水坑降水时，根据现场土质条件，应能保持开挖边坡的稳定。边坡坡面上如有局部渗出地下水时，应在渗水处设置过滤层，防止土粒流失，并设置排水沟，将水引出坡面。

[例3-2] 基坑开挖时，采用明排水法施工，其集水坑应设置在（   ）。

A. 基础范围以外的地下水走向的下游   B. 基础范围以外的地下水走向的上游

C. 便于布置抽水设施的基坑边角处   D. 不影响施工交通的基坑边角处

正确答案：B

分析：集水坑位置在基础范围以外，地下水走向的上游。

（2）井点降水施工

井点降水法是在基坑开挖之前，预先在基坑四周埋设一定数量的滤水管（井），利用抽水设备抽水，使地下水位下降到坑底以下，并在基坑开挖过程中仍不断抽水。这样，可使所挖的土始终保持干燥状态，也可防止流砂发生，土方边坡也可陡一些，从而减少挖方量。

井点降水法有轻型井点、喷射井点、电渗井点、管井井点及深井井点等，其中轻型井点降水应用较为广泛。井点降水的方法根据土的渗透系数、降低水位的深度、工程特点及设备条件等，按照表3-1选择。

各种井点的适用范围　　　　　　　　　　　　　　　　　表3-1

井点类别	土的渗透系数（m/d）	降低水位深度（m）
单级轻型井点	0.005～20	<6
多级轻型井点	0.005～20	<20
喷射井点	0.005～20	<20
电渗井点	<0.1	根据选用的井点确定
管井井点	0.1～200	不限
深井井点	0.1～200	>15

1）轻型井点

轻型井点是沿基坑四周以一定间距埋入直径较细的井点管至地下蓄水层内，井点管的上端通过弯联管与总管相连接，利用抽水设备将地下水从井点管内不断抽出，使原有地下水位降至坑底以下（图3-7）。在施工过程中要不断地抽水，直至基础施工完毕并回填土为止。

井点管是用直径38mm或51mm、长5～7m的钢管，管下端配有滤管。集水总管采用直径100mm～127mm的钢管，每节长4m，一般每隔0.8或1.2m设一个连接井点管的接头。抽水设备由真空泵、离心泵和水汽分离器等组成。一套抽水设备能带动的总管长度一般为100m～120m。

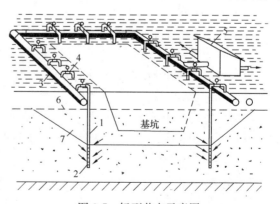

图3-7　轻型井点示意图

1—井点管；2—滤管；3—总管；4—弯联管；5—水泵房；

6—原地下水位线；7—降水后水位线

根据基坑平面的大小与深度、土质、地下水位高低与流向、降水深度要求,轻型井点可采用单排布置、双排布置以及环形布置,当土方施工机械需进出基坑时,也可采用 U 形布置,如图 3-8 所示。

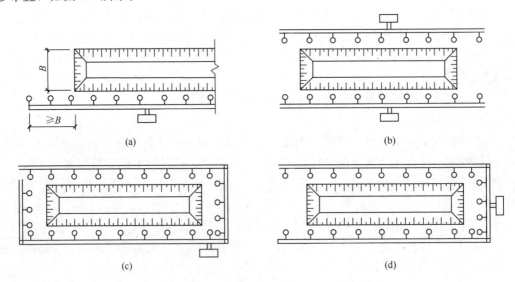

图 3-8　轻型井点的平面布置
(a) 单排布置;(b) 双排布置;(c) 环形布置;(d) U 形布置

单排布置适用于基坑、槽宽度小于 6m,且降水深度不超过 5m 的情况;双排布置适用于基坑宽度大于 6m 或土质不良的情况;环形布置适用于大面积基坑。如采用 U 形布置,则井点管不封闭的一段应设在地下水的下游方向。

井点系统的安装顺序为挖井点沟槽、铺设集水总管→冲孔、沉设井点管、灌填砂滤料→用弯联管将井点管与集水总管连接→安装抽水设备→试抽。

[例3-3] 关于基坑土石方工程采用轻型井点降水,当土方施工机械需进出基坑时,需采用(　　)。

A. U 形布置　　　B. 双排井点　　　C. 单排井点　　　D. 单级井点

正确答案:A

分析:当土方施工机械需进出基坑时,可采用 U 形布置。

2) 喷射井点

当降水深度超过 8m 时,宜采用喷射井点。喷射井点采用压气喷射泵进行排水,降水深度可达 8m~20m。

当基坑宽度小于等于 10m 时,井点可单排布置;当基坑宽度大于 10m 时,可双排布置;当基坑面积较大时,宜采用环形布置。井点间距一般采用 2m~3m,每套喷射井点宜控制在 20~30 根井管。

3) 电渗井点

电渗井点降水是利用井点管(轻型或喷射井点管)本身作阴极,沿基坑外围布置,以钢管(Φ50mm~Φ75mm)或钢筋(Φ25mm 以上)作阳极,垂直埋设在井点内侧,阴阳极分别用电线连接成通路,并对阳极施加强直流电电流。应用电压比降使带负电的土粒向阳极移动（即电泳作用），带正电的孔隙水向阴极方向集中产生电渗现象。在电渗与真空的双重作用下，强制黏土中的水在井点管附近积集，由井点管快速排出，井点管连续抽水，地下水位逐渐降低。而电极间的土层，则形成电帷幕，由于电场作用，从而阻止地下水从四面流入坑内。

4）管井井点

管井井点就是沿基坑每隔一定距离设置一个管井，每个管井单独用一台水泵不断抽水来降低地下水位。在土的渗透系数大、地下水量大的土层中，宜采用管井井点。管井直径为150mm～250mm。管井的间距，一般为20m～50m。

5）深井井点

当降水深度超过15m时，在管井井点内采用一般的潜水泵和离心泵满足不了降水要求时，可加大管井深度，改用深井泵（即深井井点）来解决。深井井点一般可降低水位30m～40m，有的甚至可达百米以上。常用的深井泵有两种类型，即电动机在地面上的深井泵及深井潜水泵（沉没式深井泵）。

3.1.3 土石方的填筑与压实

1. 填筑压实的施工要求

（1）填方宜采用同类土填筑，如采用不同透水性的土分层填筑时，下层宜填筑透水性较大的填料，上层宜填筑透水性较小的填料，或将透水性较小的土层表面做成适当坡度，以免形成水囊。

（2）基坑（槽）回填前，应清除沟槽内积水和有机物，检查基础的结构混凝土达到一定的强度后方可回填。

（3）填方应按设计要求预留沉降量，如无设计要求时，可根据工程性质、填方高度、填料类别、压实机械及压实方法等，同有关部门共同确定。

（4）填方压实工程应由下至上分层铺填，分层压（夯）实，分层厚度及压（夯）实遍数应根据压（夯）实机械、密实度要求、填料种类及含水量确定。

[例3-4] 土石方在填筑施工时应（　　　　）。

A. 先将不同类别的土搅拌均匀　　　　B. 采用同类土填筑

C. 分层填筑时需搅拌　　　　D. 将含水量大的黏土填筑在底层

正确答案：B

分析：土石方在填筑施工时应采用同类土填筑。

2. 土料选择与填筑方法

为了保证填土工程的质量，必须正确选择土料和填筑方法。碎石类土、砂土、爆破石渣及含水量符合压实要求的黏性土可作为填方土料。淤泥、冻土、膨胀性土及有机物含量大于8%的土，以及硫酸盐含量大于5%的土均不能作为填土。填方土料为黏性土时，填土前应检验其含水量是否在控制范围以内，含水量大的黏性土不宜作填土用。

填方施工应接近水平地分层填土、分层压实，每层的厚度根据土的种类及选用的压实机械而定。应分层检查填土压实质量，符合设计要求后，才能填筑上层。当填方位于倾斜的地面时，应先将斜坡挖成阶梯状，然后分层填筑，以防填土横向移动。

3. 填土压实方法

填土压实方法有碾压法、夯实法及振动压实法。

碾压法是利用机械滚轮的压力压实土壤，使之达到所需的密实度，多用于平整场地等大面积填土。夯实法是利用夯锤自由下落的冲击力来夯实土壤，主要用于小面积回填土。振动压实法是将振动压实机放在土层表面，借助振动机构使压实机振动，土颗粒发生相对位移而达到紧密状态，主要用于压实非黏性土。

3.2　地基与基础工程施工

3.2.1　地基加固处理

1. 换填地基法

当建筑物基础下的持力层比较软弱，不能满足上部荷载对地基的要求时，常采用换填地基法来处理软弱地基。换填地基法是先将基础底面以下一定范围内的软弱土层挖去，然后回填强度较高、压缩性较低并且没有侵蚀性的材料，如中粗砂、碎石或卵石、灰土、素土、石屑、矿渣等，再分层夯实后作为地基的持力层。换填地基按其回填的材料可分为灰土地基、砂和砂石地基、粉煤灰地基等。

2. 夯实地基法

夯实地基法主要有重锤夯实法和强夯法两种。

（1）重锤夯实法。重锤夯实法是利用起重机械将夯锤（2t～3t）提升到一定的高度，然后自由下落产生较大的冲击能来挤密地基、减少孔隙、提高强度，经不断重复夯击，使地基得以加固，达到满足建筑物对地基承载力和变形的要求。

（2）强夯法。强夯法是用起重机械将大吨位（8t～30t）夯锤起吊到6m～30m高度后，自由落下，给地基土以强大的冲击能量的夯击，使土中出现冲击波和很大的冲击应力，迫使土层孔隙压缩，土体局部液化，在夯击点周围产生裂隙，形成良好的排水通道，孔隙水和气体逸出，使土料重新排列，经时效压密达到固结，从而提高地基承载力，降低其压缩性的一种有效的地基加固方法。

3. 预压地基法

预压地基法又称排水固结法。在建筑物建造前，直接在天然地基或在设置有袋状砂井、塑料排水带等竖向排水体的地基上先行加载预压，使土体中孔隙水排出，提前完成土体固结沉降，逐步增加地基强度的一种软土地基加固方法。适用于处理道路、仓库、罐体、飞机跑道、港口等各类大面积淤泥质土、淤泥及冲填土等饱和黏性土地基。

4. 振冲地基法

振冲地基法又称振动水冲法，是以起重机吊起振冲器，启动潜水电机带动偏心块使振动器产生高频振动，同时启动水泵通过喷嘴喷射高压水流，在边振边冲的共同作用下，将振动器沉到土中的预定深度，经清孔后，从地面向孔内逐段填入碎石，或不加填料，使地基在振动作用下被挤密实，达到要求的密实度后即可提升振动器，如此重复填料和振密直至地面，在地基中形成一个大直径的密实桩体与原地基构成复合地基，从而提高地基的承载力，减少沉降和不均匀沉降，是一种快速、经济、有效的加固方法。

5. 砂桩、碎石桩和水泥粉煤灰碎石桩

砂桩和碎石桩合称为粗颗粒土桩，是指用振动、冲击或振动水冲等方式在软弱地基中成孔，再将碎石或砂挤压入孔，形成大直径的由碎石或砂所构成的密实桩体，具有挤密、置换、排水、垫层和加筋等加固作用。

水泥粉煤灰碎石桩（CFG 桩）是在碎石桩基础上加进一些石屑、粉煤灰和少量水泥，加水拌和制成的具有一定粘结强度的桩。桩的承载能力来自桩全长产生的摩阻力及桩端承载力，桩越长承载力越高，桩土形成的复合地基承载力提高幅度可达 4 倍以上且变形量小，适用于多层和高层建筑地基。

褥垫层是保证桩和桩间土共同作用承担荷载，是水泥粉煤灰碎石桩形成复合地基的重要条件。褥垫层材料宜用中砂、粗砂、级配砂石和碎石，最大粒径不宜大于 30mm。不宜采用卵石，由于卵石咬合力差、施工时扰动较大、褥垫厚度不容易保证均匀。褥垫层的位置位于 CFG 桩和建筑物基础之间，厚度可取 200mm～300mm。垫层不仅用于 CFG 桩，也用于碎石桩、管桩等，以形成复合地基，保证桩和桩间土的共同作用。

6. 土桩和灰土桩

土桩和灰土桩挤密地基是由桩间挤密土和填夯的桩体组成的人工"复合地基"。适用于处理地下水位以上，深度 5m～15m 的湿陷性黄土或人工填土地基。土桩主要适用于消除湿陷性黄土地基的湿陷性，灰土桩主要适用于提高人工填土地基的承载力。地下水位以下或含水量超过 25％的土，不宜采用。

7. 深层搅拌桩地基

深层搅拌法是利用水泥、石灰等材料作为固化剂的主剂，通过特制的深层搅拌机械，在地基深处就地将软土和固化剂（浆液或粉体）强制搅拌，利用固化剂和软土之间所产生的一系列物理化学反应，使软土硬结成具有整体性的并具有一定承载力的复合地基。

深层搅拌法适用于加固各种淤泥质土、黏土和粉质黏土等，用于增加软土地基的承载能力，减少沉降量，提高边坡的稳定性和各种坑槽工程施工时的挡水帷幕。

8. 高压喷射注浆桩

高压喷射注浆桩是以高压旋转的喷嘴将水泥浆喷入土层与土体混合，形成连续搭接的水泥加固体。高压喷射注浆法适用于处理淤泥、淤泥质土、流塑、软塑或可塑黏性土、粉土、砂土、黄土、素填土和碎石土等地基。高压喷射注浆法分旋喷、定喷和摆喷三种类别。根据工程需要和土质要求，施工时可分别采用单管法、二重管法、三重管法和多重管法。高压喷射注浆法固结体形状可分为垂直墙状、水平板状、柱列状和群状。

3.2.2 桩基础施工

桩基础是由若干根桩和桩顶的承台组成的一种常用的深基础。它具有承载能力大、抗震性能好、沉降量小等特点。采用桩基施工可省去大量土方、排水、支撑、降水设施，而且施工简便，可以节约劳动力和压缩工期。

根据桩在土中受力情况的不同，可分为端承桩和摩擦桩。按施工方法的不同，可分为预制桩（如钢筋混凝土桩、钢桩、木桩等）和灌注桩两大类。灌注桩根据成孔方法的不同，可分为钻孔灌注桩、挖孔灌注桩、冲孔灌注桩、沉管灌注桩和爆扩桩等。

1. 钢筋混凝土预制桩施工

常用的钢筋混凝土预制桩断面有实心方桩与预应力混凝土空心管桩两种。方形桩边长通常为 200mm～550mm，桩内设纵向钢筋或预应力钢筋和横向钢筋，在尖端设置桩靴。预应力混凝土管桩直径为 400mm～600mm，在工厂内用离心法制成。

（1）桩的制作、起吊、运输和堆放

1）桩的制作。长度在 10m 以下的短桩，一般多在工厂预制，较长的桩，通常就在打桩现场附近露天预制。

现场预制桩多采用重叠法预制，重叠层数不宜超过 4 层，层与层之间应涂刷隔离剂，上层桩或邻近桩的灌注，应在下层桩或邻近桩混凝土达到设计强度等级的 30％以后方可进行。

2）起吊和运输。钢筋混凝土预制桩应在混凝土达到设计强度的 70％方可起吊；在混凝土达到设计强度 100％方可运输和打桩。如提前吊运，应采取措施并经验算合格后方可进行。

3）堆放。桩堆放时，地面必须平整、坚实，不得产生不均匀沉陷。桩堆放时应设置垫木，垫木的位置与吊点位置相同，各层垫木应上下对齐，堆放层数不宜超过 4 层。不同规格的桩应分别堆放。

[例 3-5] 钢筋混凝土预制桩的运输和堆放应满足以下要求（　　）。

A. 混凝土强度达到设计强度的 70％方可运输

B. 混凝土强度达到设计强度的 100％方可运输

C. 堆放层数不宜超过 10 层

D. 不同规格的桩按上小下大的原则堆放

正确答案：B

分析：钢筋混凝土预制桩应在混凝土达到设计强度的 70％方可起吊；在混凝土达到设计强度的 100％方可运输和打桩。堆放层数不宜超过 4 层。不同规格的桩应分别堆放。

[例 3-6] 现场采用重叠法预制钢筋混凝土桩时，上层桩的浇筑应等到下层桩混凝土强度达到设计强度等级的（　　）。

A. 30％　　　　　　B. 60％　　　　　　C. 70％　　　　　　D. 100％

正确答案：A

分析：现场预制桩多用重叠法预制，重叠层数不宜超过 4 层，层与层之间应涂刷隔离剂，上层桩或邻近桩的灌注，应在下沉桩或邻近桩混凝土达到设计强度等级的 30％以后方可进行。

（2）沉桩

沉桩方式主要有锤击沉桩（打入桩）、静力压桩（压入桩）、射水沉桩（旋入桩）和振动沉桩（振入桩）。

1）锤击沉桩。锤击沉桩是利用桩锤下落时的瞬时冲击机械能，克服土体对桩的阻力，使其静力平衡状态遭到破坏，导致桩体下沉，达到新的静压平衡状态，如此反复地锤击桩头，桩身也就不断地下沉。

锤击沉桩法适用于桩径较小（一般桩径 0.6m 以下），地基土土质为可塑性黏土、砂性土、粉土、细砂以及松散的碎卵石类土的情况。桩锤的选择应先根据施工条件确定桩锤的类型，然后再决定锤重。要求锤重应有足够的冲击力，锤重应大于或等于桩重。实践证明，当锤重大于桩重的1.5倍~2倍时，能取得良好的效果，但桩锤宜不能过重，过重易将桩打坏；当桩重大于2t时，可采用比桩轻的桩锤，但也不能小于桩重的75%。

此方法施工速度快，机械化程度高，适应范围广，现场文明程度高，但施工时有挤土、噪声和振动等公害，对城市中心和夜间施工有所限制。在施工中，宜采用"重锤低击"，这样，桩锤不易产生回跃，不致损坏桩头，且桩易打入土中，效率高；反之，若"轻锤高击"，则桩锤易产生回跃，易损坏桩头，桩难以打入土中。当基坑不大时，打桩应从中间向两边或四周进行；当基坑较大时，应将基坑分为数段，而后在隔断范围内分别进行，如图3-9所示。打桩应避免自外向内，或从周边向中间进行。当桩基的设计标高不同时，打桩顺序易先深后浅；当桩的规格不同时，打桩顺序宜先大后小、先长后短。

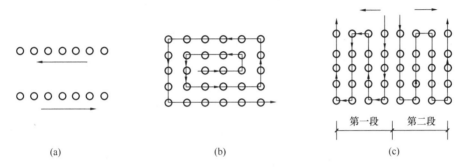

图3-9 打桩顺序
(a) 逐排打设；(b) 自中部向四周打设；(c) 分段打设

[例3-7] 采用锤击法打预制钢筋混凝土桩，方法正确的是（   ）。
A. 桩重大于2t时，不宜采用"重锤低击"施工
B. 桩重小于2t时，可采用1.5倍~2倍桩重的桩锤
C. 桩重大于2t时，可采用桩重2倍以上的桩锤
D. 桩重小于2t时，可采用"轻锤高击"施工
正确答案：B
分析：锤重大于桩重的1.5倍~2倍时，效果良好；当桩重大于2t时，可采用比桩轻的桩锤，但亦不能小于桩重的75%。宜采用"重锤低击"。

[例3-8] 打桩机正确的打桩顺序为（   ）。
A. 先外后内　　　B. 先大后小　　　C. 先短后长　　　D. 先浅后深
正确答案：B
分析：打桩应避免自外向内，或从周边向中间进行。当桩基的设计标高不同时，打桩顺序宜先深后浅；当桩的规格不同时，打桩顺序宜先大后小、先长后短。

2）静力压桩。静力压桩是利用压桩架的自重及附属设备（卷扬机及配重等）的重量，通过卷扬机的牵引，由钢丝绳滑轮及压梁将整个压桩架的重量传至桩顶，将桩逐节压入土中。

静力压桩施工时无冲击力，噪声和振动较小，桩顶不易损坏，且无污染，对周围环境的干扰小，适用于软土地区、城市中心或建筑物密集处的桩基础工程，以及精密工厂的扩建工程。

　　静力压桩的施工工艺顺序为测量定位→压桩机就位→吊桩、插桩→桩身对中调制→静压沉桩→接桩→再静压沉桩→送桩→终止压桩→切割桩头。当第一节桩压入土中，其上端距地面0.5m～1.0m时，将第二节桩接上，继续压入。静力压桩沉桩程序如图3-10所示。

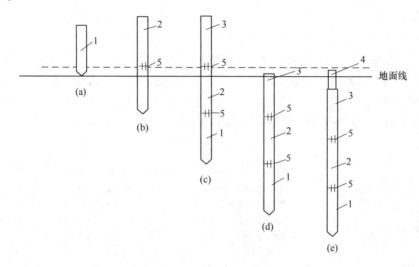

图 3-10　压桩施工顺序

(a) 准备压第一段桩；(b) 接第二段桩；(c) 接第三段桩；
(d) 整根桩压平至地面；(e) 采用送桩压桩完毕
1—第一段；2—第二段；3—第三段；4—送桩；5—接桩处

[例 3-9] 静力压桩正确的施工工艺流程是(　　)。

A. 定位—吊桩—对中—压桩—接桩—压桩—送桩—切割桩头

B. 吊桩—定位—对中—压桩—送桩—压桩—接桩—切割桩头

C. 对中—吊桩—插桩—送桩—静压—接桩—压桩—切割桩头

D. 吊桩—定位—压桩—送桩—接桩—压桩—切割桩头

正确答案：A

　　分析：静力压桩施工工艺程序为测量定位→压桩机就位→吊桩、插桩→柱身对中调制→静压沉桩→接桩→再静压沉桩→送桩→终止压桩→切割桩头。

　　3）射水沉桩。射水沉桩是利用高压水流经过桩侧面或空心桩内部的射水管冲击桩尖附近土层，便于锤击沉桩，适用于砂土和碎石土。根据土质情况选择射水沉桩法，在砂夹卵石层或坚硬土层中，一般以射水为主，锤击或振动为辅；在亚黏土或黏土中，为避免降低承载力，一般以锤击或振动为主，以射水为辅，并应适当控制射水时间和水量；下沉空心桩一般用单管内射水。

　　4）振动沉桩。振动沉桩是借助固定于桩头上的振动箱索产生的振动力，以减小桩与土壤颗粒之间的摩擦力，使桩在自重与机械力的作用下沉入土中。振动沉桩主要适用于砂土、砂质黏土、亚黏土层。在含水砂层中的效果更为显著，但在砂砾层中采用时，尚需配以水冲法。不宜用于黏性土以及土层中夹有孤石的情况。振动沉桩法具有设备构造简单、使用方便，效能高，所消耗动力少和附属机具设备少等特点。但其适用范围较窄，不宜用于黏性土以及土层中夹有孤石的情况。

[例3-10] 桩基础工程施工中，振动沉桩法的主要优点有(   )。

A. 适宜于黏性土层　　　　　　　　　　B. 在含水砂层中效果显著

C. 配以水冲法可用于砂砾层　　　　　　D. 设备构造简单、使用便捷

E. 对夹有孤石的土层优势突出

正确答案：B、C、D

分析：振动沉桩在含水砂层中的效果显著，选项B正确；在砂砾层中采用振动沉桩法时，需配以水冲法，选项C正确；振动沉桩法具备设备构造简单，使用方便，效能高，所消耗动力少和附属机具设备少等特点，选项D正确；振动沉桩法适用范围较窄，不宜用于黏性土以及土层中夹有孤石的情况，选项A、选项E错误。

（3）接桩与拔桩

钢筋混凝土预制长桩受运输条件和打桩架的高度限制，一般分成数节制作，分节打入，在现场接桩。常用的接桩方式有焊接、法兰接及硫磺胶泥锚接等几种形式，其中焊接接桩应用最多，前两种接桩方法适用于各种土层；后者只适用于软弱土层。

当已打入的混凝土预制桩由于某种原因拔出时，长桩可用拔桩机进行，一般桩可用人字桅杆借卷扬机或用钢丝绳捆紧桩头部借横梁用液压千斤顶抬起，采用气锤打桩可直接用蒸汽锤拔桩。

[例3-11] 在钢筋混凝土预制桩打桩施工中，仅适用于软弱土层的接桩方法是(   )。

A. 硫磺胶泥锚接　　B. 焊接连接　　　　C. 法兰连接　　　　D. 机械连接

正确答案：A

分析：常用的接桩方法有焊接、法兰接或硫黄胶泥锚接。前两种接桩方法适用于各类土层；后者只适用于软弱土层。焊接接桩应用最多。

（4）桩头处理

各种预制桩在施工完毕后，按设计要求的桩顶标高将桩头多余的部分截去。截桩头时不能破坏桩身，要保证桩身的主筋伸入承台，长度应符合设计要求。当桩顶标高在设计标高以下时，在桩位上挖成喇叭口，凿掉桩头混凝土，剥出主筋并焊接接长至设计要求长度，与承台钢筋绑扎在一起，用桩身同强度等级的混凝土与承台一起浇筑接长桩身。

2. 钢管桩施工

钢管桩具有重量轻、刚性好，承载力高，桩长易于调节，排土量小，对邻近建筑物影响小，接头连接简单，工程质量可靠，施工速度快的优点。但钢管桩也存在钢材用量大，工程造价较高；打桩机具设备较复杂，振动和噪声较大；桩材保护不善、易腐蚀等缺点，如图3-11所示。

图3-11　钢管桩

（1）钢管桩构造、型式及规格

钢管桩的管材，一般用普通碳素钢，或按设计要求选用。为便于运输和受桩架高度所限，钢管桩通常分别由一根上节桩、一根下节桩和若干根中节桩组合而成，每节的长度一般为13m或15m。钢管桩的直径Φ406.4mm～2032.0mm，壁厚自6mm～

25mm 不等。国内常用的有 $\Phi406.4mm$、$\Phi609.6mm$ 和 $\Phi914.4mm$ 等几种，壁厚有 10mm、11mm、12.7mm 和 13mm 等几种。

钢管桩的附件主要有：用于承受上部荷载而焊在桩顶上的桩盖，焊于钢桩顶部的扁钢带及用于保护桩底的保护圈，以及用于桩节焊接的钢夹箍。

（2）打桩机械的选择

打桩机的型式很多，有桅杆式（履带行走）、柱脚式、塔式、龙门式等多种，其中，以三点支撑桅杆式（履带行走）柴油打桩机使用较普遍。

（3）施工准备

包括平整和清理场地，测量定位放线，标出桩心位置并用石灰撒圈标出桩径大小和位置，标出打桩顺序和桩机开行路线并在桩机开行路线上铺垫碎石（100mm～300mm 碎石并碾压密实）。

（4）打桩顺序

一般采取先打桩后挖土的施工法。钢管桩的施工顺序为桩机安装→桩机移动就位→吊桩→插桩→锤击下沉→接桩→锤击至设计深度→内切钢管桩→精割→焊桩盖→浇筑垫层混凝土→绑钢筋→支模板→浇筑混凝土基础承台。

（5）桩的运输与吊放

钢管桩可由平板拖车运至现场，用吊车卸于桩机一侧，按打桩先后顺序及桩的配套要求堆放，并注意方向。场地宽敞时宜用单层排列。吊钢管桩多采用一点绑扎起吊，待吊到桩位进行插桩，将钢管桩对准事先用石灰划出的样桩位置，做到桩位正、桩身直。

（6）打桩。为防止桩头在锤击时损坏，打桩前，要在桩头顶部放置特制的桩帽。直接经受锤击的部位应放置减振木垫。

打桩时，先用两台经纬仪，架设在桩架的正面及侧面，校正桩架导向杆及桩的垂直度，并保持锤、桩帽与桩在同一纵轴线上，然后空打 1m～2m，再次校正垂直度后正式打桩。当桩沉至某一深度并经复核沉桩质量良好时，再行连续打击，至桩顶高出地面 60cm～80cm 时，停止锤击，进行接桩，再用同样步骤直至达到设计深度为止。

（7）接桩。钢管接长时，如管径相同宜采用等强度的坡口焊缝焊接；如管径不同可采用法兰盘和螺栓连接，同样应满足等强度要求。钢管桩接桩一般采用焊接。

（8）送桩。当桩顶标高离地面有一定差距，而不再需要接桩时，可用送桩筒将桩打至设计标高。

（9）贯入度控制。钢管桩一般都不设桩靴，直接开口打入。沉桩时，土体由桩口涌入桩管内至一定高后（一般为 1/3～1/2 的桩体贯入深度），即闭塞封死，其效用与闭口桩相似。停打标准以贯入深度为主，并结合打桩时的贯入量最后 1m 锤击数和每根桩的总锤击数等综合判定。

（10）钢管桩切割。钢管桩打入地下，为便于基坑机械化挖土，基底以上的钢管桩要切割。由于周围被地下水和土层包围，只能在钢管桩的管内切割。割出的短桩头用内胀式拔桩装置借吊车拔出，拔出的短桩焊接接长后可再次使用。

（11）焊桩盖。为使钢管桩与承台共同工作，可在每个钢管桩上加焊一个桩盖，并在外壁加焊 8 根～12 根 $\Phi20mm$ 的锚固钢筋。

（12）桩端与承台连接。钢管桩顶端与承台的连接一般采用刚性接头，将桩头嵌入承

台内的长度不小于 $1d$（为钢管桩外径）长度，或仅嵌入承台内 100mm 左右，再利用钢筋予以补强或在钢管桩顶端焊以基础锚固钢筋，再按常规方法施工上部钢筋混凝土基础。

3. 混凝土灌注桩施工

灌注桩是直接在桩位上就地成孔，然后在孔内安放钢筋笼（也有直接插筋或省缺钢筋的），再灌注混凝土而成。灌注桩能适应地层的变化，无须接桩，施工时无振动、无挤土，噪声小，适宜在建筑物密集地区使用。但其操作要求严格，施工后需一定的养护期方可承受荷载，成孔时有大量土基或泥浆排出。灌注桩的桩顶标高至少要比设计标高高出 0.8m～1.0m，桩底清孔质量按不同成桩工艺有不同的要求，应按规范要求执行。

灌注桩按其成孔方法不同，可分为钻孔灌注桩、沉管灌注桩、人工挖孔灌注桩和爆扩灌注桩等。

（1）钻孔灌注桩

钻孔灌注指利用钻孔机械钻出桩孔，并在孔中浇筑混凝土（或先在孔中吊放钢筋笼）而成的桩。根据钻孔机械的钻头是否在土的含水层中施工，钻孔灌注桩又分为泥浆护壁成孔灌注桩和干作业成孔灌注桩。

1）泥浆护壁成孔灌注桩

泥浆护壁成孔灌注桩是通过桩机在泥浆护壁条件下慢速钻进，将钻渣利用泥浆带出，并保护孔壁不致坍塌，成孔后再使用水下混凝土浇筑的方法将泥浆置换出来而成的桩。按成孔工艺和成孔机械不同分为正循环钻孔灌注桩、反循环钻孔灌注桩、钻孔扩底灌注桩和冲击成孔灌注桩。

施工工艺流程为场地平整→桩位放线→开挖浆池、浆沟→护筒埋设→钻机就位、孔位校正→成孔、泥浆循环、清除废浆、泥渣→第一次清孔→质量验收→下钢筋笼和钢导管→第二次清孔→浇筑水下混凝土→成桩。

2）干作业成孔灌注桩

干作业成孔灌注桩是指在地下水位以上地层可采用机械或人工成孔并灌注混凝土的成桩工艺。干作业成孔灌注具有施工振动小、噪声低、环境污染少的优点。干作业成孔灌注桩常用的有螺旋钻孔灌注桩、螺旋钻孔扩孔灌注桩、机动洛阳铲挖孔灌注桩和人工挖孔灌注桩四种。螺旋钻孔灌注桩的施工机械有长螺旋钻孔机和短螺旋钻孔机两种。施工工艺除长螺旋钻孔机为一次成孔，短螺旋钻孔机为分段多次成孔外，其他都相同。

施工工艺流程为测定桩位→钻孔→清孔→下钢筋笼→浇筑混凝土。

（2）沉管灌注桩

沉管灌注桩是目前采用较为广泛的一种灌注桩，分为锤击沉管灌注桩和振动沉管灌注桩。锤击沉管灌注桩利用锤击沉桩设备沉管、拔管，振动沉管灌注桩利用激振器振动沉管、拔管。

施工工艺流程为桩机就位→锤击（振动）沉管→上料→边锤击（振动）边拔管，并继续浇筑混凝土→下钢筋笼、继续浇筑混凝土及拔管→成桩，如图 3-12 所示。

（3）人工挖孔灌注桩

人工挖孔灌注桩是采用人工挖土成孔，浇筑混凝土成桩。人工挖孔灌注桩的特点是单柱承载力高，结构受力明确，沉降量小；可直接检查桩直径、垂直度和持力层情况，桩质量可靠；施工机具设备简单，工艺操作简单，占场地小；施工无振动、无噪声、无环境污

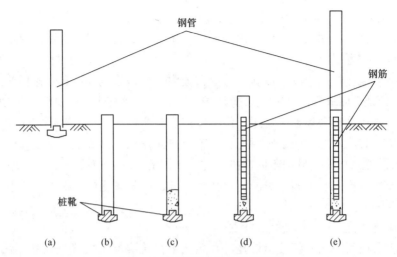

图 3-12 沉管灌注桩的施工流程

（a）就位；（b）沉套管；（c）开始灌注混凝土；
（d）下钢筋骨架继续浇灌混凝土；（e）拔罐成型

染，对周边建筑无影响。

（4）爆扩成孔灌注桩（爆扩桩）

爆扩成孔灌注桩指用钻孔爆扩成孔，孔底放入炸药，再灌入适量的混凝土，然后引爆，使孔底形成扩大头，再放入钢筋笼，浇筑桩身混凝土，如图 3-13 所示。这种桩成孔方法简便，能节省劳动力，降低成本，做成的桩承载力也较大。爆扩桩的适用范围较广，除软土和新填土外，其他各种土层中均可使用。爆扩桩成孔方法有一次爆扩法及两次爆扩法两种。

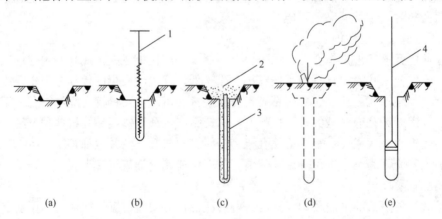

图 3-13 爆扩成孔工艺流程

（a）挖喇叭口；（b）钻导孔；（c）安装炸药条并填砂；（d）引爆成孔；（e）检查并修整桩孔
1—手提钻；2—砂；3—炸药条；4—太阳铲

[例 3-12] 现浇混凝土灌注桩，按成孔方法分为（　　）。

A. 柱锤冲扩桩　　　　　　　　　　B. 泥浆护壁成孔灌注桩

C. 干作业成孔灌注桩　　　　　　　D. 人工挖孔灌注桩

E. 爆扩成孔灌注桩

正确答案：B、C、D、E

分析：灌注桩是直接在桩位上就地成孔。灌注桩按其成孔方法不同，可分为钻孔灌注桩、沉管灌注桩、人工挖孔灌注桩和爆扩灌注桩等。根据钻孔机械的钻头是否在土的含水层中施工，钻孔灌注桩又分为泥浆护壁成孔灌注桩和干作业成孔灌注桩。

3.3 砌体结构工程施工

3.3.1 砌筑砂浆的基本要求

1. 水泥使用要求

（1）水泥进场时应对其品种、等级、包装或散装仓号、出厂日期等进行检查，并应对其强度、安定性进行复验，其质量必须符合现行国家标准《通用硅酸盐水泥》GB 175 的有关规定。

（2）当对水泥质量有怀疑或水泥出厂超过三个月（快硬硅酸盐水泥超过一个月）时，应复查试验，并按复验结果使用。

（3）不同品种的水泥，不得混合使用。

2. 石灰使用要求

建筑生石灰、建筑生石灰粉熟化为石灰膏，分别不得少于 7d 和 2d；沉淀池中储存的石灰膏，其熟化时应防止干燥、冻结和污染，严禁采用脱水硬化的石灰膏；建筑生石灰粉、消石灰粉不得替代石灰膏配制水泥石灰砂浆。

3. 砂浆要求

（1）砌筑砂浆应进行配合比设计。当砌筑砂浆的组成材料有变更时，其配合比应重新确定。

（2）施工中不应采用强度等级小于 M5 水泥砂浆替代同强度等级水泥混合砂浆，如需替代，应将水泥砂浆提高一个强度等级。

（3）砌筑砂浆应采用机械搅拌，搅拌时间自投料完成起算应符合：水泥砂浆和水泥混合砂浆不得少于 120s；水泥粉煤灰砂浆和掺用外加剂的砂浆不得少于 180s；掺增塑剂的砂浆，从加水开始，搅拌时间不得少于 210s。

（4）现场拌制的砂浆应随拌随用，拌制的砂浆应在 3h 内使用完毕；当施工期间最高气温超过 30℃时，应在 2h 内使用完毕。预拌砂浆及蒸压加气混凝土砌块专用砂浆的使用时间应按照厂方提供的说明书确定。

（5）砌筑砂浆试块强度验收时，其强度合格标准应符合：同一验收批砂浆试块强度平均值应大于或等于设计强度等级值的 1.10 倍；同一验收批砂浆试块抗压强度的最小一组平均值应大于或等于设计强度等级值的 85%。

[**例 3-13**] 砌筑砂浆试块强度验收合格标准是，同一验收批砂浆试块强度平均值应不小于设计强度等级值的（　　）。

A. 90%　　　　　B. 100%　　　　　C. 110%　　　　　D. 120%

正确答案：C

分析：砌筑砂浆试块强度验收合格标准是同一验收批砂浆试块强度平均值应不小于设计强度等级值的 1.10 倍。

3.3.2　砖砌体结构施工

1. 砌砖施工工序

砌砖施工通常包括抄平、放线、摆砖、立皮数杆、挂准线、铺灰、砌砖等工序。如果是清水墙，则还要进行勾缝。

2. 砌砖施工要求

（1）砌体砌筑时，混凝土多孔砖、混凝土实心砖、蒸压灰砂砖、蒸压粉煤灰砖等块体的产品龄期不应小于28d。

（2）有冻胀环境的地区，地面以下或防潮层以下的砌体，不应采用多孔砖。

（3）不同品种的砖不得在同一楼层混砌。

（4）采用铺浆法砌筑砌体，铺浆长度不得超过750mm；当施工期间气温超过30℃时，铺浆长度不得超过500mm。

（5）多孔砖的孔洞应垂直于受压面砌筑。半盲孔多孔砖的封底面应朝上砌筑。

（6）砖墙灰缝宽度宜为10mm，且不应小于8mm，也不应大于12mm。竖向灰缝不应出现瞎缝、透明缝和假缝。

（7）砖砌体的转角处和交接处应同时砌筑，严禁无可靠措施的内外墙分砌施工。在抗震设防烈度为8度及8度以上地区，对不能同时砌筑而又必须留置的临时间断处应砌成斜槎，普通砖砌体斜槎水平投影长度不应小于高度的2/3，多孔砖砌体的斜槎长高比不应小于1/2。斜槎高度不得超过一步脚手架的高度。

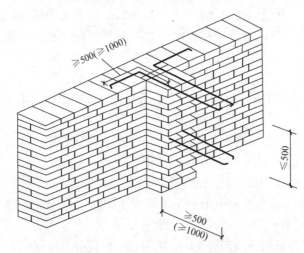

图3-14　直槎处拉结筋示意图

（8）非抗震设防及抗震设防烈度为6度、7度地区的临时间断处，当不能留斜槎时，除转角处外，可留直槎，但直槎必须做成凸槎，且应加设拉结钢筋，如图3-14所示。

（9）构造柱与墙体的连接。墙体应砌成马牙槎，马牙槎凹凸尺寸不宜小于60mm，高度不应超过300mm，马牙槎应先退后进，对称砌筑。拉结钢筋应沿墙高每隔500mm设2Φ6，伸入墙内不宜小于600mm，钢筋的竖向移位不应超过100mm，且每一构造柱竖向移位不得超过2处。

3.3.3　混凝土小型空心砌块与填充墙施工

1. 砌块砌筑主要工序

砌块砌筑的主要工序为铺灰、砌块安装就位、校正、灌缝、镶砖。

2. 砌块砌筑要求

（1）小砌块的产品龄期不应小于28d，承重墙体使用的小砌块应完整、无破损、无裂缝。

（2）底层室内地面以下或防潮层以下的砌体，应采用强度等级不低于C20（或Cb20）

的混凝土灌实小砌块的孔洞。

（3）砌筑普通混凝土小型空心砌块砌体，不需对小型砌块浇水湿润，如遇天气干燥炎热，宜在砌筑前对其喷水湿润；对轻骨料混凝土小型砌块，应提前浇水湿润，块体的相对含水率宜为40%～50%。雨天及小型砌块表面有浮水时，不得施工。

（4）小型砌块墙体应孔对孔、肋对肋错缝搭砌。单排孔小型砌块的搭接长度应为块体长度的1/2；多排孔小型砌块的搭接长度可适当调整，但不宜小于小砌块长度的1/3，且不应小于90mm。墙体的个别部位不能满足上述要求时，应在灰缝中设置拉结钢筋或钢筋网片，但竖向通缝仍不得超过两皮小型砌块。

（5）小型砌块应将生产时的底面朝上反砌于墙上。

（6）砌体水平灰缝和竖向灰缝的砂浆饱满度，按净面积计算不得低于90%。

（7）墙体转角处和纵横交接处应同时砌筑。临时间断处应砌成斜槎，斜槎水平投影长度不应小于斜槎高度。施工洞口可预留直槎，但在洞口砌筑和补砌时，应在直槎上下搭砌的小型砌块孔洞内用强度等级不低于C20（或Cb20）的混凝土灌实。砌体的水平灰缝厚度和竖向灰缝宽度宜为10mm，但不应小于8mm，也不应大于12mm。

3. 填充墙砌体要求

（1）砌筑填充墙时，轻骨料混凝土小型空心砌块和蒸压加气混凝土砌块的龄期不应小于28d，蒸压加气混凝土砌块的含水率宜小于30%。

（2）烧结空心砖、蒸压加气混凝土砌块、轻骨料混凝土小型空心砌块等的运输、装卸过程中，严禁抛掷和倾倒；进场后应按品种、规格堆放整齐，堆置高度不宜超过2m。蒸压加气混凝土砌块在运输及堆放中应防止雨淋。

（3）吸水率较小的轻骨料混凝土小型空心砌块及采用薄灰砌筑法施工的蒸压加气混凝土砌块，砌筑前不应对其浇（喷）水湿润；在气候干燥炎热的情况下，对吸水率较小的轻骨料混凝土小型空心砌块宜在砌筑前喷水湿润。

（4）采用普通砌筑砂浆砌筑填充墙时，烧结空心砖、吸水率较大的轻骨料混凝土小型空心砌块应提前1d～2d浇（喷）水湿润。蒸压加气混凝土砌块采用蒸压加气混凝土砌块砌筑砂浆或普通砌筑砂浆砌筑时，应在砌筑当天对砌块砌筑面喷水湿润。

（5）在厨房、卫生间、浴室等处采用轻骨料混凝土小型空心砌块、蒸压加气混凝土砌块砌筑墙体时，墙底部宜现浇混凝土坎台，其高度宜为150mm。

（6）蒸压加气混凝土砌块、轻骨料混凝土小型空心砌块不应与其他块体混砌，不同强度等级的同类块体也不得混砌。

（7）填充墙砌体砌筑，应待承重主体结构检验批验收合格后进行。填充墙与承重主体结构间的空（缝）隙部位施工，应在填充墙砌筑14d后进行。

3.4　混凝土结构工程施工

3.4.1　钢筋工程

1. 钢筋验收

（1）钢筋进场时，应按国家现行相关标准的规定抽取试件做力学性能和重量偏差检验，检验结果必须符合有关标准的规定。钢筋应平直、无损伤，表面不得有裂纹、油污、颗粒状或片状老锈。

（2）对有抗震设防要求的结构，其纵向受力钢筋的性能应满足设计要求；当设计无具体要求时，对按一、二、三级抗震等级设计的框架和斜撑构件（含梯段）中的纵向受力钢筋应采用 HRB335E、HRB400E、HRB500E、HRBF335E、HRBF400E 或 HRBF500E 钢筋，其强度和最大力下总伸长率的实测值应符合下列规定：

1）钢筋的抗拉强度实测值与屈服强度实测值的比值不应小于 1.25；

2）钢筋的屈服强度实测值与屈服强度标准值的比值不应大于 1.30；

3）钢筋的最大力下总伸长率不应小于 9％。

（3）当发现钢筋脆断、焊接性能不良或力学性能显著不正常等现象时，应停止使用该批钢筋，并应对该批钢筋进行化学成分检验或其他专项检验。

2. 钢筋加工

钢筋加工包括冷拉、调直、除锈、剪切和弯曲等，宜在常温状态下进行，加工过程中不应对钢筋进行加热。钢筋应一次弯折到位。

3. 钢筋连接

钢筋的连接方法有焊接连接、绑扎搭接连接和机械连接。

（1）钢筋连接的基本要求

1）钢筋的接头宜设置在受力较小处。同一纵向受力钢筋不宜设置两个或两个以上接头，接头末端至钢筋弯起点的距离不应小于钢筋直径的 10 倍。

2）当受力钢筋采用机械连接或焊接时，设置在同一构件内的接头宜相互错开。纵向受力钢筋机械连接接头及焊接接头连接区段的长度为 35d（d 为纵向受力钢筋的较大直径）且不小于 500mm。

3）接头不宜设置在有抗震设防要求的框架梁端、柱端的箍筋加密区。

4）直接承受动力荷载的结构构件中，不宜采用焊接接头。

（2）焊接连接

常用焊接方法有闪光对焊、电弧焊、电阻点焊、电渣压力焊、埋弧压力焊和气压焊等。闪光对焊广泛应用于钢筋纵向连接及预应力钢筋与螺丝端杆的焊接；电弧焊广泛应用于钢筋接头、钢筋骨架焊接、装配式结构接头的焊接、钢筋与钢板的焊接及各种钢结构的焊接；电阻点焊主要用于小直径钢筋的交叉连接，如用来焊接钢筋骨架、钢筋网中交叉钢筋的焊接；电渣压力焊适用于现浇钢筋混凝土结构中直径 14mm～40mm 的竖向或斜向钢筋的焊接接长；气压焊不仅适用于竖向钢筋的连接，也适用于各种方位布置的钢筋连接。

（3）绑扎搭接连接

同一构件中相邻纵向受力钢筋的绑扎搭接接头宜相互错开。绑扎搭接接头中钢筋的横向净距不应小于钢筋直径，且不应小于 25mm。

钢筋绑扎搭接接头连接区段的长度为 1.3 倍搭接长度，凡搭接接头中点位于该连接区段长度内的搭接接头均属于同一连接区段。同一连接区段内，纵向受拉钢筋搭接接头面积百分率应符合设计要求；当设计无具体要求时，应符合相关规定。

在梁、柱类构件的纵向受力钢筋搭接长度范围内，应按设计要求配置箍筋。

（4）机械连接

钢筋机械连接包括套筒挤压连接和螺纹套管连接。

1) 钢筋套筒挤压连接。钢筋套筒挤压连接是指将需要连接的两根变形钢筋插入特制钢套筒内，利用液压驱动的挤压机沿径向或轴向压缩套筒，使钢套筒产生塑性变形，靠变形后的钢套筒内壁紧紧咬住变形钢筋来实现钢筋的连接。这种方法适用于竖向、横向及其他方向的较大直径变形钢筋的连接。

2) 钢筋螺纹套管连接。钢筋螺纹套管连接分为锥螺纹套管连接和直螺纹套管连接两种。锥形螺纹套管连接是指将用于这种连接的钢套管内壁，用专用机床加工有锥螺纹，钢筋的对接端头亦在套丝机上加工有与套管匹配的锥螺纹，连接时，经对螺纹检查无油污和损伤后，先用手旋入钢筋，然后用扭矩扳手紧固至规定的扭矩，即完成连接。钢筋螺纹套筒连接施工速度快，不受气候影响，自锁性能好，对中性好，能承受拉、压轴向力和水平力，可在施工现场连接同径或异径的竖向、水平或任何倾角的钢筋。

3.4.2 模板工程

1. 模板类型

（1）木模板。木模板是由一些板条用拼条钉拼而成的模板系统。木模板由于重复利用率低，损耗大，为节约木材，在现浇混凝土结构施工中使用率已大大降低。

（2）组合模板。组合模板是一种工具式模板，是工程施工中用得较多的一种模板，有组合钢模板、钢框竹（木）胶合板模板等。它由具有一定模数的若干类型的板块、角模、支撑和连接件组成，用它可以拼出多种尺寸和几何形状，也可用它拼成大模板、隧道模和台模等。钢框木胶合板模板由于自重轻、面积大、拼缝少、维修方便等优点，使用广泛。

（3）大模板。大模板是一种大尺寸的工具式模板。一块大模板由面板、主肋、次肋、支撑桁架、稳定机构及附件组成，如图3-15所示。一般是一块墙面用一块大模板。故其

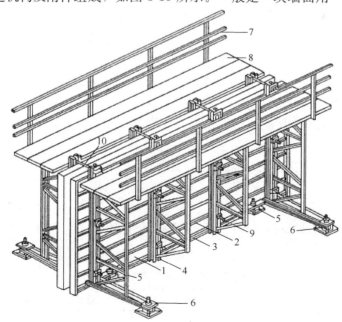

图 3-15 大模板构造示意图

1—面板；2—加劲肋；3—支撑架；4—竖楞；5—调整水平的螺旋千斤顶；
6—调整垂直度的螺旋千斤顶；7—栏杆；8—脚手板；9—穿墙螺栓；10—固定卡具

重量大，装拆皆需起重机械吊装，但可提高机械化程度，减少用工量和缩短工期。是我国剪力墙和筒体体系的高层建筑施工用得较多的一种模板，已形成一种工业化建筑体系。

（4）滑升模板。滑升模板是一种工具式模板，由模板系统、操作平台系统和液压系统三部分组成。适用于现场浇筑高耸的构筑物和高层建筑物等，如烟囱、筒仓、电视塔、竖井、沉井、双曲线冷却塔和剪力墙体系及筒体体系的高层建筑等。

（5）爬升模板。爬升模板简称爬模，是施工剪力墙体系和筒体体系的钢筋混凝土高层建筑结构的一种有效的模板体系。由于模板能自爬，不需起重运输机械吊运，减少了高层建筑施工中起重运输机械的吊运工作量，能避免大模板受大风影响而停止工作。

（6）台模。台模是一种大型工具式模板，主要用于浇筑平板式或带边梁的楼板，一般是一个房间一块台模，有时甚至更大。利用台模施工楼板可省去模板的装拆时间，能降低劳动消耗和加速施工，但一次性投资较大。按台模的支承形式分为支腿式和无支腿式两类。

2. 模板安装

模板安装对钢筋混凝土工程的施工质量和工程成本影响很大。模板安装的基本要求如下：

（1）安装现浇结构的上层模板及其支架时，下层楼板应具有承受上层荷载的承载能力，或加设支架；上、下层支架的立柱应对准，并铺设垫板；

（2）在涂刷模板隔离剂时，不得沾污钢筋和混凝土接槎处；

（3）模板的接缝严密，不应漏浆；在浇筑混凝土前，木模板应浇水湿润，但模板内不应有积水；

（4）模板与混凝土的接触面应清理干净并涂刷隔离剂，但不得采用影响结构性能或妨碍装饰工程施工的隔离剂；

（5）浇筑混凝土前，模板内的杂物应清理干净；

（6）对清水混凝土工程及装饰混凝土工程，应使用能达到设计效果的模板；

（7）用作模板的地坪、胎模等应平整光洁，不得产生影响构件质量的下沉、裂缝、起砂或起鼓；

（8）对跨度不小于 4m 的钢筋混凝土梁、板，其模板应按设计要求起拱；当设计无具体要求时，起拱高度宜为跨度的 1/1000～3/1000；

（9）模板安装偏差应符合现行国家标准《混凝土结构工程施工质量验收规范》GB 50204 的规定；

（10）构件简单，装拆方便，能多次周转使用。

3. 模板拆除

（1）模板拆除要求

1）底模及其支架拆除时，混凝土强度应符合设计要求；当设计无具体要求时，混凝土强度应符合表 3-2 的规定。

底模拆除时的混凝土强度要求表　　　　　　　　　　　表 3-2

构件类型	构件跨度	达到设计的混凝土立方体抗压强度标准值的百分率（%）
板	≤2	≥50
	>2, ≤8	≥75
	>8	≥100

构件类型	构件跨度	达到设计的混凝土立方体抗压强度标准值的百分率（%）
梁、拱、壳	≤8	≥75
	>8	≥100
悬臂构件	—	≥100

2）对后张法预应力混凝土结构构件，侧模板宜在预应力张拉前拆除；底模及支架的拆除应按施工技术方案执行。当无具体要求时，不应在结构构件建立预应力前拆除。

3）后浇带模板的拆除和支顶应按施工技术方案执行。

4）侧模板拆除时的混凝土强度应能保证其表面及棱角不受损伤。

5）模板拆除时，不应对楼层形成冲击荷载。拆除的模板和支架宜分散堆放并及时清运。

[例 3-14] 现浇钢筋混凝土构件模板拆除的条件有（　　）。

A. 悬臂构件底模拆除时的混凝土强度应达到设计强度的 50%

B. 后张预应力混凝土结构构件的侧模宜在预应力筋张拉前拆除

C. 拆除的模板和支架宜整齐分层堆放并及时清运

D. 侧模拆除时混凝土强度须达到设计混凝土强度的 50%

E. 后张法预应力构件底模支架可在建立预应力后拆除

正确答案：B、E

分析：悬臂构件底模拆除时的混凝土强度应达到设计强度的 100%，选项 A 错误；拆除的模板和支架宜分散堆放并及时清运，选项 C 错误；侧模拆除时的混凝土强度应能保证其表面及棱角不受损伤，选项 D 错误。

（2）模板拆除顺序

一般是先拆非承重模板，后拆承重模板；先拆侧模板，后拆底模板。框架结构模板的拆除顺序一般是柱→楼板→梁侧模→梁底模。拆除大型结构的模板时，必须事先制定详细的拆除方案。

[例 3-15] 拆除现浇混凝土框架结构模板时，应先拆除（　　）。

A. 楼板底模　　　　B. 梁侧模　　　　　C. 柱模板　　　　　D. 梁底模

正确答案：C

分析：框架结构模板的拆除顺序一般是柱→楼板→梁侧模→梁底模。

3.4.3 混凝土工程

混凝土的施工过程有混凝土的制备、运输、浇筑和养护等。

1. 原材料的质量要求

（1）水泥进场时应对其品种、级别、包装或散装仓号、出厂日期等进行检查，并应对其强度、安定性及其他必要的性能指标进行复验，其质量必须符合《硅酸盐水泥、普通硅酸盐水泥》GB 175—1999 的规定。当对水泥质量有怀疑或水泥出厂超过 3 个月（快硬硅酸盐水泥超过 1 个月）时，应进行复验，并按复验结果使用。钢筋混凝土结构、预应力混凝土结构中，严禁使用含氯化物的水泥。

（2）混凝土外加剂，其质量及应用技术应符合国家现行标准和有关环境保护的规定。预应力混凝土结构中，严禁使用含氯化物的外加剂。钢筋混凝土结构中，当使用含氯化物的外加剂时，混凝土中氯化物的总含量应符合《混凝土质量控制标准》GB 50164 的规定。

（3）普通混凝土所用的粗细骨料的质量，应符合《普通混凝土用碎石或卵石质量标准及检验方法》JGJ 53—92、《普通混凝土用砂、石质量及检验方法标准》JGJ 52—2006 的规定。

（4）拌制混凝土宜采用饮用水。当采用其他水源时，水质应符合《混凝土用水标准》JGJ 63—2006 的规定。

（5）混凝土中氯化物和碱的总含量应符合《混凝土结构设计规范》GB 50010—2010和设计的要求。

2. 混凝土制备

混凝土制备就是根据混凝土的配合比，把水泥、砂、石、外加剂、矿物掺和料和水通过搅拌使其成为均质的混凝土。混凝土搅拌可采用自落式混凝土搅拌机和强制式搅拌机。前者适用于搅拌塑性混凝土，后者适用于搅拌干硬性混凝土和轻骨料混凝土。

为了拌制出均匀优质的混凝土，除合理地选择搅拌机外，还必须正确地确定投料顺序和混凝土搅拌时间。投料顺序是影响混凝土质量及搅拌机生产率的重要因素。按照原材料加入搅拌筒内的投料顺序的不同，常用的投料顺序有一次投料法和分次投料法。用二次投料法搅拌的混凝土与一次投料法相比，可提高强度；在强度相同的情况下，可节约水泥。

3. 混凝土运输

混凝土在运输过程中，应保持混凝土的均质性，不发生离析现象；混凝土运至浇筑点开始浇筑时，应满足设计配合比所规定的坍落度；应保证在混凝土初凝之前能有充分时间进行浇筑和振捣。

混凝土运输分为地面水平运输、垂直运输和楼（地）面运输三种情况。水平运输是指预拌混凝土由混凝土制备厂运输至施工现场，通常用混凝土搅拌运输车，现场搅拌多用小型翻斗车，近距离可用双轮手推车。垂直运输和楼（地）面运输多采用塔吊、混凝土泵、快速提升机和井架等。用塔吊时，混凝土多放在吊斗中，运到浇筑点后直接进行浇筑；用混凝土泵时，可用布料机；用井架时，可用双轮手推车。

4. 混凝土浇筑

（1）混凝土浇筑的一般规定

1）混凝土运输、输送、浇筑过程中严禁加水。

2）同一施工段的混凝土应连续浇筑，并应在底层混凝土初凝之前将上一层混凝土浇筑完毕。

3）混凝土输送宜采用泵送方式。混凝土粗骨料最大粒径不大于 25mm 时，可采用内径不小于 125mm 的输送泵管；混凝土粗骨料最大粒径不大于 40mm 时，可采用内径不小于 150mm 的输送泵管。

4）在浇筑竖向结构混凝土前，应先在底部填以不大于 30mm 厚与混凝土内砂浆成分相同的水泥砂浆。

5）柱、墙模板内的混凝土浇筑时，其自由倾落高度应符合如下规定，当不能满足时，应加设串筒、溜管、溜槽等装置：粗骨料料径大于 25mm 时，不宜超过 3m；粗骨料料径不大于 25mm 时，不宜超过 6m。

6）在浇筑与柱和墙连成整体的梁、板时，应在柱和墙浇筑完毕后停歇 1h~1.5h，再继续浇筑。

7）梁和板宜同时浇筑，有主、次梁的楼板宜顺着次梁方向浇筑，单向板宜沿着板的长边方向浇筑；拱和高度大于 1m 时的梁等结构，可单独浇筑。

（2）大体积混凝土结构浇筑

大体积混凝土结构是指混凝土结构物实体最小几何尺寸不小于 1m 的大体量混凝土，或预计会因混凝土中胶凝材料水化引起的温度变化和收缩而导致有害裂缝产生的混凝土。大体积混凝土结构由于承受的荷载大，整体性要求高，往往不允许留设施工缝，要求一次连续浇筑完毕。

大体积混凝土结构的浇筑方案一般分为全面分层、分段分层和斜面分层三种，如图 3-16 所示。全面分层法要求的混凝土浇筑强度较大，斜面分层法混凝土浇筑强度较小，施工中可根据结构物的具体尺寸、捣实方法和混凝土供应能力，认真选择浇筑方案。目前应用较多的是斜面分层法。

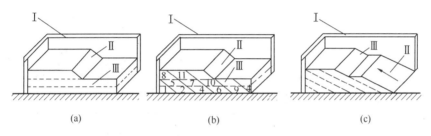

(a)　　　　　　　(b)　　　　　　　(c)

图 3-16　大体积混凝土浇筑方案

(a) 全面分层；(b) 分段分层；(c) 斜面分层

Ⅰ—模板；Ⅱ—新浇筑的混凝土；Ⅲ—已浇筑的混凝土

（3）混凝土密实成型

用于振动捣实混凝土拌合物的振动器按其工作方式可分为内部振动器、外部振动器、表面振动器和振动台四种，如图 3-17 所示。

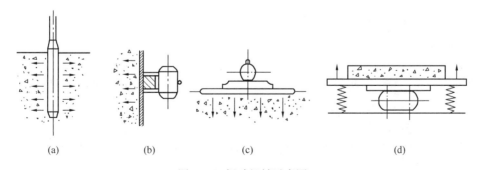

(a)　　　　　　　(b)　　　　　　　(c)　　　　　　　(d)

图 3-17　振动机械示意图

(a) 内部振动器；(b) 外部振动器；(c) 表面振动器；(d) 振动台

（4）施工缝留置及处理

一般混凝土结构多要求整体浇筑，但由于技术上或组织上的原因，浇筑不能连续进行时，且中间的间歇时间有可能超过混凝土的初凝时间，则应事先确定在适当位置留置施工缝。施工缝的位置应在混凝土浇筑前按设计要求和施工方案确定。

施工缝宜留置在结构受剪力较小且便于施工的部位。柱子的施工缝宜留在基础顶面、梁或吊车梁牛腿的下面、吊车梁的上面、无梁楼盖柱帽的下面，同时又要考虑施工的方便，如图 3-18 所示。与板连成整体的大断面梁的施工缝应留在板底面以下 20mm～30mm 处，当板下有梁托时，留置在梁托下部。单向板的施工缝应留在平行于板短边的任何位置。有主、次梁楼盖的施工缝宜顺着次梁方向浇筑，应留在次梁跨度的中间 1/3 跨度范围内，如图 3-19 所示。楼梯的施工缝应留在楼梯段跨度端部 1/3 长度范围内。墙的施工缝可留在门洞口过梁跨中 1/3 范围内，也可留在纵横墙的交接处。双向受力的楼板、大体积混凝土结构、拱、薄壳、多层框架等及其他结构复杂的结构，应按设计要求留置施工缝。

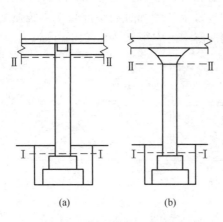

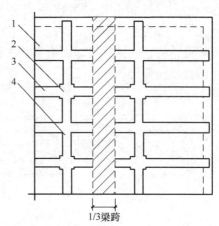

图 3-18　柱子的施工缝位置
（a）梁板式结构；（b）无梁楼盖结构

图 3-19　有柱、次梁楼盖的施工缝位置
1—楼板；2—柱；3—次梁；4—主梁

[例 3-16] 混凝土浇筑应符合的要求为（　　　）。

A. 梁、板混凝土应分别浇筑，先浇梁、后浇板

B. 有主、次梁的楼板宜顺着主梁方向浇筑

C. 单向板宜沿板的短边方向浇筑

D. 高度大于 1.0m 的梁可单独浇筑

正确答案：D

分析：梁和板宜同时浇筑混凝土，选项 A 错误；有主、次梁的楼板宜顺着次梁方向浇筑，选项 B 错误；单向板宜沿着板的长边方向浇筑，选项 C 错误。

5. 混凝土养护

混凝土养护分标准养护、加热养护和自然养护。选择养护方式应考虑现场条件、环境温湿度、构件特点、技术要求、施工操作等因素。

（1）标准养护

混凝土在温度为 20℃±2℃，相对湿度为 95％以上的潮湿环境或水中进行的养护。用于对混凝土立方体试件进行养护。

（2）加热养护

为了加速混凝土的硬化过程，对混凝土拌和物进行加热处理，使其在较高的温度和湿度环境下迅速凝结、硬化的养护，称为加热养护。常用的热养护方法是蒸汽养护。

（3）自然养护

在常温下（平均气温不低于5℃）采用适当的材料覆盖混凝土，并采取浇水润湿、防风防干、保温防冻等措施所进行的养护。自然养护又分洒水养护和喷涂薄膜养生液养护两种。洒水养护就是用草帘将混凝土覆盖，经常浇水使其保持湿润；喷涂薄膜养生液养护适用于不宜浇水养护的高耸构筑物和大面积混凝土结构。混凝土的自然养护应符合下列规定：

1）应在浇筑完毕后的12h以内对混凝土加以覆盖并保湿养护；干硬性混凝土应于浇筑完毕后立即进行养护。当日最低温度低于5℃时，不应采用洒水养护。

2）混凝土浇筑后应及时进行保湿养护，保湿养护可采用洒水、覆盖、喷涂养护剂等方式。采用硅酸盐水泥、普通硅酸盐水泥或矿渣硅酸盐水泥配制的混凝土，混凝土洒水养护时间不应少于7d；采用缓凝型外加剂、大掺量矿物掺和料配制的混凝土，混凝土洒水养护时间不应少于14d；抗渗混凝土、强度等级C60及以上的混凝土，混凝土洒水养护时间不应少于14d；后浇带混凝土的养护时间不应少于14d；地下室底层和上部结构首层柱、墙混凝土带模养护时间，不宜少于3d。

3）浇水次数应能保持混凝土处于湿润状态，混凝土养护用水应与拌制用水相同。

4）采用塑料布覆盖养护的混凝土，其敞露的全部表面应覆盖严密，并应保持塑料布内有凝结水。

5）混凝土强度达到$1.2N/mm^2$前，不得在其上踩踏、堆放荷载、安装模板及支架。

[例3-17] 常见的混凝土的养护方法有（　　　）。

A. 标准养护　　　　　　　　　　B. 加热养护

C. 自然养护　　　　　　　　　　D. 冷结养护

E. 分件养护

正确答案：A、B、C

分析：混凝土养护一般可分为标准养护、加热养护和自然养护。

3.5　装配式混凝土施工

1. 材料要求

装配整体式结构中、预制构件的混凝土强度等级不宜低于C30；预应力混凝土预制构件的混凝土强度等级不宜低于C40，且不应低于C30；现浇混凝土的强度不应低于C25。

预制构件吊环应采用未经冷加工的HPB300钢筋制作。预制构件吊装用内埋式螺母或内埋式吊杆配套的吊具，应根据相应的产品标准和应用技术规定选用。

2. 构件预制

预制构件制作前应对其技术要求和质量标准进行技术交底，并应制定生产方案；生产方案应包括生产工艺、模具方案、生产计划、技术质量控制措施、成品保护、堆放及运输方案等内容。

3. 连接构造要求

装配整体式结构中，节点及接缝处的纵向钢筋连接宜根据接头受力、施工工艺等要求选用机械连接、套筒灌浆连接、浆锚搭接连接、焊接连接、绑扎搭接连接等连接方式，并应符合国家现行有关标准的规定。预制构件与后浇混凝土、灌浆料、坐浆材料的结合面应设置粗糙面、键槽。预制楼梯与支承构件之间宜采用简支连接。预制楼梯宜一端设置固定铰，另一端设置滑动铰，其转动及滑动变形能力应满足结构之间位移的要求。预制楼梯设置滑动铰的端部应采取防止滑落的构造措施。

4. 构件储运

构件储运应制定预制构件的运输与堆放方案，其内容应包括运输时间、次序、堆放场地、运输线路、固定要求、堆放支垫及成品保护措施等。对于超高、超宽、形状特殊的大型构件的运输和堆放，应有专门的质量安全保证措施。

预制构件应设置专用堆场，构件堆放区应设置隔离围栏，无关的人员、材料、设备等不得进入。应根据预制构件的类型选择合适的堆放方式，规定堆放层数，构件之间应设置可靠的垫块；若使用货架堆放，货架应进行力学计算。预制构件堆场的选址应结合垂直运输设备起吊半径、施工便道布置及卸货车辆停靠位置等因素综合考虑，尽可能设置在相应建筑单体的周边，避免交叉作业。预制构件进场时应复核预制构件质保书，查验吊点的隐蔽工程验收记录、混凝土强度等相关内容。查验吊点及构件外观。堆场、货架、高处作业专用操作平台、脚手架及吊篮等辅助设施、预制构件安装的临时支撑体系等应经验收通过并挂牌方可投入使用。起吊使用的钢丝绳、手拉葫芦等起重工具应根据使用频率，增加检查频次，根据检查结果定期更换。严禁使用自编的钢丝绳接头；严禁使用无设计依据的自制吊索具。

5. 结构施工

（1）一般规定

装配式结构施工前应制定施工组织设计、施工方案；施工组织设计的内容应符合《建筑施工组织设计规范》GBT 50502—2009 的规定；施工方案的内容应包括构件安装及节点施工方案、构件安装的质量管理及安全措施等。

（2）构件吊装与就位

吊装用吊具应按国家现行有关标准的规定进行设计、验算或试验检验。吊具应根据预制构件形状、尺寸及重量等参数进行配置。对尺寸较大或形状复杂的预制构件，宜采用有分配梁或分配桁架的吊具。未经设计允许不得对预制构件进行切割、开洞。

安装施工前，应进行测量放线、设置构件安装定位标识，应复核构件装配位置、节点连接构造及临时支撑方案等，应检查复核吊装设备及吊具处于安全操作状态，应核实现场环境、天气、道路状况等满足吊装施工要求。装配式结构施工前，宜选择有代表性的单元进行预制构件试安装，并应根据试安装结果及时调整完善施工方案和施工工艺。

预制构件吊装就位后，应及时校准并采取临时固定措施，每个预制构件的临时支撑不宜少于 2 道，并应符合《混凝土结构工程施工规范》GB 50666—2011 的相关规定。

（3）构件安装

1）安装准备。墙、柱构件安装前，应清洁结合面；多层预制剪力墙底部采用坐浆材料时，其厚度不宜大于 20mm。

2）钢筋套筒连接施工。采用钢筋套筒灌浆连接、钢筋浆锚搭接连接的预制构件就位前，应检查套筒、预留孔的规格、位置、数量和深度，被连接钢筋的规格、数量、位置和长度。

钢筋套筒灌浆前，应在现场模拟构件连接接头的灌浆方式，每种规格钢筋应制作不少于3个套筒灌浆连接接头，进行灌注质量以及接头抗拉强度的检验；经检验合格后，方可进行灌浆作业。

钢筋套筒灌浆连接接头、钢筋浆锚搭接连接接头应按检验批划分要求及时灌浆，灌浆作业应符合国家现行有关标准及施工方案的要求。

3）后浇混凝土施工。后浇混凝土施工时，预制构件结合面疏松部分的混凝土应剔除并清理干净；模板应保证后浇混凝土部分形状、尺寸和位置准确，并应防止漏浆。同一配合比的混凝土，每工作班且建筑面积不超过 $1000m^2$ 应制作 1 组标准养护试件，同一楼层应制作不少于 3 组标准养护试件。构件连接部位后浇混凝土及灌浆料的强度达到设计要求后，方可拆除临时固定措施。

3.6 结构吊装工程施工

3.6.1 钢结构单层厂房安装

单层厂房钢结构构件，包括柱、钢屋架、吊车梁、天窗架、檩条及墙架等，构件的形式、尺寸、重量及安装标高都不同，因此所采用的起重设备、吊装方法等亦随之变化。单跨结构宜从跨端一侧向另一侧、中间向两端或两端向中间的顺序进行吊装。多跨结构宜先吊主跨、后吊副跨；当有多台起重设备共同作业时，也可多跨同时吊装。单层钢结构在安装过程中，应及时安装临时柱间支撑或稳定缆绳，应在形成空间结构稳定体系后再扩展安装。

1. 钢柱安装

吊装钢柱时，通常采用一点起吊。常用的吊装方法有旋转法、滑行法和递送法。对于重型钢柱也可采用双机抬吊。

钢柱吊装回直后，慢慢插进地脚锚固螺栓，找正平面位置。经过平面位置校正，垂直度初校，柱顶四面拉上临时缆风绳，地脚锚固螺栓临时固定后，起重机方可脱钩。再次对钢柱进行复校，可优先采用缆风绳校正；对于不便采用缆风绳校正的钢柱，可采用调撑杆或千斤顶校正。复校的同时在柱脚底板与基础间间隙垫紧垫铁，复校后拧紧锚固螺栓，并将垫铁点焊固定，并拆除缆风绳。

2. 钢屋架安装

钢屋架侧向刚度较差，安装前需进行吊装稳定性验算，稳定性不足时应进行吊装临时加固，通常可在钢屋架上下弦处绑扎杉木杆加固。

钢屋架吊点必须选择在上弦节点处，并符合设计要求。吊装就位时，应以屋架下弦两端的定位标记和柱顶的轴线标记严格定位并临时固定。为防止屋架起吊后发生摇摆、碰撞其他构件，起吊前宜在离支座节间附近用麻绳系牢，随吊随放，控制屋架位置。第一榀屋架吊装就位后，应在屋架上弦两侧对称设缆风绳固定；第二榀屋架就位后，每坡宜用一个屋架间调整器，进行屋架垂直度校正，再固定两端支座，并安装屋架间水平及垂直支撑、檩条及屋面板等。

如果吊装机械性能允许，屋面系统结构可采用扩大拼装后进行组合吊装，即在地面上将两榀屋架及其上的天窗架、檩条、支撑等拼装成整体后一次吊装。

3. 吊车梁安装

钢柱吊装完成经调整固定于基础上之后，即可吊装吊车梁。

钢吊车梁均为简支梁。梁端之间留有 10mm 左右的空隙。梁的搁置处与牛腿面之间留有空隙，设钢垫板。梁与牛腿用螺栓连接，梁与制动架之间用高强螺栓连接。

吊车梁吊装的起重机械，常选用自行杆式起重机，以履带式起重机应用最多，有时也可采用塔式起重机、拔杆、桅杆式起重机等进行吊装。对重量很大的吊车梁，可用双机抬吊，个别情况下还可设置临时支架分段进行吊装。

4. 钢桁架安装

钢桁架可选用自行杆式起重机（尤其是履带式起重机）、塔式起重机和桅杆式起重机等进行吊装。由于桁架的跨度、重量和安装高度不同，吊装机械和吊装方法亦随之而异。桁架多用悬空吊装，为防止桁架在吊起后发生摇摆、碰撞其他构件，起吊前在离支座的节间附近应用麻绳系牢，随吊随放，以此保证其正确位置。桁架的绑扎点要保证桁架的吊装稳定，否则就需要在吊装前进行临时加固。

3.6.2　多层及高层、高耸钢结构安装

多层及高层钢结构宜划分多个流水作业段进行安装，流水段宜以每节框架为单位。流水段划分应符合：

1) 流水段内的最重构件应在起重设备的起重能力范围内；

2) 起重设备的爬升高度应满足下节流水段内构件的起吊高度；

3) 每节流水段内的柱长度应根据工厂加工、运输堆放、现场吊装等因素确定，长度宜取 2～3 个楼层高度，分节位置宜在梁顶标高以上 1.0m～1.3m 处；

4) 流水段的划分应与混凝土结构施工相适应；

5) 每节流水段可根据结构特点和现场条件在平面上划分流水区进行施工。

流水作业段内的构件吊装宜符合：

1) 吊装可采用整个流水段内先柱后梁或局部先柱后梁的顺序，单柱不得长时间处于悬臂状态；

2) 钢楼板及压型金属板安装应与构件吊装进度同步；

3) 特殊流水作业段内的吊装顺序应按安装工艺确定，并应符合设计文件的要求。

多层及高层钢结构安装时，楼层标高可采用相对标高或设计标高进行控制，并应符合：

1) 当采用设计标高控制时，应以每节柱为单位进行柱标高调整，并应使每节柱的标高符合设计的要求；

2) 建筑物总高度的允许偏差和同一层内各节柱的柱顶高度差应符合现行国家标准《钢结构工程施工质量验收规范》GB 50205 的有关规定。

同一流水作业段、同一安装高度的一节柱，当各柱的全部构件安装、校正、连接完毕

并验收合格后，应再从地面引放上一节柱的定位轴线。

高耸钢结构可采用高空散件（单元）法、整体起扳法和整体提升（顶升）法等安装方法。

3.6.3 混凝土结构吊装

混凝土结构吊装分为构件吊装和结构吊装两大类。其中，结构吊装分为单层工业厂房结构吊装和多层装配式框架结构吊装。

1. 预制构件吊装工艺

预制构件吊装工艺包括构件的制作、运输、堆放、平面布置和吊装。

（1）制作和运输

预制构件如柱、屋架、梁等，一般在现场预制或工厂预制。在条件许可的情况下，构件预制尽可能采用叠浇法，重叠层数由地基承载能力和施工条件确定，一般不超过4层，上、下层间应做好隔离层，上层构件的浇筑应等到下层构件混凝土强度达到设计强度的30％以后方可进行，整个预制场地应平整夯实，不可因受荷、浸水而产生不均匀沉陷。

工厂预制的构件需在吊装前运至工地，构件运输宜选用载重量较大的载重汽车和半拖式或全拖式的平板拖车，将构件直接运到工地构件堆放处。构件运输时的混凝土强度，如设计无规定时，不应低于设计的混凝土强度标准值的75％。

（2）堆放和平面布置

预制构件的堆放应考虑便于吊升及吊升后的就位，特别是大型构件，应做好构件堆放的布置图，以便一次吊升就位，减少起重设备负荷开行。对于小型构件，则可考虑布置在大型构件之间，也应以便于吊装、减少二次搬运为原则。但小型构件常采用随吊随运的方法，以便减少对施工场地的占用。

（3）吊装

预制构件吊装一般包括绑扎、吊升、就位、临时固定、校正和最后固定等工序。

2. 钢筋混凝土单层工业厂房结构吊装

单层工业厂房的主要承重结构由基础、柱、吊车梁、屋架、天窗架、屋面板等组成。除基础在施工现场就地浇筑外，其他构件多采用钢筋混凝土预制构件。因此，在拟定结构吊装方案时，应着重解决起重机的选用、结构吊装方案。

（1）起重机械选择与布置

1）起重机械选择。起重机的选择要根据所吊装构件的尺寸、重量及吊装位置来确定。可选择的起重机械有履带式起重机、塔式起重机或自升式塔式起重机。履带式起重机适于安装4层以下结构，塔式起重机适于4～10层结构，自升式塔式起重机适于10层以上结构。起重机选择时，要保证所选择起重机的起重量 Q、起重高度 H 和起重幅度 R 三个工作参数均满足结构吊装的要求。

① 起重量。起重机的起重量必须大于所安装构件的质量与索具重量之和。

② 起重高度。如图 3-20 所示，起重机的起重高度必须满足所吊构件的吊装高度要求，对于吊装单层厂房应满足：

$$H \geqslant h_1 + h_2 + h_3 + h_4 \tag{3-1}$$

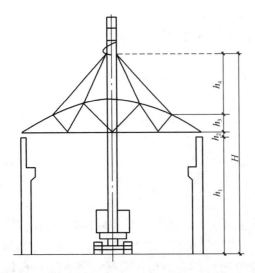

图 3-20　起重机的起重高度

式中　H——起重机的起重高度（m），从停机面算起至吊钩中心；

h_1——安装支座表面高度（m），从停机面算起；

h_2——安装空隙（m），一般不小于 0.3m；

h_3——绑扎点至所吊构件底面的距离（m）；

h_4——索具高度（m），自绑扎点至吊钩中心，视具体情况而定。

③ 起重幅度。一般情况下，当起重机可以不受限制地开到所安装构件附近吊装时，对起重幅度可不作要求。但当起重机受到限制不能靠近安装位置吊装构件时，则应该验算起重幅度为定值时的起重量和起重高度是否满足吊装要求。一般根据所需最小起重量 Q_{min} 和最小起重高度 H_{min}，初步确定起重机型号，再对最小起重幅度 R_{min} 进行验算。

[例 3-18] 在单层工业厂房结构吊装中，如安装支座表面高度为 15.0m（从停机面算起），绑扎点至所吊构件底面距离 0.8m，索具高度为 3.0m，则起重机起重高度至少为（　　）。

A. 18.2m　　　　B. 18.5m　　　　C. 18.8m　　　　D. 19.1m

正确答案：D

分析：$H \geqslant h_1 + h_2 + h_3 + h_4 = 15 + 0.8 + 3 + 0.3 = 19.1\text{m}$。

2）起重机的平面布置

起重机的布置方案主要根据房屋平面形状、构件重量、起重机性能及施工现场环境条件等确定。一般有单侧布置、双侧布置、跨内单行布置和跨内环形布置四种布置方案，如图 3-21 所示。

① 单侧布置。当房屋平面宽度较小，构件也较轻时，塔式起重机可单侧布置。此时起重半径应满足：

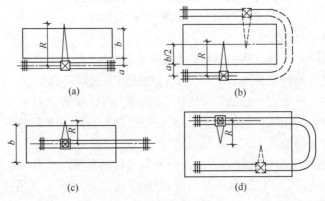

(a)　　　　　　　　　　　(b)

(c)　　　　　　　　　　　(d)

图 3-21　塔式起重机布置方案

(a) 单侧布置；(b) 双侧布置；(c) 跨内单行布置；(d) 跨内环形布置

$$R \geqslant b + a \qquad (3\text{-}2)$$

式中　R——塔式起重机吊装最大起重半径（m）；

　　　b——房屋宽度（m）；

　　　a——房屋外侧至塔式起重机轨道中心线的距离，a＝外脚手架的宽度＋1/2 轨距＋0.5m。

② 双侧布置。当建筑物平面宽度较大或构件较大，单侧布置起重机力矩满足不了构件的吊装要求时，起重机可双侧布置，每侧各布置一台起重机，其起重半径应满足：

$$R \geqslant b/2 + a \qquad (3\text{-}3)$$

此时，两台起重机的起重臂高度应错开，防止吊装时相撞。

③ 跨内单行和跨内环形布置。当建筑物四周场地狭窄，起重机不能布置在建筑物外侧，或者由于构件较重、房屋较宽，起重机布置在外侧满足不了吊装所需要的力矩时，可将起重机布置在跨内，其布置方式有跨内单行布置和跨内环行布置两种。

[例 3-19] 单层工业厂房结构吊装的起重机，可根据现场条件、构件重量、起重机性能选择（　　）。

A. 单侧布置　　　　　　　　　　B. 双侧布置

C. 跨内单行布置　　　　　　　　D. 跨外环形布置

E. 跨内环形布置

正确答案：A、B、C、E

分析：起重机的布置方案主要根据房屋平面形状、构件重量、起重机性能及施工现场环境条件等确定。一般有单侧布置、双侧布置、跨内单行布置和跨内环形布置四种布置方案。

（2）结构吊装方法与顺序

1）分件吊装法

起重机在车间内或沿着车间外每开行一次，仅吊装一种或两种构件。由于每次均吊装同类型构件，可减少起重机变幅和索具的更换次数，从而提高吊装效率，能充分发挥起重机的工作能力，构件供应与现场平面布置比较简单，也能给构件校正、接头焊接、灌筑混凝土和养护提供充分的时间。但不能为后继工序及早提供工作面，起重机的开行路线较长。分件吊装法是目前单层工业厂房结构吊装中采用较多的一种方法。

2）综合吊装法

起重机在车间内每开行一次（移动一次），就分节间吊装完节间内所有各种类型的构件。综合吊装法开行路线短，停机点少；吊完一个节间，其后续工种就可进入节间内工作，使各个工种进行交叉平行流水作业，有利于缩短工期。采用综合吊装法，每次吊装不同构件需要频繁变换索具，工作效率低；使构件供应紧张和平面布置复杂；构件校正困难。因此，目前较少采用。

3.7 防水工程施工

3.7.1 屋面防水工程施工

屋面防水工程根据屋面防水材料的不同可分为卷材防水屋面（柔性防水层屋面）、涂膜防水屋面和刚性防水屋面等。目前应用最普遍的是卷材防水屋面。

1. 卷材防水屋面施工

卷材防水层应采用沥青防水卷材、高聚物改性沥青防水卷材和合成高分子防水卷材。

（1）铺贴方法

卷材防水屋面铺贴方法的选择应根据屋面基层的结构类型、干湿程度等实际情况来确定。卷材防水层一般用满粘法、点粘法、条粘法和空铺法等来进行铺贴。当卷材防水层上有重物覆盖或基层变形较大时，应优先采用空铺法、点粘法、条粘法或机械固定法，但距屋面周边800mm内以及叠层铺贴的各层之间应满粘；当防水层采取满粘法施工时，找平层的分隔缝处宜空铺，空铺的宽度宜为100mm。立面或大坡面铺贴卷材时，应采用满粘法，并宜减少卷材短边搭接。

高聚物改性沥青防水卷材的施工方法一般有热熔法、冷粘法和自粘法等。合成高分子防水卷材的施工方法一般有冷粘法、自粘法、焊接法和机械固定法。

（2）铺贴顺序与卷材接缝

卷材防水层施工时，应先进行细部构造处理，然后由屋面最低标高向上铺贴；檐沟、天沟卷材施工时，宜顺檐沟、天沟方向铺贴，搭接缝应顺流水方向；卷材宜平行屋脊铺贴，上下层卷材不得相互垂直铺贴。

[例3-20] 当卷材防水层上有重物覆盖或基层变形较大时，优先采用的施工铺贴方法有（　　）。

A. 空铺法　　　　　　　　　　　　B. 点粘法

C. 满粘法　　　　　　　　　　　　D. 条粘法

E. 机械固定法

正确答案：A、B、D、E

分析：当卷材防水层上有重物覆盖或基层变形较大时，应优先采用空铺法、点粘法、条粘法或机械固定法。

2. 涂膜防水屋面施工

涂膜防水屋面是在屋面基层上涂刷防水涂料，经固化后形成一层有一定厚度和弹性的整体结膜，从而达到防水的目的。

（1）工艺流程

涂膜防水层施工的工艺流程为清理、修理基层表面→喷涂基层处理剂（底涂料）→特殊部位附加增强处理→涂布防水涂料及铺贴胎体增强材料→清理与检查修整→保护层施工。

（2）施工的一般要求

涂膜防水层的施工应按"先高后低，先远后近"的原则进行。遇高低跨屋面时，一般先涂高跨屋面，后涂低跨屋面；对相同高度屋面，要合理安排施工段，先涂布距离上料点远的部位，后涂布近处；对同一屋面上，先涂布排水较集中的水落口、天沟、檐沟、檐口等节点部位，再进行大面积涂布。

3.7.2　地下防水工程施工

地下防水工程施工方案主要有结构自防水、表面防水层防水和防排结合。结构自防水是以地下结构本身的密实性（即防水混凝土）实现防水功能，使结构承重和防水合为一体。表面防水层防水是在结构的外表面加设防水层，以达到防水的目的。常用的防水层有水泥砂浆防水层、卷材防水层、涂膜防水层等。防排结合是采用防水加排水措施，排水方案可采用盲沟排水、渗排水、内排水等。

3.8 节能工程施工

保温层施工工序和要求如下：

（1）施工准备

1）审查图纸，编制施工方案，对施工人员进行安全技术交底。

2）进场的保温材料应检验板状保温材料检查表观密度或干密度、压缩强度或抗压强度、导热系数、燃烧性能；纤维保温材料应检验表观度、导热系数、燃烧性能。

3）保温材料的储运、保管应采取防雨、防潮、防火的措施，并分类存放。

4）清理基层，保持基层平整、干燥、干净。

5）现场设置防火措施。

（2）施工操作要点

1）施工工艺流程一般分为基层处理、弹线、保温层铺设、质量验收。

2）当设计有隔汽层时，先施工隔汽层，然后再施工保温层。隔汽层四周应向上沿墙面连续铺设，并高出保温层表面不得小于 150mm。

3）块状材料保温层施工时，相邻板块应错缝拼接，分层铺设的板块上下层接缝应相互错开，板间缝隙应采用同类材料嵌填密实。铺贴方法有干铺法、粘贴法和机械固定法。

4）纤维材料保温层施工时，应避免重压，并应采取防潮措施；屋面坡度较大时，宜采用机械固定法施工。

5）喷涂硬泡聚氨酯保温层施工时，喷嘴与基层的距离宜为 800mm～1200mm；一个作业面应分遍喷涂完成，每遍喷涂厚度不宜大于 15mm；当日施工作业面应连续施工完成；喷涂后 20min 严禁上人；作业时应采取防止污染的遮挡措施。

6）现浇泡沫混凝土保温层施工时，浇筑出口离基层的高度不宜超过 1m，泵送时应采取低压泵送；泡沫混凝土应分层浇筑，一次浇筑厚度不宜超过 200mm，保湿养护时间不得少于 7d。

7）保温层施工环境温度要求：干铺的保温材料可在负温度下施工；用水泥砂浆粘贴的块状保温材料不宜低于 5℃，喷涂硬泡聚氨酯宜为 15℃～35℃，空气相对湿度宜小于 85%，风速不宜大于三级；现浇泡沫混凝土宜为 5℃～35℃；雨天、雪天、五级风以上的天气停止施工。

3.9 建筑装饰装修工程施工

3.9.1 抹灰工程

1. 材料选用

抹灰用的水泥宜为硅酸盐水泥、普通硅酸盐水泥，其强度等级不应小于 32.5MPa。

不同品种不同强度等级的水泥不得混合使用。抹灰用砂子宜选用中砂，砂子使用前应过筛，不得含有杂物。抹灰用石灰膏的熟化期不应少于 15d，罩面用磨细石灰粉的熟化期不应少于 3d。

2. 基层处理

砖砌体应清除表面杂物、尘土，抹灰前应洒水湿润。混凝土表面应凿毛或在表面洒水润湿后涂刷 1∶1 水泥砂浆（加适量胶粘剂）。加气混凝土应在湿润后边刷界面剂边抹强度不小于 M5 的水泥混合砂浆。

3. 施工工艺要求

不同材料基体交接处表面的抹灰应采取防止开裂的加强措施。室内墙面、柱面和门洞口的阳角做法应符合设计要求。设计无要求时，应采用 1∶2 水泥砂浆做暗护角，其高度不应低于 2m，每侧宽度不应小于 50mm，或用成品护角线。水泥砂浆抹灰层应在抹灰 24h 后进行养护。

大面积抹灰前应设置标筋。抹灰应分层进行，每遍厚度宜为 5mm～7mm。抹石灰砂浆和水泥混合砂浆每遍厚度宜为 7mm～9mm。当抹灰总厚度超出 35mm 时，应采取加强措施。

用水泥砂浆和水泥混合砂浆抹灰时，应待前一抹灰层凝结后方可抹后一层；用石灰砂浆抹灰时，应待前一抹灰层七八成干后方可抹后一层。

3.9.2　吊顶工程

1. 龙骨安装

应根据吊顶的设计标高，在四周墙上弹线，弹线应清晰、位置应准确。主龙骨吊点间距、起拱高度应符合设计要求。当设计无要求时，吊点间距应小于 1.2m，应按房间短向跨度适当起拱。主龙骨安装后应及时校正其位置标高。吊杆应通直，距主龙骨端部距离不得超过 300mm。当吊杆与设备相遇时，应调整吊点构造或增设吊杆。次龙骨应紧贴主龙骨安装。固定板材的次龙骨间距不得大于 600mm，在潮湿地区和场所，间距宜为 300mm～400mm。用沉头自攻钉安装饰面板时，接缝处次龙骨宽度不得小于 40mm。暗龙骨系列的横撑龙骨，应用连接件将其两端连接在通长次龙骨上。明龙骨系列的横撑龙骨与通长龙骨搭接处的间隙不得大于 1mm。

2. 纸面石膏板和纤维水泥加压板安装

板材应在自由状态下进行安装，固定时应从板的中间向板的四周固定。纸包边时，纸面石膏板螺钉与板边距离宜为 10mm～15mm；切割边时，纸面石膏板螺钉与板边距离宜为 15mm～20mm。水泥加压板螺钉与板边距离宜为 8mm～15mm。板周边钉距宜为 150mm～170mm，板中钉距不得大于 200mm。安装双层石膏板时，上下层板的接缝应错开，不得在同一根龙骨上接缝。螺钉头宜略埋入板面，并不得使纸面破损。钉眼应做防锈处理并用腻子抹平。石膏板的接缝应按设计要求进行板缝处理。

3. 石膏板、钙塑板安装

当采用钉固法安装时，螺钉与板边距离不得小于 15mm，螺钉间距宜为 150mm～170mm，均匀布置，并应与板面垂直，钉帽应进行防锈处理，并用与板面颜色相同的涂料涂饰或用石膏腻子抹平。当采用粘接法安装时，胶粘剂应涂抹均匀，不得漏涂。

3.9.3 轻质隔墙工程

1. 轻钢龙骨安装

应按弹线位置固定，沿地龙骨、沿顶龙骨及边框龙骨，龙骨的边线应与弹线重合。龙骨的端部应安装牢固，龙骨与基体的固定点间距应不大于 1m。竖向龙骨应垂直，龙骨间距应符合设计要求。潮湿房间和钢板网抹灰墙，龙骨间距不宜大于 400mm。安装贯通龙骨时，低于 3m 的隔墙安装一道，3m～5m 隔墙安装两道。饰面板横向接缝处不在沿地龙骨、沿顶龙骨上时，应加横撑龙骨固定。

2. 木龙骨安装

木龙骨的横截面积及纵、横向间距应符合设计要求。骨架横、竖龙骨宜采用开半榫、加胶、加钉连接。安装饰面板前应对龙骨进行防火处理。

3. 纸面石膏板安装

石膏板宜竖向铺设，长边接缝应安装在竖龙骨上。龙骨两侧的石膏板及龙骨一侧的双层板的接缝应错开，不得在同一根龙骨上接缝。轻钢龙骨应用自攻螺钉固定，木龙骨应用木螺钉固定。沿石膏板周边钉间距不得大于 200mm，板中钉间距不得大于 300mm，螺钉与板边距离应为 10mm～15mm。安装石膏板时应从板的中部向板的四边固定。钉头略埋入板内，但不得损坏纸面，钉眼应进行防锈处理。石膏板的接缝应按设计要求进行板缝处理。石膏板与周围墙或柱应留有 3mm 的槽口，以便进行防开裂处理。

4. 胶合板安装

胶合板安装前应对板背面进行防火处理。轻钢龙骨应采用自攻螺钉固定。木龙骨采用圆钉固定时，钉距宜为 80mm～150mm，钉帽应砸扁；采用钉枪固定时，钉距宜为 80mm～100mm。阳角处宜作护角。胶合板用木压条固定时，固定点间距不应大于 200mm。

3.9.4 墙面铺装工程

1. 墙面砖铺贴

墙面砖铺贴前应进行挑选，并应浸水 2h 以上，晾干表面水分。铺贴前应进行放线定位和排砖，非整砖应排放在次要部位或阴角处。每面墙不宜有两列非整砖，非整砖宽度不宜小于整砖的 1/3。铺贴前应确定水平及竖向标志，垫好底尺，挂线铺贴。墙面砖表面应平整、接缝应平直、缝宽应均匀一致。阴角砖应压向正确，阳角线宜做成 45°角对接，在墙面突出物处，应整砖套割吻合，不得用非整砖拼凑铺贴。结合砂浆宜采用 1:2 水泥砂浆，砂浆厚度宜为 6mm～10mm。水泥砂浆应满铺在墙砖背面，一面墙不宜一次铺贴到顶，以防塌落。

2. 墙面石材铺装

墙面砖铺贴前应进行挑选，并应按设计要求进行预拼。强度较低或较薄的石材应在背面粘贴玻璃纤维网布。当采用湿作业法施工时，固定石材的钢筋网应与预埋件连接牢固。每块石材与钢筋网拉接点不得少于 4 个。拉接用金属丝应具有防锈性能。灌注砂浆前应将石材背面及基层湿润，并应用填缝材料临时封闭石材板缝，避免漏浆。灌注砂浆宜用 1:2.5 水泥砂浆，灌注时应分层进行，每层灌注高度宜为 150mm～200mm，且超过板高的 1/3，插捣应密实。待其初凝后方可灌注上层水泥砂浆。当采用粘贴法施工时，基层处理应平整但不应压光。胶粘剂的配合比应符合产品说明书的要求。胶液应均匀、饱满地刷抹在基层和石材背面，石材就位时应准确，并应立即挤紧、找平、找正，进行顶、卡固定。溢出胶液应随时清除。

3. 木装饰装修墙制作安装

打孔安装木砖或木楔，深度应不小于 40mm，木砖或木楔应做防腐处理。龙骨间距应符合设计要求。当设计无要求时：横向间距宜为 300mm，竖向间距宜为 400mm。龙骨与木砖或木楔连接应牢固。龙骨本质基层板应进行防火处理。

3.9.5 涂饰工程

混凝土或抹灰基层涂刷溶剂型涂料时，含水率不得大于 8%；涂刷水性涂料时，含水率不得大于 10%；木质基层含水率不得大于 12%。施工现场环境温度宜在 5℃～35℃之间，并应注意通风换气和防尘。

涂饰施工方法有滚涂法、喷涂法和刷涂法。

（1）滚涂法

将蘸取漆液的毛辊先按 W 形将涂料大致涂在基层上，然后用不蘸取漆液的毛辊紧贴基层上下、左右来回滚动，使漆液在基层上均匀展开，最后用蘸取漆液的毛辊按一定方向满滚一遍。阴角及上下口宜采用排笔刷涂找齐。

（2）喷涂法

喷枪压力宜控制在 0.4MPa～0.8MPa 范围内。喷涂时喷枪与墙面应保持垂直，距离宜在 500mm 左右，匀速平行移动。两行重叠宽度宜控制在喷涂宽度的 1/3。

（3）刷涂法

按先左后右、先上后下、先难后易、先边后面的顺序进行。

3.9.6 地面工程

1. 石材、地面砖铺贴

石材、地面砖铺贴前应浸水湿润。天然石材铺贴前应进行对色、拼花并试拼、编号。结合层砂浆宜采用体积比为 1:3 的干硬性水泥砂浆，厚度宜高出实铺厚度 2mm～3mm。铺贴前应在水泥砂浆上刷一道水灰比为 1:2 的素水泥浆或干铺水泥 1mm～2mm 后洒水。铺贴后应及时清理表面，24h 后应用 1:1 水泥浆灌缝，选择与地面颜色一致的颜料与白水泥拌合均匀后嵌缝，或用专门的填缝剂嵌缝。

2. 竹、实木地板铺装

基层平整度误差不得大于 5mm。铺装前应对基层进行防潮处理，防潮层宜涂刷防水涂料或铺设塑料薄膜。铺装前应对地板进行选配，宜将纹理、颜色接近的地板集中使用于一个房间或部位。木龙骨应与基层连接牢固，固定点间距不得大于 600mm。毛地板应与龙骨成 30°或 45°铺钉，板缝应为 2mm～3mm，相邻板的接缝应错开。在龙骨上直接铺装地板时，主次龙骨的间距应根据地板的长宽模数计算确定，地板接缝应在龙骨的中线上。毛地板及地板与墙之间应留有 8mm～10mm 的缝隙。

3. 强化复合地板铺装

防潮垫层应满铺平整,接缝处不得叠压。安装第一排时应凹槽面靠墙。地板与墙之间应留有 8mm～10mm 的缝隙。房间长度或宽度超过 8m 时,应在适当位置设置伸缩缝。

4. 地毯铺装

地毯对花拼接应按毯面绒毛和织纹走向的同一方向拼接。使用张紧器伸展地毯时,用力方向应呈 V 字形,由地毯中心向四周展开。当使用倒刺板固定地毯时,应沿房间四周将倒刺板与基层固定牢固。地毯铺装方向,应是毯面绒毛走向的背光方向。满铺地毯,应用扁铲将毯边塞入卡条和墙壁间的间隙中或塞入踢脚下面。裁剪楼梯地毯时,长度应留有一定余量,以便在使用中可挪动常磨损的位置。

3.9.7 幕墙工程

1. 建筑幕墙施工的准备工作

（1）预埋件

常用建筑幕墙预埋件有平板型和槽型两种,其中平板型预埋件最为广泛应用。

（2）预埋件安装

预埋件的锚筋应置于混凝土构件最外排主筋的内侧。为防止预埋件在混凝土浇捣过程中产生位移,应将预埋件与钢筋或模板连接固定。梁板顶面的埋件一般与混凝土浇捣同步进行,随捣随埋,预埋板下面的混凝土应注意振捣密实。

2. 玻璃幕墙施工

玻璃幕墙的施工工序较多,施工技术和安装精度比较高,凡从事玻璃安装施工的企业,必须取得相应专业资格后方可承接业务。

（1）有框玻璃幕墙施工

有框玻璃幕墙主要由幕墙立柱、横梁、玻璃、主体结构、预埋件、连接件以及连接螺栓、垫杆和胶缝、开启扇组成。竖直玻璃幕墙立柱应悬挂连接在主体结构上并使其处于受拉状态。

施工工艺流程为测量、放线→调整和后置预埋件→确认主体结构轴线和各面中心线→以中心线为基准向两侧排基准竖线→按图样要求安装钢连接件和立柱、校正误差→钢连接件满焊固定、表面防腐处理→安装横框→上下边密封、修整→安装玻璃组件→安装开启窗扇→填充泡沫塑料棒→注胶→清洁、整理→检查、验收。

（2）全玻璃幕墙施工

由玻璃板和玻璃肋制作的玻璃幕墙称为全玻璃幕墙,采用较厚的玻璃隔声效果较好、通透性强,用于外墙装饰时使室内外环境浑然一体,被广泛用于各种底层公共空间的外装饰。全玻璃幕墙按构造方式可分为吊挂式和坐落式两种。以吊挂式全玻璃幕墙为例,其施工工艺流程为定位放线→上部钢架安装→下部和侧面嵌槽安装→玻璃肋、玻璃板安装就位→镶嵌固定及注入密封胶→表面清洗和验收。

（3）点支撑玻璃幕墙施工

点支撑幕墙是指在幕墙玻璃的四角打孔,用幕墙专用钢爪将玻璃连接起来,并将荷载传给相应构件,最后传给主体结构的一种幕墙做法。点式连接玻璃幕墙主要有玻璃肋点式连接玻璃幕墙、钢桁架点式连接玻璃幕墙和拉索式点式连接玻璃幕墙。玻璃肋点式连接玻璃幕墙是指玻璃肋支撑在主体结构上，在玻璃肋上面安装连接板和钢爪，玻璃开孔后与钢爪（四脚支架）用特殊螺栓连接的幕墙形式。钢桁架点式玻璃幕墙是指在金属桁架上安装钢爪，在面板玻璃的四角进行打孔，钢爪上的特殊螺栓穿过玻璃孔，紧固后将玻璃固定在钢爪上形成幕墙。

3. 石材幕墙施工

石材幕墙的构造一般采用框支承结构，因石材面板连接方式的不同，可分为钢销式、槽式和背拴式等。

钢销式连接需要在石材的上下两边或四周开设销孔，石材通过钢销以及连接板与幕墙骨架连接。它拓孔方便，但受力不合理，容易出现应力集中导致石材局部破坏，使用受到限制。

槽式连接需要在石材的上下两边或四周开设槽口，与钢销式连接相比，它的适应性更强。根据槽口的大小，可以分为短槽式和通槽式两种。短槽式连接的槽口较小，通过连接片与幕墙骨架连接，它对施工安装的要求较高。通槽式槽口为两边或四周通长，通过通长铝合金型材与幕墙骨架连接，主要用于单元式幕墙中。

4. 铝板幕墙施工

铝板幕墙的构造组成与隐框玻璃幕墙类似，采用框支承受力方式，也需要制作铝板板块，铝板板块通过铝角与幕墙骨架连接。

铝板板块由加劲肋和面板组成。板块的制作需要在铝板背面设置边肋和中肋等加劲肋。在制作板块时，铝板应四周折边以便与加劲肋连接。加劲肋常采用铝合金型材，以槽形或角形型材为主。面板与加劲肋之间通常的连接方式有铆接、电栓焊接、螺栓连接以及化学粘结等。为了方便板块与骨架体系的连接，需在板块的周边设置铝角，铝角一端常通过铆接方式固定在板块上，另一端采用自攻螺丝固定在骨架上。

3.10 本章复习题及解析

1. 湿度小的黏性土挖土深度小于(   )时，可用间断式水平挡土板支撑。

A. 2m   B. 3m   C. 5m   D. 7m

正确答案：B

分析：本题考查土石方工程施工技术。湿度小的黏性土挖土深度小于3m时，可用间断式水平挡土板支撑，如表3-3所示。

横撑式支撑   表3-3

类 型		土质	挖土深度	适用情况
水平挡土板式	间断式	湿度小的黏性土	小于3m	开挖较窄的沟槽
	连续式	松散、湿度大的土	5m	
垂直挡土板式		松散和湿度很高的土	深度不限	

2. 在基坑开挖过程中，明排水法的集水坑应设置在(   )。

A. 基坑范围以外   B. 地下水走向的上游

C. 基坑附近   D. 地下水走向的下游

正确答案：B

分析：本题考查土石方工程施工技术。明排水法是在基坑开挖过程中，在坑底设置集水坑，并沿坑底周围或中央开挖排水沟，使水流入集水坑，然后用水泵抽走。水泵应该设置在上游一侧，所以集水井在上游。明排水法由于设备简单和排水方便，采用较为普遍。宜用于粗粒土层，也用于渗水量小的黏土层。但当土为细砂和粉砂时，地下水渗出会带走细粒，发生流砂现象，导致边坡坍塌、坑底涌砂，难以施工，此时应采用井点降水法。

3. 井点降水的方法有喷射井点、电渗井点、轻型井点、管井井点及深井井点等。施工时可根据土的渗透系数、要求降低水位的深度、工程特点、设备条件及经济性等具体条件选择。其中应用最广泛的是(　　)。

A. 轻型井点降水　　　　　　　　B. 管井井点降水
C. 喷射井点降水　　　　　　　　D. 电渗井点降水

正确答案：A

分析：本题考查地基与基础工程施工技术。井点降水的方法有轻型井点、喷射井点、电渗井点、管井井点及深井井点等。施工时可根据土的渗透系数，要求降低水位的深度、工程特点、设备条件及经济性等具体条件选择。其中轻型井点降水应用较为广泛。

4. 某大型基坑，施工场地标高为±0.000m，基坑底面标高为−6.600m，地下水位标高为−2.500m，土的渗透系数为60m/d，则应选用的降水方式是(　　)。

A. 一级轻型井点　　　　　　　　B. 喷射井点
C. 管井井点　　　　　　　　　　D. 深井井点

正确答案：C

分析：本题考查地基与基础工程施工技术。各种井点的适用范围如表3-1所示。

5. 基坑宽度等于8m时，喷射井点的平面布置采用(　　)较为合适。

A. 环形布置　　　　　　　　　　B. U形布置
C. 双排布置　　　　　　　　　　D. 单排布置

正确答案：D

分析：本题考查地基与基础工程施工技术。当基坑宽度小于等于10m时，井点可作单排布置；当基坑宽度大于10m时，可作双排布置；当基坑面积较大时，宜采用环形布置。

6. 关于土石方填筑正确的说法是(　　)。

A. 不宜采用同类土填筑
B. 从上至下填筑土层的透水性应从小到大
C. 含水量大的黏土宜填筑在上层
D. 硫酸盐含量小于5%的土不能使用

正确答案：B

分析：本题考查土石方工程施工技术。填方宜采用同类土填筑，选项A错误；如采用不同透水性的土分层填筑时，下层宜填筑透水性较大的填料，上层宜填筑透水性较小的填料，选项B正确；含水量大的黏土不宜做填土用，选项C错误；硫酸盐含量大于5%的土均不能做填土，选项D错误。

7. 常用的填土压实方法有(　　)。

A. 堆载法　　　　　　　　　　　　B. 水重法

C. 碾压法　　　　　　　　　　　　D. 夯实法

E. 振动压实法

正确答案：C、D、E

分析：本题考查土石方工程施工技术。填土压实方法有碾压法、夯实法和振动压实法。

8. 在地基加固处理中，承载力提高幅度可达 4 倍以上且变形量小，适用于多层和高层建筑地基的是(　　)。

A. 夯实地基法　　　　　　　　　　B. 预压地基

C. 振冲地基　　　　　　　　　　　D. 水泥粉煤灰碎石桩

正确答案：D

分析：本题考查地基与基础工程施工技术。水泥粉煤灰碎石桩的承载能力来自桩全长产生的摩擦阻力及桩端承载力，桩越长承载力越高，桩土形成的复合地基承载力提高幅度可达 4 倍以上且变形量小，适用于多层和高层建筑地基。

9. 在含水砂层中施工钢筋混凝土预制桩基础，沉桩方法应优先选用(　　)。

A. 锤击沉桩　　　B. 静力压桩　　　C. 射水沉桩　　　D. 振动沉桩

正确答案：D

分析：本题考查桩基础施工，如表 3-4 所示。振动沉桩主要适用于砂土、砂质黏土、亚黏土层。在含水砂层中的效果更为显著。

钢筋混凝土预制桩沉桩方法　　　　　　　　　　　　　　　　　　表 3-4

沉桩方法	适用情况
锤击沉桩（打入桩）	桩径较小（一般桩径 0.6m 以下），地基土土质为可塑性黏土、砂性土、粉土、细砂以及松散的碎卵石类土
静力压桩（压入桩）	软土地区、城市中心或建筑物密集处的桩基础工程，以及精密工厂的扩建工程
射水沉桩（旋入桩）	砂土和碎石土
振动沉桩（振入桩）	砂土、砂质黏土、亚黏土层，在含水砂层中的效果更为显著；在砂砾层中采用此法时，需配以水冲法

10. 钢筋混凝土预制桩，长度在(　　)m 以下的短桩，一般多在工厂预制，较长的桩，因不便于运输，通常就在打桩现场附近露天预制。

A. 5　　　　　　　B. 10　　　　　　C. 15　　　　　　D. 20

正确答案：B

分析：本题考查地基与基础工程施工技术。长度在 10m 以下的短桩，一般多在工厂预制，较长的桩，因不便于运输，通常就在打桩现场附近露天预制。

11. 关于钢筋混凝土预制桩施工，说法正确的是(　　)。

A. 基坑较大时，打桩宜从周边向中间进行

B. 打桩宜采用重锤低击

C. 钢筋混凝土预制桩堆放层数不超过 2 层

D. 桩体混凝土强度达到设计强度的 70% 方可运输

正确答案：B

分析：本题考查地基与基础工程施工技术。选项 A，打桩应避免自外向内，或从周边向中间进行；选项 C，现场预制桩多用重叠法预制，重叠层数不宜超过 4 层；选项 D，钢筋混凝土预制桩应在混凝土达到设计强度的 70% 方可起吊；达到 100% 方可运输和打桩。

12. 分布较为密集的预制桩的打桩顺序，正确的有（　　）。

A. 先深后浅　　　　　　　　　B. 先浅后深

C. 先小后大　　　　　　　　　D. 先大后小

E. 先长后短

正确答案：A、D、E

分析：本题考查地基与基础工程施工技术。基坑不大时，打桩应从中间分头向两边或四周进行；基坑较大时，应将基坑分为数段，而后在隔断范围内分别进行，打桩应避免自外向内，或从周边向中间进行；设计标高不同时，打桩顺序宜先深后浅；桩的规格不同时，打桩顺序宜先大后小、先长后短。

13. 钢筋混凝土预制桩在砂夹卵石层和坚硬土层中沉桩，主要沉桩方式是（　　）。

A. 静力压桩　　　　B. 锤击沉桩　　　　C. 振动沉桩　　　　D. 射水沉桩

正确答案：D

分析：本题考查地基与基础工程施工技术。射水沉桩法的选择应视土质情况而异，在砂夹卵石层或坚硬土层中，一般以射水为主，锤击或振动为辅；在亚黏土或黏土中，为避免降低承载力，一般以锤击或振动为主，以射水为辅。

14. 下列关于混凝土灌注桩说法正确的是（　　）。

A. 正循环钻孔灌注桩可用于桩径小于 2m，孔深小于 50m 的场地

B. 反循环钻孔灌注桩可用于桩径小于 2m，孔深小于 60m 的场地

C. 冲击成孔灌注桩适用于厚砂层软塑～流塑状态的淤泥及淤泥质土

D. 机动洛阳铲可用于泥浆护壁成孔灌注桩

正确答案：B

分析：本题考查地基与基础工程施工技术。正循环钻孔灌注桩可用于桩径小于 1.5m，孔深一般小于或等于 50m 的场合，选项 A 错误；反循环钻孔灌注桩可用于桩径小于 2.0m，孔深一般小于或等于 60m 的场合，选项 B 正确；冲击成孔灌注桩适用于黏性土、砂土、碎石土和各种岩层，对厚砂层软塑-流塑状态的淤泥及淤泥质土应慎重使用，选项 C 错误；干作业成孔灌注桩常用的有螺旋钻孔灌注桩、螺旋钻孔扩孔灌注桩、机动洛阳铲挖孔灌注桩和人工挖孔灌注桩四种，选项 D 错误。

15. 拆除现浇混凝土框架结构模板时，下列选项中应最后拆除的是（　　）。

A. 楼板底模　　　　B. 梁侧模　　　　C. 柱模板　　　　D. 梁底模

正确答案：D

分析：本题考查建筑工程主体结构施工技术。框架结构模板的拆除顺序一般是柱→楼板→梁侧模→梁底模。

16. 在剪力墙体系和筒体体系高层建筑的钢筋混凝土结构施工时，高效、安全、立面造型有限制的模板形式应为（　　）。

A. 组合模板　　　　B. 滑升模板　　　　C. 爬升模板　　　　D. 台模

正确答案：B

分析：本题考查建筑工程主体结构施工技术。爬升模板是施工剪力墙体系和筒体体系的钢筋混凝土结构高层建筑的一种有效的模板体系。组合模板是一种工具式模板，用它可以拼出多种尺寸和几何形状，也可用它拼成大模板、隧道模和台模等。滑升模板适用于现场浇筑高耸的构筑物和高层建筑物等，可节约模板和支撑材料、加快施工速度和保证结构的整体性。但模板一次性投资多、耗钢量大。台模，主要用于浇筑平板式或带边梁的楼板。

17. 现浇结构楼板的底模和支架拆除时，当设计无要求时，对大于8m跨的梁混凝土强度达到(　　)时方可拆除。

A. 50%　　　　　　B. 70%　　　　　　C. 75%　　　　　　D. 100%

正确答案：D

分析：本题考查建筑工程主体结构施工技术。底模拆除时的混凝土强度要求如表3-2所示。

18. 当混凝土浇筑无法连续进行，间隔时间超过混凝土初凝时间时，施工缝留设的位置宜选取(　　)。

A. 受剪力较小的位置　　　　　　　　B. 便于施工的部位

C. 弯矩较大的位置　　　　　　　　　D. 两构件接点处

E. 受剪力较大的位置

正确答案：A、B

分析：本题考查建筑工程主体结构施工技术。由于技术上的原因或设备、人力的限制，混凝土的浇筑不能连续进行，中间的间歇时间需超过混凝土的初凝时间，则应留置施工缝，施工缝宜留置在结构受剪力较小且便于施工的部位。

19. 关于施工缝留置，下面说法正确的是(　　)。

A. 柱子的施工缝位置可留置在基础顶面

B. 单向板的施工缝位置应留置在平行于板长边的任何位置

C. 有主次梁楼盖的施工缝浇筑应顺着主梁方向

D. 有主次梁楼盖的施工缝留在次梁跨度的中间1/3跨度范围内

E. 楼梯的施工缝应留在楼梯段跨度距离端部1/3长度范围内

正确答案：A、D、E

分析：本题考查建筑工程主体结构施工技术。柱子的施工缝宜留在基础顶面、梁或吊车梁牛腿的下面、吊车梁的上面、无梁楼盖柱帽的下面，选项A正确；单向板的施工缝应留在平行于板短边的任何位置，选项B错误；有主、次梁楼盖的施工缝宜顺着次梁方向浇筑，应留在次梁跨度的中间1/3跨度范围内，选项C错误，选项D正确；楼梯的施工缝应留在楼梯段跨度端部1/3长度范围内，选项E正确。

20. 与综合吊装法相比，采用分件吊装法的优点是(　　)。

A. 起重机开行路线短，停机点少

B. 能为后续工序及早提供工作面

C. 有利于各工种交叉平行流水作业

D. 可减少起重机变幅和索具更换次数，吊装效率高

正确答案：D

分析：本题考查建筑工程主体结构施工技术。综合吊装法开行路线短，停机点少，选项 A 错误；分件吊装法不能为后继工序及早提供工作面，起重机的开行路线较长，选项 B 错误；综合吊装法吊完一个节间，其后续工种就可进入节间内工作，使各个工种进行交叉平行流水作业，有利于缩短工期，选项 C 错误；分件吊装法每次均吊装同类型构件，可减少起重机变幅和索具的更换次数，从而提高吊装效率，选项 D 正确。

21. 屋面防水工程中，关于涂膜防水层的说法错误的是(   )。

    A. 胎体增强材料宜采用无纺布或化纤无纺布

    B. 胎体增强材料长边搭接宽度不应小于 50mm

    C. 胎体增强材料短边搭接宽度不应小于 70mm

    D. 上下层胎体增强材料应相互垂直铺设

正确答案：D

分析：本题考查建筑工程防水工程施工技术。涂膜防水层的胎体增强材料宜采用无纺布或化纤无纺布，选项 A 说法正确；胎体增强材料长边搭接宽度不应小于 50mm，选项 B 说法正确；胎体增强材料短边搭接宽度不应小于 70mm，选项 C 说法正确；上下层胎体增强材料的长边搭接缝应错开，且不得小于幅宽的 1/3，上下层胎体增强材料不得相互垂直铺设，选项 D 说法错误。

22. 卷材防水施工时，应先进行细部构造处理，然后(   )。

    A. 顺檐沟方向向上铺贴   B. 顺天沟方向向上铺贴

    C. 平行屋脊线向下铺贴   D. 由屋面最低标高向上铺贴

正确答案：D

分析：本题考查建筑工程防水工程施工技术。卷材防水层施工时，应先进行细部构造处理，然后由屋面最低标高向上铺贴；檐沟、天沟卷材施工时，宜顺檐沟、天沟方向铺贴，搭接缝应顺流水方向；卷材宜平行屋脊铺贴，上下层卷材不得相互垂直铺贴。

4 土建工程常用施工机械类型及应用

【知识导学】

本章主要介绍基础工程机械、土石方施工机械、钢筋混凝土工程施工机械、起重机械和装饰机械，如图 4-1 所示。

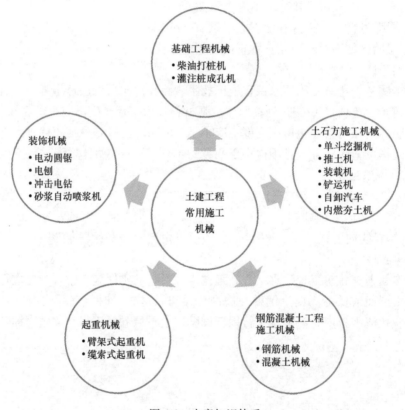

图 4-1　本章知识体系

4.1 基础工程机械

基础是将上部荷载传递到地基的一种结构物，而桩基础就是其中一种。桩分为预制桩和灌注桩两大类。预制桩施工是将事先预制好的桩沉入设计要求的深度。

4.1.1 柴油打桩机

柴油打桩机是施工中使用较多的打桩机械，如图 4-2 所示。柴油打桩机主体是由汽缸和柱塞组成，其工作原理和单缸二冲程柴油机相似，利用喷入汽缸燃烧室内的雾化柴油受高压高温后燃爆所产生的强大压力驱动锤头工作，将预制桩打入基础。

图 4-2 柴油打桩机

4.1.2 灌注桩成孔机

灌注桩施工则是先在地基上按设计要求的位置、尺寸成孔，然后在孔内安置钢筋、灌注混凝土而成桩。灌注桩成孔机械如图 4-3、图 4-4 所示。

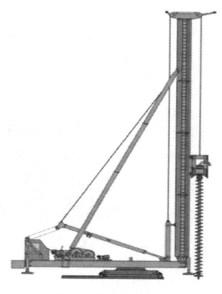

图 4-3 灌注桩成孔机

图 4-4 安放灌注桩钢筋笼

4.2 土石方施工机械

在建筑工程施工中，土石方工程数量大、费时费力。主要的土方作业有挖掘、铲装、运输、回填和平整等。常用的土石方施工机械有挖掘机、推土机、装载机和铲运机等。土石方施工机械的特点是机型大、功率大、机动性好、生产率高和机型复杂。在施工作业时，机械承受负载重，外载变化大，工作场地条件差，环境比较恶劣。

4.2.1 单斗挖掘机

单斗挖掘机是一种利用单个铲斗挖掘土壤或矿石的自行式挖掘机械。可用于挖掘基坑、沟槽，清理和平整场地。一般与自卸汽车配合作业。单斗挖掘机按行走装置的形式分为汽车式、轮胎式、步履式和履带式等，其中常用的是履带式和轮胎式。履带式挖掘机与地面附着面积大、压强小、重心低、稳定性好，应用广泛；轮胎式挖掘机行驶速度快、机动性好，可在一般城市道路上行驶。根据工作装置的结构形式分为正铲挖掘机、反铲挖掘机、抓斗（铲）挖掘机和拉铲挖掘机。

1. 正铲挖掘机

正铲挖掘机是指铲斗和斗杆向机器前上方运动进行挖掘的单斗挖掘机，如图 4-5 所示。当铲斗置于停机面开始挖掘时，正铲挖掘机斗口朝外（前）。正铲挖土的特点是前进向上，强制切土。挖土和卸土的方式有两种，即正向挖土，侧向卸土；正向挖土，反向卸土。能开挖停机面以上的Ⅰ级～Ⅵ级土。适宜在土质较好、无地下水的地区工作。

2. 反铲挖掘机

反铲挖掘机挖掘力比正铲挖掘机小。当铲斗置于停机面开始挖掘时，其斗口朝内（后或下），如图 4-6 所示。在工作过程中，斗子向内转动。反铲挖土的特点是后退向下，强制切土。开挖方式有沟端开挖和沟侧开挖。能开挖停机面以下的Ⅰ级～Ⅲ级砂土或黏土。适宜开挖深度 4m 以内的基坑，对地下水位较高处也适用。

图 4-5　正铲挖掘机

图 4-6　反铲挖掘机

［例 4-1］与正铲挖掘机相比，反铲挖掘机的显著优点是（　　　）。

A. 对开挖土层级别的适应性宽

B. 对基坑大小的适应性宽

C. 对开挖土层的地下水位适应性宽

D. 装车方便

正确答案：C

分析：反铲挖掘机的特点是后退向下，强制切土。其挖掘力比正铲小，能开挖停机面以下Ⅰ级～Ⅲ级的砂土或黏土，适宜开挖深度 4m 以内的基坑，对地下水位较高处也适用。

3. 抓斗（铲）挖掘机

抓斗（铲）挖掘机的工作装置是一种带双瓣或多瓣的抓斗，如图 4-7 所示。抓斗挖土的特点是直上直下，自重切土。挖掘力较小，能开挖停机面以下的 I 级～II 级土。由于其工作幅度小，移动频繁而影响效率，故一般用于开挖窄而深的独立基坑、沉井等，特别适用于水下挖土。

4. 拉铲挖掘机

拉铲挖掘机铲斗是由钢索悬吊和操纵的，工作时利用惯性力将铲斗甩出去，挖得比较远，如图 4-8 所示。但不如反铲灵活准确。铲斗在拉向机身时进行挖掘，能开挖停机面以下的 I 级～II 级土。拉铲挖土的特点是后退向下，自重切土。开挖方式有沟端开挖和沟侧开挖。宜用于开挖大而深的基坑或水下挖土。

图 4-7　抓斗（铲）挖掘机

图 4-8　拉铲挖掘机

[例 4-2] 水下开挖独立基坑，工程机械应优先选用（　　）。

A. 正铲挖掘机　　　　　　　　　　　　B. 反铲挖掘机

C. 拉铲挖掘机　　　　　　　　　　　　D. 抓斗（铲）挖掘机

正确答案：D

分析：抓斗（铲）挖掘机可以挖掘独立基坑、沉井，特别适于水下挖土。

4.2.2　推土机

推土机是一种能够进行挖掘、运输和排弃岩土的土石方工程机械，如图 4-9 所示。推土机的基本作业是铲土、运土、卸土三个工作行程和空载回驶行程，如图 4-10 所示。推土机的适宜运距是在 100m 以内，效率最高的推运距离为 30m～60m。推土机具备所

图 4-9　推土机

需作业面小、机动灵活、转移方便、短距运土效率高、干湿地都可以独立工作等特点，同时可以配合其他机械工作。

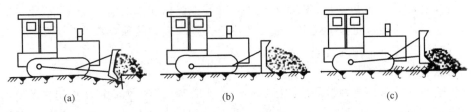

图 4-10 推土机基本作业

(a) 铲土；(b) 运土；(c) 卸土

在建筑施工中，推土机适于清除石块或树木等障碍物；铲除腐殖土，并运到附近弃土区；切土深度不大的场地平整工作；基坑（槽）及管沟的回填工作；平整其他机械卸置的土堆；配合铲运机进行助铲；配合挖土机清理场地；拖动其他无动力的机械，如松土机、羊足碾等。

推土机有下坡推土法、分批集中一次推送法、并列推土法、沟槽推土法和斜角推土法等常用施工方法。

（1）下坡推土法

推土机利用地面坡势进行下坡推土，借助于机械本身的重力作用，增加推土能力和缩短推土时间，因而提高生产效率。适用于推土丘和回填管沟。

（2）分批集中一次推送法

在较硬的土中，推土机的切土深度较小，一次铲土不多，可分批集中，再整批地推送到卸土区，使铲刀推送数量增大，运输时间缩短，可提高生产效率 12%～18%。

（3）并列推土法

在较大面积的平整场地施工中，采用 2 台或 3 台推土机并列推土，推土时铲刀间距 15cm～30cm，可以减少土的散失，增大推土量。并列推土时，推土机数量不宜超过 4 台。

（4）沟槽推土法

沿第一次推土形成的沟槽推土，前次推土所形成的土埂能阻止土的散失，从而增加推土量。可以和分批集中、一次推送法联合运用。能够更有效地利用推土机，缩短运土时间。

（5）斜角推土法

斜角推土法是将刀斜装在支架上，与推土机横轴在水平方向形成一定角度进行推土。一般在管沟回填且无倒车余地时采用。

[例 4-3] 关于推土机施工作业，说法正确的是（　　　）。

A. 土质较软且切土深度较大时可采用分批集中后一次推送

B. 并列推土的推土机数量不宜超过 4 台

C. 沟槽推土法是先用小型推土机推出两侧沟槽后再用大型推土机推土

D. 斜角推土法是指推土机行走路线沿斜向交叉推进

正确答案：B

分析：在较硬的土中，推土机的切土深度较小，一次铲土不多，可分批集中，再整批地推送到卸土区，选项 A 错误；沟槽推土法就是沿第一次推土形成的沟槽推土，前次推土所形成的土埂能阻止土的散失，从而增加推运量，选项 C 错误；斜角推土法是将刀斜装在支架上，与推土机横轴在水平方向形成一定角度进行推土，选项 D 错误。

图 4-11　装载机

4.2.3　装载机

装载机是用一个装在专用底盘或拖拉机底盘前端的铲斗来铲装运输和倾卸物料的铲土运输机械，如图 4-11 所示。装载机利用牵引力和工作装置产生的掘起力进行工作，用于装卸松散物料，并可完成短距离运土。装载机更换工作装置，还可进行铲土、推土、起重和牵引等多种作业，具有较好的机动灵活性，在工程上得到广泛应用。

4.2.4　铲运机

铲运机是一种利用铲斗铲削土壤，并将碎土装入铲斗进行运送的铲土运输机械，如图 4-12所示。是土方工程中最主要的和应用最广泛的土方工程机械之一，能独立完成铲土、运土、卸土、填筑和压实等工作，如图 4-13 所示。对行驶道路要求较低，行驶速度快，操纵灵活，运转方便，生产效率高。常用于坡度在 20°以内的大面积场地平整，开挖大型基坑、沟槽，以及填筑路基等土方工程。适于中等距离运土，适宜运距为 600m～1500m，当运距为 200m～350m 时效率最高。

图 4-12　铲运机

铲运机有助铲法、跨铲法和下坡铲土等常用施工方法。

（1）助铲法

在地势平坦、土质较坚硬时，可采用推土机助铲以缩短铲土时间。此法的关键是双机要紧密配合，不然达不到预期效果。一般每 3～4 台铲运机配 1 台推土机助铲。推土机在助铲的空隙时间，可做松土或其他零星的平整工作，以此来给铲运机施工创造

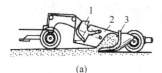

(a)

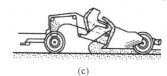

(c)

图 4-13　铲运机基本作业

（a）铲土；（b）运土；（c）卸土

1—斗门；2—斗壁；3—斗体

条件。

（2）跨铲法

预留土埂，间隔铲土的方法。能让铲运机在挖两边土槽的时候减少向外撒土的数量，挖土埂时增加了两个自由面，阻力会缩小，铲土容易。土埂的高度应不大于300mm，宽度以不大于拖拉机两履带间净距为宜。

（3）下坡铲土

尽量利用有利地形进行下坡铲土。这样可以利用铲运机的重力来增大牵引力，使铲斗切土加深，缩短装土时间，从而提高生产率。一般地面坡度以5°～7°为宜。如果自然条件不允许，可在施工中逐步创造一个下坡铲土的地形。

4.2.5 自卸汽车

自卸汽车是土石方的运输机械，如图4-14所示。自卸汽车具有机动灵活、调运方便、爬坡能力强（10%～15%坡度）和转弯半径小等特点，与装载机配合使用能提高工作效率。

4.2.6 内燃夯土机

内燃夯土机是利用二冲程内燃机原型工作的小型夯土机具，适于建筑、筑路、水利等工程的辅助性土壤夯实的施工机具，如图4-15所示。

图4-14 自卸汽车　　　　　　　　图4-15 内燃夯土机

4.3 钢筋混凝土工程施工机械

在钢筋混凝土结构施工和制品生产过程中，钢筋混凝土工程施工机械用于钢筋加工成型、混凝土混合料制备、输送、灌注、密实和成型，包含钢筋机械和混凝土机械两大类。钢筋机械是指在混凝土预制构件生产或钢筋混凝土结构施工过程中，对所需钢筋进行加工的机械，包括钢筋调直、弯曲成型、切断、绑扎成型、预应力拉伸、钢筋焊接等设备；混凝土机械是指在混凝土预制构件生产或钢筋混凝土结构施工过程中，用于混凝土的制备、运输、浇筑和振实的机械，包括搅拌机和搅拌楼等混凝土制备机械、混凝土泵和混凝土输送车等输送机械、各种振捣器和振动台等振实机械。

4.3.1 钢筋机械

1. 钢筋调直机

钢筋调直机是将盘圆钢筋调为直钢筋的加工机械，如图 4-16 所示。

2. 钢筋弯曲机

钢筋弯曲机适用于将各种普通碳素钢、螺纹钢等加工成工程所需的几何形状，如图 4-17所示。

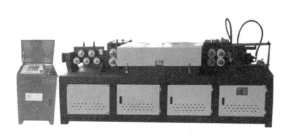

图 4-16　数控钢筋调直机

图 4-17　钢筋弯曲机

3. 钢筋切断机

钢筋切断机是把钢筋原材料或者已经调直的钢筋切断，如图 4-18 所示。

4. 钢筋对焊机

钢筋焊接方式有闪光对焊、电阻点焊、电弧焊、电渣压力焊、埋弧压力焊和气压焊等。其中，对焊用于焊接长钢筋，点焊用于焊接钢筋网，埋弧压力焊用于焊接钢筋与钢板，电渣压力焊用于现场焊接竖向钢筋。钢筋对焊机如图 4-19 所示。

图 4-18　钢筋切断机

图 4-19　钢筋对焊机

4.3.2 混凝土机械

1. 自落式搅拌机

自落式搅拌机是通过筒身旋转带动搅拌叶片将物料提高，在重力作用下物料自由坠下，反复进行，互相穿插、翻拌、混合，使混凝土各组分搅拌均匀，如图 4-20 所示。

2. 混凝土泵

工程上使用较多的是液压活塞式混凝土泵。其通过液压缸的压力油推动活塞，再通过活塞杆推动混凝土缸中的工作活塞来压送混凝土，如图 4-21 所示。

图 4-20　自落式搅拌机

图 4-21　混凝土泵

3. 混凝土泵车

将混凝土泵安装在汽车底盘上，并用液压折叠式臂架管道来运输混凝土，不需要在现场临时铺设管道，如图 4-22 所示。

4. 混凝土搅拌运输车

混凝土搅拌运输车是运送混凝土的专用设备。它的特点是在运量大、运距远的情况下能保证混凝土的质量均匀，一般用于混凝土制备点（商品混凝土站）与浇筑点距离较远时使用，如图 4-23 所示。

图 4-22　混凝土泵车

图 4-23　混凝土搅拌运输车

5. 插入式振捣器

用混凝土拌合机拌和好的混凝土浇筑构件时，必须排除其中气泡，进行捣固，使混凝土密实结合，消除混凝土的蜂窝麻面等现象，以提高其强度，保证混凝土构件的质量。混凝土振捣器就是机械化捣实混凝土的机具。按传递振动的方法分类，混凝土振捣器有内部振捣器、外部振捣器和表面振捣器三种。内部振捣器又称插入式振捣器，如图 4-24所示。工作时振动头插入混凝土内部，将其振动波直接传给混凝土。这种振捣

图 4-24　插入式振捣器

器多用于振压厚度较大的混凝土层，如桥墩、桥台基础以及基桩等。它的优点是重量轻，移动方便，使用很广泛。

4.4 起 重 机 械

起重机械是指用于垂直升降或者垂直升降并水平移动重物的设备。起重机械通过起重吊钩或其他取物装置起升或起升加移动重物。起重机械的工作过程一般包括起升、运行、下降及返回原位等步骤。根据起重机械构造和性能的不同，可分为轻小型起重设备、桥式起重机械、臂架式起重机和缆索式起重机等。轻小型起重设备如千斤顶、卷扬机等；桥架式起重机械如梁式起重机等；臂架式起重机如塔式起重机、汽车起重机、轮胎起重机和履带起重机等；缆索式起重机如升降机等。土建工程施工中常使用臂架式起重机和缆索式起重机。

4.4.1 臂架式起重机

臂架式起重机可使重物在一定的圆柱形空间内起重和搬运，多用于露天装卸及安装等工作。

1. 塔式起重机

塔式起重机用于起吊和运送各种预制构件、建筑材料和设备安装等工作。它的起升高度和有效工作范围大，操作简便，工作效率高，如图 4-25 所示。

2. 履带式起重机

履带式起重机是将起重装置安装在履带行走底盘上的起重机，装在底盘上的回转机构可使机身回转 360°，如图 4-26 所示。履带式起重机操作灵活，使用方便，起重杆可分节接长，广泛使用在装配式钢筋混凝土单层工业厂房结构吊装中。但其稳定性较差，未经验算不宜超负荷吊装。

图 4-25　塔式起重机

图 4-26　履带式起重机

图 4-27 汽车式起重机

3. 汽车式起重机

汽车式起重机是装在普通汽车底盘或特制汽车底盘上的一种起重机,其行驶驾驶室与起重操纵室分开设置,如图 4-27 所示。汽车式起重机的优点是机动性好,转移迅速,广泛用于土木工程。缺点是工作时须支腿,不能负荷行驶,不适合在松软或泥泞的场地上工作。汽车式起重机的底盘性能等同于同样整车总重的载重汽车,符合公路车辆的技术要求,因而可在各类公路上通行无阻。此种起重机一般备有上、下车两个操纵室,作业时必需伸出支腿保持稳定。

4. 轮胎式起重机

轮胎式起重机俗称轮胎吊,是指利用轮胎式底盘行走的动臂旋转起重机,如图 4-28 所示。轮胎式起重机不采用汽车底盘,而另行设计轴距较小的专门底盘。其优点是行驶速度较高,能迅速地转移工作地点或工地,对路面破坏小。但这种起重机不适合在松软或泥泞的地面上工作。

4.4.2 缆索式起重机

缆索式起重机主要指升降式起重机,俗称升降机。施工升降机是附着在建筑物上由司机操作,用于运输建筑材料、砂浆等以及上下班工人的箱式垂直运输机械,如图 4-29 所示。

图 4-28 轮胎式起重机　　　　　　图 4-29 施工升降机

4.5 装饰施工机械

4.5.1 电动圆锯

电动圆锯又称木材切割机,如图 4-30 所示。主要用于切割木夹板、木方条、装饰板等。施工时，常把电动圆锯反装在工作台面下，并使圆锯片从工作台面的开槽处伸出台面，以便切割木板和木方。操作者应戴防护眼镜或把头偏离锯片径向范围以免木屑乱飞伤人。

4.5.2 电刨

电刨又称手提式电刨、木工电刨，用于刨削木材或木结构件，如图 4-31 所示。

图 4-30 电动圆锯　　　　图 4-31 电刨

4.5.3 冲击电钻

冲击电钻是带冲击的、可调节式旋转的特种电钻，如图 4-32 所示。主要用于混凝土结构、砖结构和瓷砖地砖的钻孔，以便安装膨胀螺栓。

4.5.4 砂浆自动喷浆机

砂浆自动喷浆机是一种专门用于墙面抹灰的机器，如图 4-33 所示。用机器抹灰可以保证质量、降低工人劳动程度、节省成本，其工效是人工的 3～5 倍。

图 4-32 冲击电钻　　　　图 4-33 某型号砂浆自动喷浆机

4.6 本章复习题及解析

1. 推土机的适用运距在 100m 以内，以（　　　）为最佳运距。

A. 20m～40m   B. 30m～60m

C. 40m～80m   D. 50m～100m

正确答案：B

分析：本题考查土石方施工机械。推土机的适用运距在100m以内，以30m～60m为最佳运距。

2. 用推土机回填管沟，当无倒车余地时一般采用（   ）。

A. 沟槽推土法   B. 斜角推土法

C. 下坡推土法   D. 分批集中，一次推土法

正确答案：B

分析：本题考查土石方施工机械。斜角推土法是将刀斜装在支架上，与推土机横轴在水平方向形成一定角度进行推土。一般在管沟回填且无倒车余地时采用。

3. （   ）可使铲刀的推送数量增大，缩短运输时间，提高生产效率12％～18％。

A. 下坡推土法   B. 分批集中、一次推送法

C. 并列推土法   D. 沟槽推土法

正确答案：B

分析：本题考查土石方施工机械。分批集中一次推送法，可使铲刀的推送数量增大，缩短运输时间，提高生产效率12％～18％。

4. 坡度在20°以内的大面积场地平整，宜选用的土方工程施工机械是（   ）。

A. 单斗挖土机   B. 多斗挖土机

C. 推土机   D. 铲运机

正确答案：D

分析：本题考查土石方施工机械。铲运机的特点是能独立完成铲土、运土、卸土、填筑和压实等工作，常用于坡度在20°以内的大面积场地平整，开挖大型基坑、沟槽，以及填筑路基等土方工程。

5. 单斗挖掘机按行走装置的形式分为汽车式、轮胎式、步履式、履带式等，其中最常用的是（   ）。

A. 汽车式和步履式   B. 履带式和汽车式

C. 履带式和轮胎式   D. 轮胎式和汽车式

正确答案：C

分析：本题考查土石方施工机械。常用的是履带式和轮胎式。履带式挖掘机与地面附着面积大、压强小，重心低、稳定性好，应用广泛；轮胎式挖掘机行驶速度快、机动性好，可在一般城市道路上行驶。

6. 单斗抓铲挖掘机的作业特点是（   ）。

A. 前进向下，自重切土   B. 后退向下，自重切土

C. 后退向下，强制切土   D. 直上直下，自重切土

正确答案：D

分析：本题考查土石方施工机械。抓铲挖掘机的作业特点是直上直下，自重切土。

5 土建工程施工组织设计的编制原理、内容及方法

【知识导学】

根据《建筑施工组织设计规范》GB/T 50502—2009，施工组织设计是以施工项目为对象编制的，用以指导施工的技术、经济和管理的综合文件。施工组织设计是施工单位控制工程成本和进行有序施工的重要基础。本章知识体系如图5-1所示。

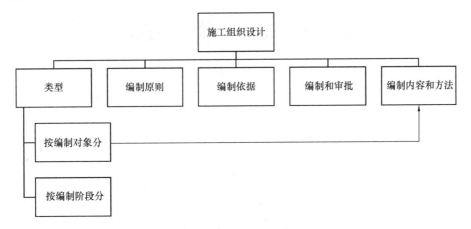

图 5-1　本章知识体系

5.1　施工组织设计的类型

5.1.1　按编制对象划分

施工组织设计按编制对象可分为施工组织总设计、单位工程施工组织设计和施工方案。

1. 施工组织总设计

施工组织总设计是以整个建设工程项目为对象（如一个工厂、一个机场），在初步设计或扩大初步设计阶段，对整个建设工程的总体战略部署，内容概括，涉及较广，用于控制建设项目全过程技术和经济。

2. 单位工程施工组织设计

单位工程施工组织设计是施工图纸设计完成之后、工程开工之前，以单位工程为主要对象编制的施工组织设计，对单位工程的施工过程起指导和制约作用，是年度计划和总设计的具体化，内容更详细。

3. 施工方案

施工方案也称分部（分项）工程组织设计，其结合月、旬计划，把单位工程施工组织

设计进一步具体化，是专业工程的具体施工设计。是以分部（分项）工程为主要对象编制的施工技术与组织方案，其内容具体、详细，可操作性强，是直接指导分部（分项）工程施工的依据。对重点、难点分部分项和危险性较大工程的分部（分项）工程，施工前应编制专项施工方案，对于超过一定规模的危险性较大的分部（分项）工程，应当组织专家对专项方案进行论证。

5.1.2 按编制阶段划分

施工组织设计还可以按照编制阶段分为投标阶段施工组织设计和实施阶段施工组织设计。在实际操作中，编制投标阶段施工组织设计，强调的是符合招标文件要求，以中标为目的；编制实施阶段施工组织设计，强调的是可操作性，同时鼓励企业技术创新。

5.2 施工组织设计的编制原则

施工组织设计的编制必须遵循工程建设程序，并应符合下列原则：

（1）符合施工合同或招标文件中有关工程进度、质量、安全、环境保护、造价等方面的要求。

（2）积极开发、使用新技术和新工艺，推广应用新材料和新设备；在目前市场经济条件下，企业应当积极利用工程特点、组织开发、创新施工技术和施工工艺。

（3）坚持科学的施工程序和合理的施工顺序，采用流水施工和网络计划等方法，科学配置资源，合理布置现场，采取季节性施工措施，实现均衡施工，达到合理的经济技术指标。

（4）采取技术和管理措施，推广建筑节能和绿色施工。

（5）与质量、环境和职业健康安全三个管理体系有效结合。为保证持续满足过程能力和质量保证的要求，国家鼓励企业进行质量、环境和职业健康安全管理体系的认证制度，且目前该三个管理体系的认证在我国建筑行业中已较普及，并且建立了企业内部管理体系文件，编制施工组织设计时，不应违背上述管理体系文件的要求。

5.3 施工组织设计的编制依据

施工组织设计应以下列内容作为编制依据：

（1）与工程建设有关的法律、法规和文件；

（2）国家现行有关标准和技术经济指标；

（3）工程所在地区行政主管部门的批准文件，建设单位对施工的要求；

（4）工程设计文件；

（5）工程施工合同或招标投标文件；

（6）工程施工范围内的现场条件，工程地质及水文地质、气象等自然条件；

（7）与工程有关的资源供应情况；

（8）施工企业的生产能力、机具设备状况、技术水平等。

5.4 施工组织设计的编制和审批

5.4.1 一般施工组织设计的编制和审批

施工组织设计应由项目负责人主持编制，可根据需要分阶段编制和审批。施工组织总设计应由总承包单位技术负责人审批；单位工程施工组织设计应由施工单位技术负责人或技术负责人授权的技术人员审批，施工方案应由项目技术负责人审批；重点、难点分部（分项）工程和专项工程施工方案应由施工单位技术部门组织相关专家评审，施工单位技术负责人批准。由专业承包单位施工的分部（分项）工程或专项工程的施工方案，应由专业承包单位技术负责人或技术负责人授权的技术人员审批；有总承包单位时，应由总承包单位项目技术负责人核准备案。规模较大的分部（分项）工程和专项工程的施工方案应按单位工程施工组织设计进行编制和审批。

5.4.2 专项施工组织设计的编制和审批

对于危险性较大的分部（分项）工程，施工单位应当在施工前组织工程技术人员编制专项施工方案。实行总承包的，专项施工方案应当由总承包单位组织编制。危大工程由分包单位实施的，专项施工方案可由分包单位组织编制，并经总承包单位审核同意。当同一施工场所存在多个分包单位交叉施工时，应当由总承包单位组织编制专项施工方案。当两个相邻工地存在施工影响时，应由建设单位组织总承包单位编制相关专项施工方案。专项施工方案应当由施工单位技术负责人审核签字、加盖单位公章，并由总监理工程师审查签字、加盖执业印章后方可实施。危大工程实行分包并由分包单位编制专项施工方案的，专项施工方案应当由总承包单位技术负责人及分包单位技术负责人共同审核签字并加盖单位公章。对于超过一定规模的危大工程，施工单位应当组织召开专家论证会对专项施工方案进行论证，并出具论证报告。实行总承包的，由总承包单位组织召开专家论证会。专家论证前专项施工方案应当通过施工单位审核和总监理工程师审查。专家应当从建设行政主管部门发布的专家库中选取。施工组织设计应在工程竣工验收后归档。

5.5 施工组织设计的编制内容和方法

施工组织设计的编制内容一般包括编制依据、工程概况、施工部署、施工进度计划、施工准备与资源配置计划、主要施工方法、施工现场平面布置和主要施工管理计划等基本内容。

5.5.1 施工组织总设计

1. 工程概况

（1）工程概况应包括项目主要情况和项目主要施工条件等。

（2）项目主要情况应包括下列内容：

1）项目名称、性质、地理位置和建设规模。项目性质可分为工业和民用两大类，应简要介绍项目的使用功能；建设规模可包括项目的占地总面积，投资规模（产量）、分期分批建设范围等。

2）项目的建设、勘察、设计和监理等相关单位的情况。

3）项目设计概况。简要介绍项目的建筑面积、建筑高度、建筑层数、结构形式、建筑结构及装饰用料、建筑抗震设防烈度、安装工程和机电设备的配置等情况。

4）项目承包范围及主要分包工程范围。

5）施工合同或招标文件对项目施工的重点要求。

6）其他应说明的情况。

（3）项目主要施工条件应包括下列内容：

1）项目建设地点气象状况。简要介绍项目建设地点的气温、雨、雪、风和雷电等气象变化情况以及冬、雨期的期限和冬季土的冻结深度等情况。

2）项目施工区域地形和工程水文地质状况。简要介绍项目施工区域地形变化和绝对标高，地质构造、土的性质和类别、地基土的承载力，河流流量和水质、最高洪水和枯水期水位，地下水位的高低变化，含水层的厚度、流向、流量和水质等情况。

3）项目施工区域地上、地下管线及相邻的地上、地下建（构）筑物情况。

4）与项目施工有关的道路、河流等状况。

5）当地建筑材料、设备供应和交通运输等服务能力状况。简要介绍建设项目的主要材料、特殊材料和生产工艺设备供应条件及交通运输条件。

6）当地供电、供水、供热和通信能力状况。根据当地供电供水、供热和通信情况，按照施工需求描述相关资源提供能力及解决方案。

7）其他与施工有关的主要因素。

2. 总体施工部署

（1）施工组织总设计应对项目总体施工做出下列宏观部署：

1）确定项目施工总目标，包括进度、质量、安全、环境和成本等目标。

2）根据项目施工总目标的要求，确定项目分阶段（期）交付的计划。建设项目通常是由若干个相对独立的投产或交付使用的子系统组成；如大型工业项目有主体生产系统、辅助生产系统和附属生产系统之分，住宅小区有居住建筑、服务性建筑和附属性建筑之分；可以根据项目施工总目标的要求，将建设项目划分为分期（分批）投产或交付使用的独立交工系统；在保证工期的前提下，实行分期分批建设，既可使各具体项目迅速建成，尽早投入使用，又可在全局上实现施工的连续性和均衡性，减少暂设工程数量，降低工程成本。

3）确定项目分阶段（期）施工的合理顺序及空间组织。确定的项目分阶段（期）交付计划，合理地确定每个单位工程的开竣工时间，划分各参与施工单位的工作任务，明确各单位之间分工与协作的关系，确定综合的和专业化的施工组织，保证先后投产或交付使用的系统都能够正常运行。

（2）对于项目施工的重点和难点应进行简要分析。

（3）总承包单位应明确项目管理组织机构形式，并宜采用框图的形式表示。项目管理组织机构形式应根据施工项目的规模、复杂程度、专业特点、人员素质和地域范围确定。大中型项目宜设置矩阵式项目管理组织，远离企业管理层的大中型项目宜设置事业部式项目管理组织，小型项目宜设置直线职能式项目管理组织。

（4）对于项目施工中开发和使用的新技术、新工艺应做出部署。根据现有的施工技术水平和管理水平，对项目施工中开发和使用的新技术、新工艺应做出规划并采取可行的技术、管理措施来满足工期和质量等要求。

（5）对主要分包项目施工单位的资质和能力应提出明确要求。

3. 施工总进度计划

施工总进度计划应按照项目总体施工部署的安排进行编制。施工总进度计划应依据施工合同、施工进度目标、有关技术经济资料，并按照总体施工部署确定的施工顺序和空间组织等进行编制。

施工总进度计划可采用网络图或横道图表示，并附必要说明。施工总进度计划的内容应包括：编制说明，施工总进度计划表（图），分期（分批）实施工程的开、竣工日期、工期一览表等。施工总进度计划宜优先采用网络计划，网络计划应按《网络计划技术》GB/T 13400.1～3 及《工程网络计划技术规程》JGJ/T 121 的要求编制。

4. 总体施工准备与主要资源配置计划

（1）总体施工准备应包括技术准备、现场准备和资金准备等。应根据施工开展顺序和主要工程项目施工方法，编制总体施工准备工作计划。

（2）技术准备、现场准备和资金准备应满足项目分阶段（期）施工的需要。技术准备包括施工过程所需技术资料的准备、施工方案编制计划、试验检验及设备调试工作计划等；现场准备包括现场生产、生活等临时设施，如临时生产、生活用房、临时道路、材料堆放场、临时用水、用电和供热、供气等的计划；资金准备应根据施工总进度计划编制资金使用计划。

（3）主要资源配置计划应包括劳动力配置计划和物资配置计划等。劳动力配置计划应按照各工程项目工程量，并根据总进度计划，参照概（预）算定额或者有关资料确定。目前施工企业在管理体制上已普遍实行管理层和劳务作业层的两层分离，合理的劳动力配置计划可减少劳务作业人员不必要的进、退场或避免窝工状态，进而节约施工成本。

（4）劳动力配置计划应包括下列内容：

1）确定各施工阶段（期）的总用工量。

2）根据施工总进度计划确定各施工阶段（期）的劳动力配置计划。

（5）物资配置计划应包括下列内容：

1）根据施工总进度计划确定主要工程材料和设备的配置计划。

2）根据总体施工部署和施工总进度计划确定主要施工周转材料和施工机具的配置计划。

物资配置计划应根据总体施工部署和施工总进度计划确定主要物资的计划总量及进、退场时间。物资配置计划是组织建筑工程施工所需各种物资进、退场的依据，科学合理的物资配置计划既可保证工程建设的顺利进行，又可降低工程成本。

5. 主要施工方法

施工组织总设计要制定一些单位工程和主要分部（分项）工程所采用的施工方法，这些工程通常是建筑工程中工程量大、施工难度大、工期长，对整个项目的完成起关键作用的建（构）筑物 以及影响全局的主要分部（分项）工程。

制订主要工程项目施工方法的目的是为了进行技术和资源的准备工作，同时也为了施工进程的顺利开展和现场的合理布置，对施工方法的确定要兼顾技术工艺的先进性和可操作性以及经济上的合理性。

（1）施工组织总设计应对项目涉及的单位工程和主要分部（分项）工程所采用的施工方法进行简要说明。

（2）对脚手架工程、起重吊装工程、临时用水用电工程、季节性施工等专项工程所采用的施工方法应进行简要说明。

6. 施工总平面布置

（1）施工总平面布置应符合下列原则：

1）平面布置科学合理，施工场地占用面积少。

2）合理组织运输，减少二次搬运。

3）施工区域的划分和场地的临时占用应符合总体施工部署和施工流程的要求，减少相互干扰。

4）充分利用既有建（构）筑物和既有设施为项目施工服务，降低临时设施的建造费用。

5）临时设施应方便生产和生活，办公区、生活区和生产区宜分离设置。

6）符合节能、环保、安全和消防等要求。

7）遵守当地主管部门和建设单位关于施工现场安全文明施工的相关规定。

（2）施工总平面布置应按照项目分期（分批）施工计划进行布置，并绘制总平面布置图。一些特殊的内容，如现场临时用电、临时用水布置等，当总平面布置图不能清晰表示时，也可单独绘制平面布置图。平面布置图绘制应有比例关系，各种临设应标注外围尺寸，并应有文字说明。施工总平面布置图应符合下列要求：

1）根据项目总体施工部署，绘制现场不同施工阶段（期）的总平面布置图。

2）施工总平面布置图的绘制应符合国家相关标准要求并附必要说明。

（3）现场所有设施、用房应由总平面布置图表述，避免采用文字叙述的方式。施工总平面布置图应包括下列内容：

1）项目施工用地范围内的地形状况。

2）全部拟建的建（构）筑物和其他基础设施的位置。

3）项目施工用地范围内的加工设施、运输设施、存贮设施、供电设施、供水供热设施、排水排污设施、临时施工道路和办公、生活用房等。

4）施工现场必备的安全、消防、保卫和环境保护等设施。

5）相邻的地上、地下既有建（构）筑物及相关环境。

5.5.2 单位工程施工组织设计

单位工程施工组织设计的主要内容包括工程概况、施工部署、施工进度计划、施工准备与资源配置计划、主要施工方案和施工现场平面布置。其中，主要施工方案是单位工程施工组织设计的核心内容。

[**例 5-1**] 单位工程施工组织设计的核心内容是（ ）。

A. 施工进度计划编制 B. 资源需要量计划编制

C. 施工平面图设计   D. 施工方案设计

正确答案：D

分析：主要施工方案是单位工程施工组织设计的核心内容。

1. 工程概况

工程概况的内容应尽量采用图表进行说明。

（1）工程概况应包括工程主要情况、各专业设计简介和工程施工条件等。

（2）工程主要情况应包括下列内容：

1）工程名称、性质和地理位置。

2）工程的建设、勘察、设计、监理和总承包等相关单位的情况。

3）工程承包范围和分包工程范围。

4）施工合同、招标文件或总承包单位对工程施工的重点要求。

5）其他应说明的情况。

（3）各专业设计简介应包括下列内容：

1）建筑设计简介应依据建设单位提供的建筑设计文件进行描述，包括建筑规模、建筑功能、建筑特点、建筑耐火、防水及节能要求等，并应简单描述工程的主要装修做法。

2）结构设计简介应依据建设单位提供的结构设计文件进行描述，包括结构形式、地基基础形式、结构安全等级、抗震设防类别、主要结构构件类型及要求等。

3）机电及设备安装专业设计简介应依据建设单位提供的各相关专业设计文件进行描述，包括给水、排水及采暖系统、通风与空调系统、电气系统、智能化系统、电梯等各个专业系统的做法要求。

（4）工程施工条件应参照施工组织总设计所列主要内容进行说明。

2. 施工部署

（1）工程施工目标应根据施工合同、招标文件以及本单位对工程管理目标的要求确定，包括进度、质量、安全、环境和成本等目标。当单位工程施工组织设计作为施工组织总设计的补充时，其各项目标的确立应同时满足施工组织总设计中确立的施工目标。

（2）施工部署中的进度安排和空间组织应符合下列规定：

1）工程主要施工内容及其进度安排应明确说明，施工顺序应符合工序逻辑关系。施工部署应对本单位工程的主要分部（分项）工程和专项工程的施工做出统筹安排，对施工过程的里程碑节点进行说明。

2）施工流水段应结合工程具体情况分阶段进行划分；单位工程施工阶段的划分一般包括地基基础、主体结构、装修装饰和机电设备安装三个阶段。施工流水段划分应根据工程特点及工程量进行合理划分，并应说明划分依据及流水方向，确保均衡流水施工。

（3）对于工程施工的重点和难点应进行分析，包括组织管理和施工技术两个方面。工程的重点和难点对于不同工程和不同企业具有一定的相对性，某些重点、难点工程的施工方法可能已通过有关专家论证成为企业工法或企业施工工艺标准，此时企业可直接引用。重点、难点工程的施工方法选择应着重考虑影响整个单位工程的分部（分项）工程，如工程量大、施工技术复杂或对工程质量起关键作用的分部（分项）工程。

（4）工程管理的组织机构形式应按照施工组织总设计中总体施工部署的规定执行，并确定项目经理部的工作岗位设置及其职责划分。

（5）对于工程施工中开发和使用的新技术、新工艺应做出部署，对新材料和新设备的使用应提出技术及管理要求。

（6）对主要分包工程施工单位的选择要求及管理方式应进行简要说明。

3. 施工进度计划

单位工程施工进度计划应按照施工部署的安排进行编制。施工进度计划是施工部署在时间上的体现，反映了施工顺序和各个阶段工程进展情况，应均衡协调、科学安排。

施工进度计划可采用网络图或横道图表示，并附必要说明；对于工程规模较大或较复杂的工程，宜采用网络图表示。一般工程画横道图即可，对工程规模较大、工序比较复杂的工程宜采用网络图表示，通过对各类参数的计算，找出关键线路，选择最优方案。

4. 施工准备与资源配置计划

（1）施工准备应包括技术准备、现场准备和资金准备等。

1）技术准备应包括施工所需技术资料的准备、施工方案编制计划、试验检验及设备调试工作计划、样板制作计划等。

①主要分部（分项）工程和专项工程在施工前应单独编制施工方案，施工方案可根据工程进展情况，分阶段编制完成；对需要编制的主要施工方案应制定编制计划。

②试验检验及设备调试工作计划应根据现行规范、标准中的有关要求及工程规模、进度等实际情况制定。

③样板制作计划应根据施工合同或招标文件的要求并结合工程特点制定。

2）现场准备应根据现场施工条件和工程实际需要，准备现场生产、生活等临时设施。

3）资金准备应根据施工进度计划编制资金使用计划。

（2）资源配置计划应包括劳动力配置计划和物资配置计划等。

1）劳动力配置计划应包括下列内容：

①确定各施工阶段用工量。

②根据施工进度计划确定各施工阶段劳动力配置计划。

2）物资配置计划应包括下列内容：

①主要工程材料和设备的配置计划应根据施工进度计划确定，包括各施工阶段所需主要工程材料、设备的种类和数量。

②工程施工主要周转材料和施工机具的配置计划应根据施工部署和施工进度计划确定，包括各施工阶段所需主要周转材料、施工机具的种类和数量。

5. 主要施工方案

单位工程应按照《建筑工程施工质量验收统一标准》GB 50300中分部、分项工程的划分原则，对主要分部、分项工程制定施工方案。

对脚手架工程、起重吊装工程、临时用水用电工程、季节性施工等专项工程所采用的施工方案应进行必要的验算和说明。

6. 施工现场平面布置

（1）施工现场平面布置图应参照结合施工组织总设计，按不同施工阶段分别绘制。

（2）施工现场平面布置图应包括下列内容：

1）工程施工场地状况；

2）拟建建（构）筑物的位置、轮廓尺寸、层数等。

3）工程施工现场的加工设施、存贮设施、办公和生活用房等的位置和面积。

4）布置在工程施工现场的垂直运输设施、供电设施、供水供热设施、排水排污设施和临时施工道路等。

5）施工现场必备的安全、消防、保卫和环境保护等设施。

6）相邻的地上、地下既有建（构）筑物及相关环境。

5.5.3　施工方案

1. 工程概况

（1）工程概况应包括工程主要情况、设计简介和工程施工条件等。

（2）工程主要情况应包括分部（分项）工程或专项工程名称，工程参建单位的相关情况，工程的施工范围，施工合同、招标文件或总承包单位对工程施工的重点要求等。

（3）设计简介应主要介绍施工范围内的工程设计内容和相关要求。

（4）工程施工条件应重点说明与分部（分项）工程或专项工程相关的内容。

2. 施工安排

（1）工程施工目标包括进度质量、安全、环境和成本等目标，各项目标应满足施工合同、招标文件和总承包单位对工程施工的要求。

（2）工程施工顺序及施工流水段应在施工安排中确定。

（3）针对工程的重点和难点，进行施工安排并简述主要管理和技术措施。

（4）工程管理的组织机构及岗位职责应在施工安排中确定并应符合总承包单位的要求。根据分部（分项）工程或专项工程的规模、特点、复杂程度、目标控制和总承包单位的要求设置项目管理机构，该机构各种专业人员配备齐全，完善项目管理网络，建立健全岗位责任制。

3. 施工进度计划

分部（分项）工程或专项工程施工进度计划应按照施工安排，并结合总承包单位的施工进度计划进行编制。施工进度计划的编制应内容全面、安排合理、科学实用，在进度计划中应反映出各施工区段或各工序之间的搭接关系，施工期限和开始、结束时间。同时，施工进度计划应能体现和落实总体进度计划的目标控制要求；通过编制分部（分项）工程或专项工程进度计划进而体现总进度计划的合理性。施工进度计划可采用网络图或横道图表示，并附必要说明。

4. 施工准备与资源配置计划

（1）施工准备应包括下列内容：

1）技术准备：包括施工所需技术资料的准备、图纸深化和技术交底的要求、试验检验和测试工作计划、样板制作计划以及与相关单位的技术交接计划等。

2）现场准备：包括生产、生活等临时设施的准备以及与相关单位进行现场交接的计划等。

3）资金准备：编制资金使用计划等。

（2）资源配置计划应包括下列内容：

1）劳动力配置计划：确定工程用工量并编制专业工种劳动力计划表。

2）物资配置计划：包括工程材料和设备配置计划、周转材料和施工机具配置计划以及计量、测量和检验仪器配置计划等。

5. 施工方法及工艺要求

（1）明确分部（分项）工程或专项工程施工方法并进行必要的技术核算，对主要分项工程（工序）明确施工工艺要求。施工方法是工程施工期间所采用的技术方案、工艺流程、组织措施、检验手段等。它直接影响施工进度、质量、安全以及工程成本。其内容应比施工组织总设计和单位工程施工组织设计的相关内容更细化。

（2）对易发生质量通病、易出现安全问题、施工难度大、技术含量高的分项工程（工序）等应做出重点说明。

（3）对开发和使用的新技术、新工艺以及采用的新材料、新设备应通过必要的试验或论证并制定计划。对于工程中推广应用的新技术、新工艺、新材料和新设备，可以采用目前国家和地方推广的，也可以根据工程具体情况由企业创新；对于企业创新的技术和工艺，要制定理论和试验研究实施方案，并组织鉴定评价。

（4）对季节性施工应提出具体要求。根据施工地点的实际气候特点，提出具有针对性的施工措施。在施工过程中，还应根据气象部门的预报资料，对具体措施进行细化。

6. 危险性较大分部（分项）工程专项施工方案

（1）专项施工方案的主要内容应当包括：

1）工程概况：危大工程概况和特点、施工平面布置、施工要求和技术保证条件。

2）编制依据：相关法律、法规、规范性文件、标准、规范及施工图设计文件、施工组织设计等。

3）施工计划：包括施工进度计划、材料与设备计划。

4）施工工艺技术：技术参数、工艺流程、施工方法、操作要求、检查要求等。

5）施工安全保证措施：组织保障措施、技术措施、监测监控措施等。

6）施工管理及作业人员配备和分工：施工管理人员、专职安全生产管理人员、特种作业人员、其他作业人员等。

7）验收要求：验收标准、验收程序、验收内容、验收人员等。

8）应急处置措施。

9）计算书及相关施工图纸。

（2）施工单位编制专项施工方案时，应在"施工工艺技术"中明确危大工程施工参数，并列清单。计算应取最不利构件及工况进行。

5.5.4　施工组织设计技术经济分析

施工组织设计技术经济分析的目的是通过科学的计算和分析比较，论证其在技术上是否可行，在经济上是否合算，选择一套技术经济效果最佳的方案，使技术上的可行性和经济上的合理性达到统一。施工组织设计的技术经济分析常用的方法有定性分析和定量分析两种，一般以定性分析为主，定量分析为辅。

技术经济分析应围绕质量、工期、成本三个重点环节，据此建立技术经济分析指标体系。选用某一方案的原则是在质量优良的前提下，工期合理，成本最低。具体表现为进度计划工期要小于定额工期及合同工期，该工期下造价要小于合同造价。在作技术经济分析时，要灵活运用定性方法和有针对性地运用定量方法。定量分析时，要对主要指标、辅助指标和综合指标区别对待。技术经济分析应以设计方案的要求、有关的国家规定及工程的实际需要为依据。要对施工的技术方法、组织方法及经济效果进行分析，对需要与可能进行分析，对施工的具体环节及全过程进行分析。

施工组织设计技术经济分析应包括质量指标、工期指标、劳动指标、材料使用指标、机械使用指标和降低成本指标等几大类指标体系。

施工组织设计技术经济分析遵循循序渐进的原则。在前一个阶段确认一个最优方案后，方可进行下一个阶段的工作。每个阶段中，依编制方案、进行技术经济分析、选择最优方案并评价、确认是否符合要求的步骤执行。技术经济分析的程序是建立各种可能的施工组织设计（施工方案）→分析每个方案的优缺点→建立各自的数学模型→计算求解数学模型→作施工组织设计（施工方案）的最终综合评价。

1. 定性分析方法

定性分析方法是结合施工实际经验，对若干施工方案的优缺点进行分析比较，如技术上是否可行、施工复杂程度和安全可靠性如何、劳动力和机械设备能否满足需要、是否能充分发挥现有机械的作用、保证质量的措施是否完善可靠、施工组织设计是否能为后续工序提供有利条件、施工组织是否合理、是否能体现文明施工等。

2. 定量分析方法

定量分析方法是通过计算各方案的主要技术经济指标，进行综合分析比较，从中选择技术经济指标较佳的方案。定量分析评价通常有下列两种方法：

（1）多指标分析法

用价值指标、实物指标和工期指标等一系列单个指标，对各个方案进行分析比较，从中选择出最优施工方案。分为两种情况：

1）一个方案的各项指标均优于另一方案，优劣是明显的。

2）几个方案的指标优劣有穿插，分析比较时要进行加工，形成单指标，然后分析优劣。

[例5-2] 某施工单位承建某工程的土方施工任务，该单位现有 WY50、WY75、WY100 三种液压挖掘机，其主要参数见表5-1。

挖掘机主要参数　　　　　　　　　　　　　　　表5-1

型　　号	WY50	WY75	WY100
斗容量（m³）	0.50	0.75	1.00
台班产量（m³）	401	549	692
台班单价（元/台班）	880	1060	1420

若该单位机械数量充足，土方工程量较大，拟编制的施工方案应采取何种挖掘机械。计算三种型号挖掘机每立方米土方的挖土直接费：

WY50 挖掘机的挖土直接费为：880/401＝2.19（元/m³）

WY75 挖掘机的挖土直接费为：1060/549＝1.93（元/m³）

WY100 挖掘机的挖土直接费为：1420/692＝2.05（元/m³）

故施工方案中应采取单价为 1.93 元/m³ WY75 挖掘机。

（2）评分法

评分法即组织专家对施工组织设计进行评分，采用加权计算法计算总分，高者为优。

[例 5-3] 某建设项目进行了施工招标，共有 A、B、C 三家单位参加了投标，并分别提交了施工组织设计（技术标）A、施工组织设计（技术标）B、施工组织设计（技术标）C。根据招标文件规定，从内容完整性和编制水平、施工方案与技术措施、质量管理体系与措施、安全管理体系与措施、工程进度计划与措施、环境保护管理体系与措施、资源配备计划七个指标对施工组织设计进行评价，各指标的权重见表 5-2，经评标委员会讨论各项指标得分见表 5-3。

各指标的权重　　　　　　　　　　　　　　　　　　　　表 5-2

指标	内容完整性和编制水平	施工方案与技术措施	质量管理体系与措施	安全管理体系与措施	工程进度计划与措施	环境保护管理体系与措施	资源配备计划
权重	0.15	0.15	0.15	0.15	0.15	0.15	0.10

各项指标得分　　　　　　　　　　　　　　　　　　　　表 5-3

指　标	施工组织设计 A	施工组织设计 B	施工组织设计 C
内容完整性和编制水平	90	92	94
施工方案与技术措施	93	90	89
质量管理体系与措施	93	91	91
安全管理体系与措施	90	90	92
工程进度计划与措施	88	96	90
环境保护管理体系与措施	90	91	92
资源配备计划	87	92	89

各施工组织设计得分　　　　　　　　　　　　　　　　　　　　表 5-4

指标	权重	施工组织设计 A	施工组织设计 B	施工组织设计 C
内容完整性和编制水平	0.15	90×0.15＝13.5	92×0.15＝13.8	94×0.15＝14.1
施工方案与技术措施	0.15	93×0.15＝13.95	90×0.15＝13.5	89×0.15＝13.35
质量管理体系与措施	0.15	93×0.15＝13.95	91×0.15＝13.65	91×0.15＝13.65
安全管理体系与措施	0.15	90×0.15＝13.5	90×0.15＝13.5	92×0.15＝13.8
工程进度计划与措施	0.15	88×0.15＝13.2	96×0.15＝14.4	90×0.15＝13.5
环境保护管理体系与措施	0.15	90×0.15＝13.5	91×0.15＝13.65	92×0.15＝13.8
资源配备计划	0.10	87×0.10＝8.7	92×0.10＝9.2	89×0.10＝8.9
合计	1.00	90.3	91.7	91.1

故施工组织设计（技术标）B 优于施工组织设计（技术标）A 和施工组织设计（技术标）C，见表 5-4。

（3）价值法

价值法即对各方案计算出最终价值，用价值大小评定方案优劣。

[例 5-4] 某施工单位在某高层住宅楼编制的施工组织设计中，针对现浇楼板施工拟采用钢木组合模板体系或小钢模体系两种施工方案。经专家研究讨论，并评分计算得出钢

木组合模板功能指数为 0.507，成本指数为 0.478；小钢模功能指数为 0.493，成本指数为 0.522。

计算两方案的价值指数：

钢木组合模板的价值指数为 0.507/0.478＝1.061

小钢模的价值指数为 0.493/0.522＝0.944

因为钢木组合模板的价值指数高于小钢模的价值指数，故施工方案应选用钢木组合模板体系。

（4）综合指标分析法

综合指标分析方法是以多指标为基础，将各指标的值按照一定的计算方法进行综合后得到一个综合指标进行评价。通常的方法是：

首先根据多指标中各个指标在评价中重要性的相等程度，分别定出权重 W_t；再用同一指标依据其在各方案中的优劣程度定出其相应的分值 $C_{i,j}$。设有 m 个方案和 n 种指标，则 j 方案的综合指标值 A_j 为：

$$A_j = \sum_{i=1}^{n} C_{i,j} \cdot W_t$$

式中，$j=1，2，\cdots，m$；$i=1，2，\cdots，n$；综合指标值最大者为最优方案。

[例 5-5] 某施工单位在某高层住宅楼编制的施工组织设计中，针对现浇楼板施工拟采用钢木组合模板体系或小钢模体系两种施工方案。经专家研究讨论，决定从模板总摊销费用、楼板浇筑质量、模板人工费、模板周转时间、模板拆装便利性五个技术经济指标对两个方案进行评价，并对各技术经济指标的重要程度进行评分，计算出各个技术经济指标的权重值见表 5-5，两方案各技术经济指标得分见表 5-6。

指标权重表 表 5-5

指标	模板总摊销费用	楼板浇筑质量	模板人工费	模板周转时间	模板拆装便利性
权重 (W_t)	0.267	0.333	0.133	0.200	0.067

指标得分表 表 5-6

指标＼方案	模板总摊销费用	楼板浇筑质量	模板人工费	模板周转时间	模板拆装便利性
钢木组合模板	10	8	8	10	10
小钢模	8	10	10	7	9

根据各技术经济指标的权重和相应得分计算各方案的综合指标，见表 5-7。

综合指标值计算表 表 5-7

技术经济指标	权重 (W_t)	钢木组合模板	小钢模
模板总摊销费用	0.267	10×0.267＝2.67	8×0.267＝2.14
楼板浇筑质量	0.333	8×0.333＝2.66	10×0.333＝3.33

技术经济指标	权重（W_t）	钢木组合模板	小钢模
模板人工费	0.133	$8\times0.133=1.06$	$10\times0.133=1.33$
模板周转时间	0.200	$10\times0.200=2.00$	$7\times0.200=1.40$
模板拆装便利性	0.067	$10\times0.067=0.67$	$9\times0.067=0.60$
合计	1.000	9.06	8.80

钢木组合模板方案综合指标值 $A_j=9.06$，小钢模方案综合指标值 $A_j=8.80$，钢木组合模板方案优于小钢模方案。

5.6　本章复习题及解析

1. 施工组织设计按编制范围不同分为（　　）。

A. 单位工程施工组织设计　　　　　　B. 分段施工组织设计

C. 单项工程施工组织设计　　　　　　D. 施工组织总设计

E. 分部（分项）工程施工组织设计

正确答案：A、C、D、E

分析：本题考查施工组织设计的类型。施工组织设计按编制范围不同分为施工组织总设计、单位（单项）工程施工组织设计和分部（分项）工程施工组织设计。

2. 单位工程施工组织设计的主要内容包括（　　）。

A. 工程概况　　　　　　　　　　　　B. 施工方案

C. 施工进度计划及资源需要量计划　　D. 工程量清单

E. 施工平面图及主要技术经济指标

正确答案：A、B、C

分析：本题考查施工组织设计的编制内容。单位工程施工组织设计的主要内容包括工程概祝、施工部署、施工进度计划、施工准备与资源配置计划、主要施工方案和施工现场平面布置。

3. 单位工程施工组织设计是由（　　）负责编制。

A. 总承包单位技术负责人　　　　　　B. 项目经理

C. 项目技术负责人　　　　　　　　　D. 施工项目负责人

正确答案：D

分析：本题考查施工组织设计的类型和编制，如表5-8所示。

施工组织设计的类型和编制　　　　　　　　　　　　　表5-8

类型	编制对象	编制人
施工组织总设计	建设项目	施工项目负责人主持编制 总承包单位技术负责人负责审批
单位工程施工组织设计	单位工程	施工项目负责人
施工方案	分部（分项）工程	项目技术负责人

4. 在施工组织设计的技术经济分析中，（   ）属于施工组织设计技术经济分析指标体系。

A. 质量指标   B. 资源需要量计划编制

C. 劳动指标   D. 材料使用指标

E. 降低成本指标

正确答案：A、C、D、E

分析：本题考查施工组织设计的技术经济分析。施工组织设计技术经济分析应包括质量指标、工期指标、劳动指标、材料使用指标、机械使用指标和降低成本指标等几大类指标体系。

第2篇　工　程　计　量

【本篇导学】

本篇为考试内容第二部分，由建筑工程识图基本原理与方法、建筑面积计算规则及应用、土建工程工程量计算规则及应用、土建工程工程量清单的编制和计算机辅助工程量计算等内容构成，如图Ⅱ-1所示。

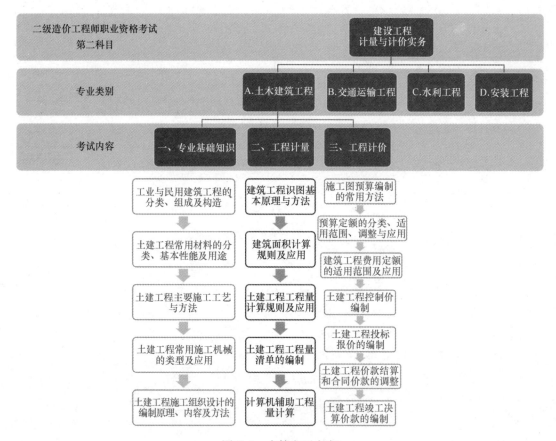

图Ⅱ-1　本篇主要内容

　　建筑产品的生产过程是建筑产品实体的形成过程，也是建筑产品价值的形成过程。通过建筑工程计量，可以实现建筑产品实体的量化；通过建筑工程计价，可以实现建筑产品价值的量化。建筑工程计量与计价是正确确定单位工程造价的重要工作。全过程工程造价控制是建筑产品生产过程的核心任务，如图Ⅱ-2所示。

　　工程量计算是工程计价活动的重要环节。建设工程项目以工程设计图纸等有关技术经济文件为依据，按照相关标准规定的计算规则，进行工程数量的计算活动；发承包双方根据合同约定，对承包人完成的工程数量进行计算。

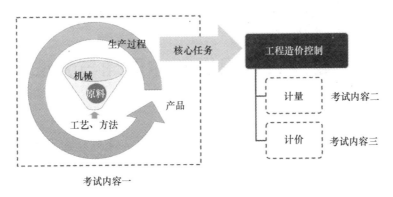

图Ⅱ-2　考试内容之间的关系

工程量是工程计量的结果，是指按一定规则并以物理计量单位或自然计量单位所表示的建设工程各分部分项工程、措施项目或结构构件的数量。物理计量单位是指以公制度量表示的长度、面积、体积和重量等计量单位；自然计量单位指建筑成品表现在自然状态下的简单点数所表示的个、条、樘、块等计量单位。

6 建筑工程识图基本原理与方法

【知识导学】

依据《房屋建筑制图统一标准》GB/T 50001—2017，学习房屋建筑工程图的正确识读。本章知识体系如图 6-1 所示。

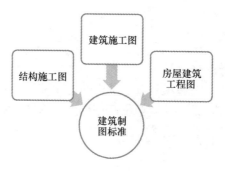

图 6-1 本章知识体系

6.1 建筑制图标准

建筑图纸是建筑设计和建筑施工中的重要技术资料，是交流技术思想的工程语言。为了使工程图样达到基本统一，便于生产和技术交流，绘制工程图样必须遵守国家制图标准《房屋建筑制图统一标准》GB/T 50001—2017（简称《国标》）。

6.1.1 图纸幅面

图纸幅面简称图幅，是指图纸尺寸的大小，为了使图纸整齐，便于保管和装订，在国标中规定了所有设计图纸的幅面及图框尺寸，见表 6-1。常见的图幅有 A0、A1、A2、A3、A4 等。

幅面及图框尺寸（mm）   表 6-1

尺寸代号	幅面代号				
	A0	A1	A2	A3	A4
$b \times l$	841×1189	594×841	420×594	297×420	210×297
c	10			5	
a	25				

表中尺寸是裁边之后的尺寸。从表 6-1 中可知，1 号图幅是 0 号图幅的对裁，2 号图幅是 1 号图幅的对裁，以此类推。表中代号的意义如图 6-2、图 6-3 所示。

图纸幅面通常有两种形式，即横式和立式。以长边为水平边的称横式幅面，如图 6-2 所示；以短边为水平边的称立式幅面，如图 6-3 所示。一般 0～3 号图幅宜横式使用，必要时也可竖式使用。

无论图样是否装订，均应在图幅内画出图框，图框线用粗实线绘制，与图纸幅面线的间距宽 a 和 c 应符合表 6-1 的规定。为了便于复制或缩微摄影，可采用对中符号，对中符号是位于四边幅面线中点处的一段实线，线宽为 0.35mm，伸入图框内长度为 5mm。

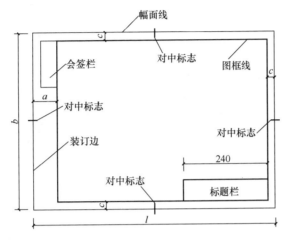

图 6-2　A0～A3 横式幅面

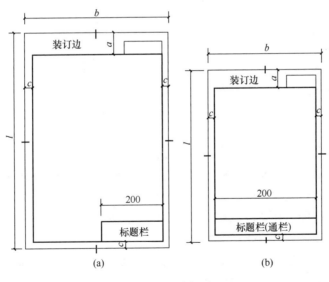

图 6-3　立式幅面
（a）A0～A3 立式幅面；（b）A4 立式幅面

6.1.2　标题栏（必在右下角）与会签栏

标题栏用于填写设计单位名称、注册师签章、项目经理、修改记录及工程名称等项目，如图 6-4 所示。

会签栏是指工程图纸上由各工种负责人填写其所代表的有关专业、姓名、日期等的一个表格，一般位于图纸的左上角，如图 6-5 所示。

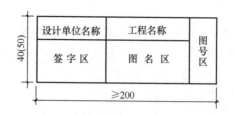

图 6-4　简化标题栏

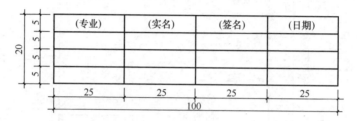

图 6-5　会签栏

6.2　房屋建筑工程图

6.2.1　房屋建筑工程图分类

建造一幢房屋需要经历设计和施工两个过程。设计时需要把想象的房屋用图形表达出来，这种图形统称为房屋建筑工程图。房屋建筑工程图根据其内容和作用不同，一般分为建筑施工图（简称建施）、结构施工图（简称结施）和设备施工图（简称设施）等。

1. 建筑施工图

建筑施工图表示建筑物的总体布局，外部造型，内部布置，细部构造作法和内外装饰等，是编制工程量清单、编制施工概预算和施工组织计划的主要技术依据。包括建筑总平面图、建筑平面图、建筑立面图、建筑剖面图和详图等。

（1）建筑总平面图。新建房屋在基地范围内的总体布置图，可以反映某区域的建筑位置、层数朝向、道路规划、绿化、地势等。

（2）建筑平面图。包括一层至屋顶的平面图，是施工放线、砌筑墙体、安装门窗、室内装修及编制施工图预算等方面的重要依据。

（3）建筑立面图。包括正立面图、背立面图和侧立面图，表示建筑物外形、建筑风格、局部构件在高度方向的相应位置关系等。在建筑立面图中要表示出门窗、屋顶、雨篷、阳台、台阶、雨水管、水斗等细部结构的形状和做法以及室外地坪线、房屋的勒脚、外部装饰及墙面分割线。

（4）建筑剖面图。反映房屋全貌、构造特点、建筑物内部垂直方向的高度、构造层次、结构形式等。

5）建筑详图。包括节点大样图、门窗大样图和楼梯大样图等，可以表达构配件的详细构造，如材料规格、相互连接方法、相对位置、详细尺寸、标高等。

2. 结构施工图

表示建筑物的结构类型，结构构件的布置、连接、形状、大小和详细做法。包括结构设计说明、结构布置平面图和构件详图。

3. 设备施工图

表示给水排水、采暖通风、电气照明等设备的布置及安装要求。包括平面布置图、系统图和安装图。

一套完整的房屋建筑工程图在装订时要按专业顺序排列，一般顺序为图纸目录、建筑设计总说明、总平面图、建筑施工图、结构施工图、给排水施工图、采暖施工图和电气施工图。各专业施工图的编排顺序是全局性的在前，局部性的在后；先施工的在前，后施工的在后；重要的在前，次要的在后。

6.2.2　房屋建筑工程图识读顺序

阅读房屋建筑工程图应该按顺序进行。

（1）读首页图。包括图纸目录、设计总说明、门窗表和经济技术指标等。了解这套图纸有多少类别，每类有几张。

（2）读总平面图。包括地形地势特点、周围环境、坐标和道路等情况。

（3）读建筑施工图。先看平面图、立面图、剖面图，后看详图。从标题栏开始，依次读平面形状尺寸和内部组成，建筑物的内部构造形式、分层情况和各部位连接情况等，了解立面造型、装修和标高等，了解细部构造、大小、材料和尺寸等。

（4）读结构施工图。先看基础、结构布置平面图，后看构件详图。从结构设计说明开始，包括结构设计的依据、材料标号、材料要求、施工要求和标准图选用等。

（5）读设备施工图。先看平面图，后看系统、安装详图。包括设备施工图、电气施工图、工艺管道施工图、给排水施工图、暖通施工图和仪表施工图等。

读图时注意专业之间的联系，前后照应。

6.3　建 筑 施 工 图

6.3.1　建筑施工图中常用符号

1. 定位轴线及编号

建筑施工图中的定位轴线是确定墙、柱等承重构件位置的基准线，也是施工放线、定位的依据。定位轴线用细点划线表示，端部画细实线圆，定位轴线圆的圆心应在定位轴线的延长线上或延长线的折线上。圆内注明编号。定位轴线的编号宜标注在图样的下方或左侧。横向编号应用阿拉伯数字，从左至右顺序编写；竖向编号应用大写拉丁字母，从下至上顺序编写，大写拉丁字母中的I、O、Z三个字母不得用为轴线编号，以免与数字1、0、2混淆，如图6-6所示。对于一些与主要承重构件相联系的次要构件，可用附加轴线表示其位置。附加轴线的编号用分数表示。

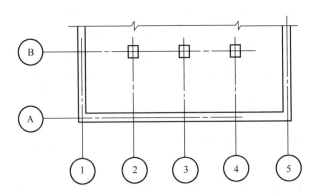

图 6-6　定位轴线及编号

2. 标高

标高是标注建筑物各部分高度的一种尺寸形式，可分为绝对标高和相对标高。我国青岛附近黄海的平均海平面为绝对标高的零点，全国各地标高均以此为基准测出。绝对标高用于总平面图的标注。相对标高是以新建建筑物底层室内地面高度为基准的标高。相对标高用于除总平面图以外其他施工图的标注。

标高符号为一个直角等腰三角形，三角形的尖端应指至被注高度的位置，一般应向下，也可以向上，如图 6-7 所示。标高数字应注写在标高符号的左侧或右侧。标高数字应以米为单位，注写到小数点后第三位；在总平面图中，可注写到小数点后第二位。

3. 索引符号与详图符号

在建筑施工图中，有时会因为比例问题而无法表达清楚某一局部。为了方便施工，需另画详图。一般用索引符号注明画出详图的位置、详图的编号以及详图所在的图纸编号。索引符号和详图符号内的详图编号与图纸编号对应一致。索引符号应用细实线绘制，它是由直径为 10mm 的圆和水平直径组成，如图 6-8 所示。

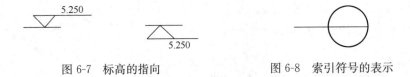

图 6-7　标高的指向　　　　　　　　　　图 6-8　索引符号的表示

索引符号上半圆中用阿拉伯数字注明该详图的编号，下半圆中用阿拉伯数字注明该详图所在图纸的图纸号，如图 6-9(a) 所示。如果详图与被索引的图样在同一张图纸内，则在下半圆中间画一水平细实线，如图 6-9(b) 所示。索引出的详图，如采用标准图，应在索引符号水平直径的延长线上加注该标准图册的编号。

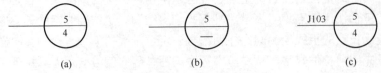

图 6-9　索引符号的形式

(a) 被索引的图样不在同一张图纸内；(b) 被索引的图样在同一张图纸内；
(c) 被索引的图样采用标准图

详图的位置和编号，应以详图符号表示。详图符号为一直径是 14mm 的粗实线圆。详图与被索引的图样在同一张图纸内，应在详图符号内用阿拉伯数字注明详图的编号。详图与被索引的图样不在同一张图纸内，应用细实线在详图符号内画一水平直径，在上半圆中注明详图编号，在下半圆中注明被索引的图纸的编号，如图 6-10 所示。

图 6-10　详图符号的形式

(a) 详图与被索引的图样同在一张图纸内；(b) 详图与被索引的图样不在同一张图纸内

4. 对称符号

当建筑施工图的图形完全对称时，可只画该图形的一半，并画出对称符号，以节省图纸篇幅，如图 6-11 所示。对称符号由对称中心线（细单点长画线）与其两端的两段平行线（细实线）组成。

5. 连接符号

对于较长的构件，当其长度方向的形状相同或者按一定规律变化时，可以断开绘制，断开处应用连接符号表示，如图 6-12 所示。连接符号为折断线（细实线），并用大写拉丁字母表示连接编号。

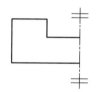
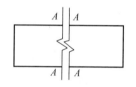

图 6-11　用对称符号表示的图形　　　图 6-12　用连接符号表示的图形

6. 坡度符号

在建筑施工图中，其倾斜部分通常加注坡度符号，用箭头表示。箭头应指向下坡方向，坡度的大小用数字注写在箭头上方，如图 6-13 所示。对于坡度较大的坡屋面、屋架等，可用直角三角形的形式标注其坡度，如图 6-14 所示。

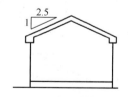

图 6-13　坡度符号的表示　　　图 6-14　坡屋面坡度符号的形式

7. 指北针和风向玫瑰图

在总平面图及低层建筑平面图上，一般都画有指北针，以指明建筑物的朝向，如图 6-15 所示。

风向玫瑰图（简称风玫瑰图）也叫风向频率玫瑰图，用于表示风向频率。风向频率是在一定的时间内某一方向出现风向的次数占总观察次数的百分比。风向是指从外吹向中心的方向。各方向上按统计数值画出的线段，表示此方向风频率的大小，线段越长表示该风向出现的次数越多。全年的风向频率用实线表示；夏季的风向频率用虚线表示，如图6-16所示。

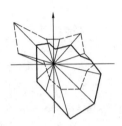

图6-15　指北针的表示　　　　图6-16　风向玫瑰图

6.3.2　建筑施工图的识读

1. 注意事项

（1）施工图是根据正投影原理绘制的，用图纸表明房屋建筑的设计及构造作法。所以要看懂施工图，应掌握正投影原理和熟悉房屋建筑的基本构造。

（2）施工图采用了一些图例符号以及必要的文字说明，共同把设计内容表现在图纸上。因此要看懂施工图，还必须记住常用的图例符号。

（3）看图时要注意从粗到细，从大到小。先粗看一遍，了解工程的概貌，然后再仔细看。细看时应先看总说明和基本图纸，然后再深入看构件图和详图。

（4）一套施工图是由各工种的许多张图纸组成，各图纸之间是互相配合紧密联系的。图纸的绘制大体是按照施工过程中不同的工种、工序分成一定的层次和部位进行的，因此要有联系地、综合地看图。

（5）结合实际看图。

2. 识读内容

（1）建筑总平面图。总平面图上标注的尺寸，均以"m"为单位，反映拟建房屋、构筑物的平面形状、位置和朝向，室外场地、道路、绿化等的布置，地形、地貌、标高以及与原有环境的关系和邻界情况等，作为定位、施工放样、土方施工及绘制水、电、卫、暖、煤气、通信、有线电视的总平面图和施工总平面图的依据。

（2）建筑平面图。比较直观，主要内容为柱网布置及每层房间功能墙体布置、门窗布置、楼梯位置等。可以根据索引符号知总图与详图关系。

（3）建筑立面图。从图名或轴线编号可以了解是哪个朝向的立面图；然后再从立面图上了解层数，某个立面的长度和高度，门窗数量和位置、大小；立面图上标注的标高尺寸与结构标高会有不同；此外立面图上还会标出各部分构造，装饰节点详图的索引符号。

（4）建筑剖面图。根据图名定位置、区分剖到与看到的部位；识读地面、楼面、屋面的形状、构造；看图中标高、尺寸确定建筑和结构构件的高度和大小；通过结合索引符号、图例识读节点构造。

（5）建筑详图。建筑详图表达细部构造和节点关系，构配件的构造与尺寸、用料、做法。包括楼梯；外墙剖面；阳台；单元详图；门窗等。详图可以结合平、立、剖中的索引符号一起。

6.4 结构施工图

结构施工图配合建筑施工图和设备施工图指导施工，并作为编制施工图预算的依据。一般情况下先通读建筑施工图，了解建筑概况、使用功能及要求、内部空间的布置、层数与层高、墙柱布置、门窗尺寸、楼（电）梯间的设置、内外装修、节点构造及施工要求等基本情况后再阅读结构施工图。

建筑施工图的识读重点在于空间信息，比如建筑物的平面布置、外立面的形式等。结构施工图的识读重点在于细部的结构信息，比如钢筋型号、混凝土标号、基础形式和细部的详细做法等。

结构施工图包括结构设计说明书、结构布置平面图、各承重构件（如基础、柱、墙、板、梁等）详图、剖面图、截面图、节点大样和局部构造等详图。先看文字说明，从基础平面图看起，到基础结构详图，再读楼层结构布置平面图，屋面结构布置平面图，然后结合立面和断面，最后读构件详图。由于结构施工图是计算工程量的依据，往往要熟读多次，相互对照，摘抄要点，理解空间形状、构件所在部位，反复核对数量、材料，才能精益求精。

6.5 本章复习题及解析

1. 一般读图的步骤正确的是(　　　)。

A. 对于结构施工图来说，先看基础施工图、结构布置平面图，后看构件详图

B. 对于建施、结施和设施来说，先看设施，后看建施、结施

C. 对于全套图样来说，先看建施、结施和设施

D. 对于建筑施工图来说，先看平面图、立面图、详图，后看剖面图

正确答案：A

分析：本题考查建筑工程图识读顺序，如图 6-17 所示。

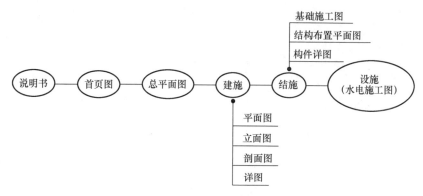

图 6-17　建筑工程图识读顺序

2. 当需要了解门窗、屋顶、雨篷、阳台、台阶、雨水管等细部结构的形状和做法时，可以查看（　　）。

A. 建筑平面图　　　B. 建筑立面图　　　C. 建筑剖面图　　　D. 建筑详图

正确答案：B

分析：本题考查建筑施工图。建筑立面图中要表示门窗、屋顶、雨篷、阳台、台阶、雨水管等细部结构的形状和做法，以及室外地坪线、建筑的勒脚、外部装饰及墙面分格线。

3. 建筑施工图主要包括（　　）

A. 建筑总平面图　　　　　　　　　B. 建筑立面图

C. 建筑剖面图　　　　　　　　　　D. 基础平面图

E. 结构平面图

正确答案：A、B、C

分析：本题考查建筑施工图。建筑施工图包括建筑总平面图、建筑平面图、建筑立面图、建筑剖面图和详图等。

7 建筑面积计算规则及应用

【知识导学】

本章内容依据《建筑工程建筑面积计算规范》GB/T 50353—2013。

7.1 建筑面积的概念

建筑面积是指建筑物（包括墙体）所形成的楼地面面积，包括使用面积、辅助面积和结构面积，如式（7-1）所示。使用面积是指建筑物各层平面中直接为生产或生活使用的净面积之和；辅助面积是指建筑物各层平面中为辅助生产或生活活动所占净面积的总和；结构面积是指建筑物各层平面布置中的墙体、柱等结构所占面积的总和（不包括抹灰厚度所占面积）。其中，使用面积与辅助面积之和为有效面积，如式（7-2）所示。

$$建筑面积 = 使用面积 + 辅助面积 + 结构面积 \tag{7-1}$$

$$有效面积 = 使用面积 + 辅助面积 \tag{7-2}$$

7.2 建筑面积的作用

1. 确定建设规模的重要指标

建筑面积的多少可以用来控制建设规模。项目立项批准文件所核准的建筑面积是初步设计的重要控制指标。对于国家投资项目，施工图的建筑面积不得超过初步设计的5%，否则必须重新报批。

2. 确定各项技术经济指标的重要基础

建筑面积是衡量工程造价、人工消耗量、材料消耗量和机械台班消耗量的重要经济指标，如式（7-3）～式（7-5）所示。

$$单位面积工程造价 = \frac{工程造价}{建筑面积} \tag{7-3}$$

$$单位建筑面积的人工用量 = \frac{工程人工工日耗用量}{建筑面积} \tag{7-4}$$

$$单位建筑面积的材料消耗指标 = \frac{工程材料耗用量}{建筑面积} \tag{7-5}$$

3. 进行有关分项工程量计算的依据

应用统筹计算方法，根据底层建筑面积，可以很方便地推算出室内回填土体积、地（楼）面面积和天棚面积等。另外，建筑面积也是脚手架、垂直运输机械费用的计算依据。

4. 评价设计方案的依据

在建筑设计和建设规划中，经常使用建筑面积控制某些指标，如容积率、建筑密度和建筑系数等。在评价设计方案时，通常采用居住面积系数、土地利用系数、有效面积系数、单方造价等指标，它们都与建筑面积密切相关。因此，为了评价设计方案，必须准确计算建筑面积。

5. 选择概算指标和编制概算的基础数据

概算指标通常以建筑面积为计量单位。用概算指标编制概算时，要以建筑面积为计算基础。

[**例 7-1**] 下列选项中，（　　）是确定建设规模的重要指标，是确定各项技术经济指标的基础。

A. 有效面积　　　　B. 结构面积　　　　C. 建筑面积　　　　D. 居住面积

正确答案：C

分析：建筑面积是确定建设规模的重要指标，是确定各项技术经济指标的基础。

7.3　建筑面积计算规则

计算建筑面积的一般原则是在结构上、使用上形成具有一定使用功能的建筑物和构筑物，并能单独计算出其水平面积的，应计算建筑面积；反之，不应计算建筑面积。

一般的取定顺序是有围护结构的，按围护结构计算面积；有底板的无围护结构（有围护设施），按底板计算面积（如室外走廊、架空走廊）；底板不利于计算的，取顶盖（如车棚、货棚等）；主体结构外的附属设施按结构底板计算面积。即在确定建筑面积时，围护结构优于底板，底板优于顶盖。所以，有盖无盖不作为计算建筑面积的必备条件。如阳台、架空走廊、楼梯是利用其底板，顶盖只是起遮风挡雨的辅助功能。

7.3.1　应计算建筑面积的范围及规则

（1）建筑物的建筑面积应按自然层外墙结构外围水平面积之和计算。结构层高在 2.20m 及以上的，应计算全面积；结构层高在 2.20m 以下的，应计算 1/2 面积。

1）计算建筑面积时不考虑勒脚。

2）当外墙结构本身在一个层高范围内不等厚时（不包括勒脚，外墙结构在该层高范围内材质不变），以楼地面结构标高处的外围水平面积计算。

3）当围护结构下部为砌体，上部为彩钢板围护的建筑物（图 7-1），当 $h<0.45m$ 时，建筑面积按彩钢板外围水平面积计算；当 $h\geqslant0.45m$ 时，建筑面积按下部砌体外围水平面积计算。

（2）建筑物内设有局部楼层时（图 7-2），对于局部楼层的二层及以上楼层，有围护

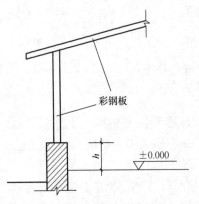

图 7-1　建筑物下部为砌体，上部为
彩钢板围护

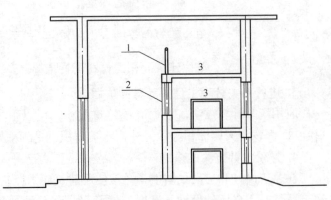

图 7-2　建筑物内局部楼层
1—围护设施；2—围护结构；3—局部楼层

结构的应按其围护结构外围水平面积计算，无围护结构的应按其结构底板水平面积计算，且结构层高在 2.20m 及以上的，应计算全面积，结构层高在 2.20m 以下的，应计算 1/2 面积。

1）围护结构是指围合建筑空间的墙体、门、窗。

2）围护设施是指栏杆、栏板。

[例 7-2] 建筑面积有围护结构的以围护结构外围计算，其围护结构包括围合建筑空间的（　　）。

A. 栏杆　　　　　　B. 栏板　　　　　　C. 门窗　　　　　　D. 勒脚

正确答案：C

分析：围护结构是指围合建筑空间的墙体、门、窗。

[例 7-3] 如图 7-3 所示，若局部楼层结构层高均超过 2.20m，请计算其建筑面积。

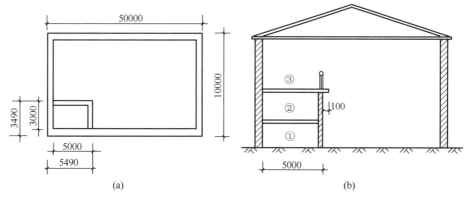

图 7-3　某建筑物内设有局部楼层
（a）平面图；（b）剖面图

解： 首层建筑面积 $S=50\times10=500\text{m}^2$

局部二层（按围护结构计算）建筑面积 $S=5.49\times3.49=19.16\text{m}^2$

局部三层（按底板计算）建筑面积 $S=(5+0.1)\times(3+0.1)=15.81\text{m}^2$

（3）形成建筑空间的坡屋顶，结构净高在 2.10m 及以上的部位应计算全面积；结构净高在 1.20m 及以上至 2.10m 以下的部位应计算 1/2 面积；结构净高在 1.20m 以下的部位不应计算建筑面积。

[例 7-4] 如图 7-4 所示，计算坡屋顶下建筑空间建筑面积。

解： 全面积部分建筑面积 $S_1=50\times(15-1.5\times2-1.0\times2)=500\text{m}^2$

1/2 面积部分建筑面积 $S_2=50\times1.5\times2\times1/2=75\text{m}^2$

合计建筑面积 $S=500+75=575\text{m}^2$

（4）场馆看台下的建筑空间，结构净高在 2.10m 及以上的部位应计算全面积；结构净高在 1.20m 及以上至 2.10m 以下的部位应计算 1/2 面积；结构净高在 1.20m 以下的部位不应计算建筑面积。室内单独设置的有围护设施的悬挑看台，应按看台结构底板水平投影面积计算建筑面积。有顶盖无围护结构的场馆看台应按其顶盖水平投影面积的 1/2 计算面积。场馆区分三种不同的情况：

1）看台下的建筑空间，对"场"（顶盖不闭合）和"馆"（顶盖闭合）都适用。场馆

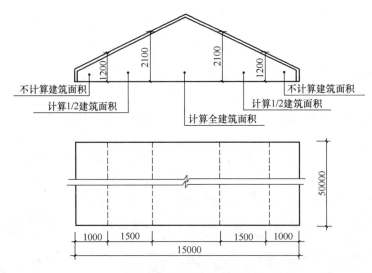

图 7-4　坡屋顶下建筑空间

看台下的建筑空间因其上部结构多为斜板，所以采用净高的尺寸划定建筑面积的计算范围，如图 7-5 所示。

2) 室内单独悬挑看台，仅对"馆"适用。室内单独设置的有围护设施的悬挑看台，因其看台上部设有顶盖且可供人使用，所以按看台板的结构底板水平投影计算建筑面积。

3) 有顶盖无围护结构的看台（图 7-6），仅对"场"适用。场馆看台上部空间建筑面积计算，取决于看台上部有无顶盖。按顶盖计算建筑面积的范围应是看台与顶盖重叠部分的水平投影面积。对有双层看台的，各层分别计算建筑面积，顶盖及上层看台均视为下层看台的盖。无顶盖的看台不计算建筑面积。

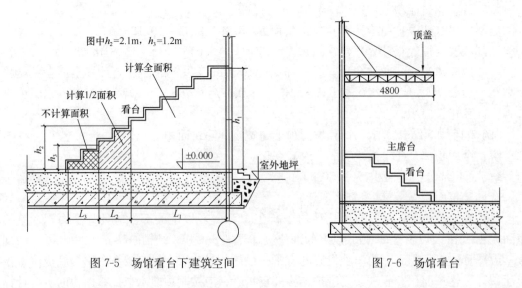

图 7-5　场馆看台下建筑空间　　　　　　图 7-6　场馆看台

（5）地下室、半地下室应按其结构外围水平面积计算。结构层高在 2.20m 及以上的，应计算全面积；结构层高在 2.20m 以下的，应计算 1/2 面积。

1）当外墙为变截面时，按地下室、半地下室楼地面结构标高处的外围水平面积计算。

2）地下室的外墙结构不包括找平层、防水（潮）层和保护墙等。地下空间未形成建筑空间的，不属于地下室或半地下室，不计算建筑面积。

（6）出入口外墙外侧坡道有顶盖的部位，应按其外墙结构外围水平面积的1/2计算面积，如图7-7所示。

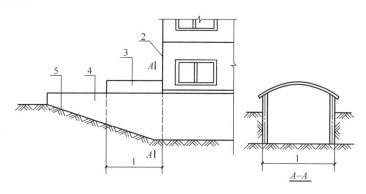

图 7-7　地下室入口

1—计算1/2投影面积部位；2—主体建筑；3—出入口顶盖；

4—封闭出入口侧墙；5—出入口坡道

1）出入口坡道分有顶盖出入口坡道和无顶盖出入口坡道，顶盖以设计图纸为准，对后增加及建设单位自行增加的顶盖等，不计算建筑面积。顶盖不分材料种类。

2）坡道是从建筑物内部一直延伸到建筑物外部的，建筑物内的部分随建筑物正常计算建筑面积，建筑物外的部分按上述执行。建筑物内、外的划分以建筑物外墙结构外边线为界。所以，出入口坡道顶盖的挑出长度，为顶盖结构外边线至外墙结构外边线的长度，如图7-8所示。

（7）建筑物架空层及坡地建筑物吊脚架空层（图7-9），应按其顶板水平投影计算建筑面积。结构层高在2.20m及以上的，应计算全面积；结构层高在2.20m以下的，应计算1/2面积。

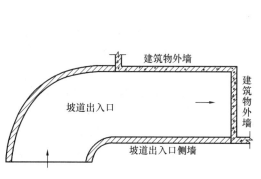

图 7-8　外墙外侧坡道与建筑物内部
坡道的划分

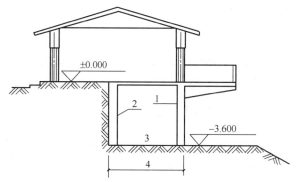

图 7-9　建筑物吊脚架空层

1—柱；2—墙；3—吊脚架空层；4—计算建筑面积部位

1）架空层建筑面积的计算方法适用于建筑物吊脚架空层、深基础架空层，也适用于目前部分住宅、学校教学楼等工程在底层架空、在二楼或以上某个甚至多个楼层架空，作为公共活动、停车、绿化等空间的情况。

2）顶板水平投影面积是指架空层结构顶板的水平投影面积，不包括架空层主体结构外的阳台、空调板、通长水平挑板等外挑部分。

[例 7-5]　如图 7-10 所示，计算各部分建筑面积。（结构层高均满足 2.20m）

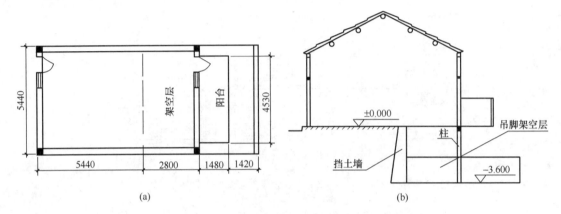

图 7-10　某架空层建筑物

（a）平面图；（b）剖面图

解： 单层建筑的建筑面积 $S_1 = 5.44 \times (5.44 + 2.80) = 44.83\text{m}^2$

阳台建筑面积 $S_2 = 1.48 \times 4.53/2 = 3.35\text{m}^2$

吊脚架空层建筑面积 $S_3 = 5.44 \times 2.8 = 15.23\text{m}^2$

建筑面积合计为 63.41m²

（8）建筑物的门厅、大厅应按一层计算建筑面积，门厅、大厅内设置的走廊应按走廊结构底板水平投影面积计算建筑面积。结构层高在 2.20m 及以上的，应计算全面积；结构层高在 2.20m 以下的，应计算 1/2 面积。

[例 7-6]　如图 7-11 所示，计算走廊部分建筑面积。

解：（1）当结构层高 h_1（或 h_2 或 h_3）≥2.2m 时，按结构底板计算全面积，图中某层走廊建筑面积

$$S_1 = (2.7 + 4.5 + 2.7 - 0.12 \times 2) \times (6.3 + 1.5 - 0.12 \times 2) - 6.46 \times 4.36 = 44.86\text{m}^2$$

（2）当结构层高 h_1（或 h_2 或 h_3）<2.2m 时，按底板计算 1/2 面积，图中某层走廊建筑面积

$$S_2 = [(2.7 + 4.5 + 2.7 - 0.12 \times 2) \times (6.3 + 1.5 - 0.12 \times 2) - 6.46 \times 4.36] \times 0.5$$
$$= 22.43\text{m}^2$$

（9）建筑物间的架空走廊，有顶盖和围护结构的（图 7-12），应按其围护结构外围水平面积计算全面积；无围护结构、有围护设施的（图 7-13），应按其结构底板水平投影面积计算 1/2 面积。

（10）立体书库、立体仓库、立体车库。

1）有围护结构的，应按其围护结构外围水平面积计算建筑面积；无围护结构、有围护设施的，应按其结构底板水平投影面积计算建筑面积。

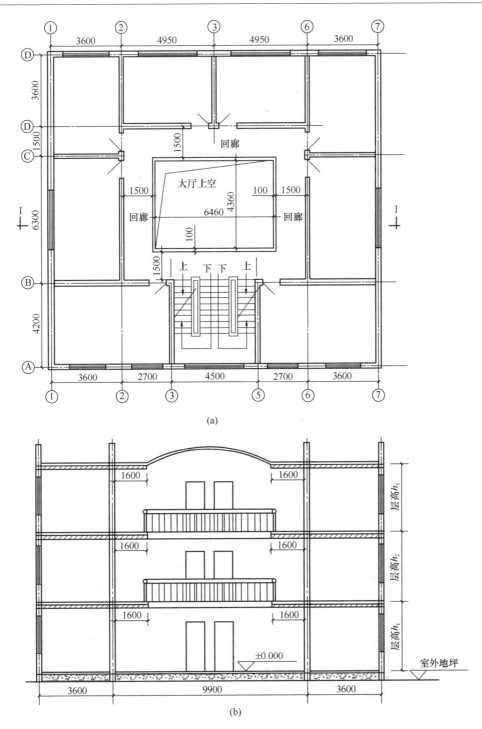

图 7-11 大厅、走廊（回廊）
（a）平面图；（b）剖面图

2）无结构层的应按一层计算，有结构层的应按其结构层面积分别计算。

3）结构层高在 2.20m 及以上的，应计算全面积；结构层高在 2.20m 以下的，应计算 1/2 面积。

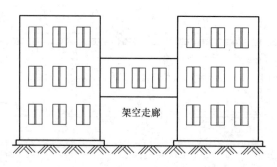

图 7-12　有围护结构的架空走廊

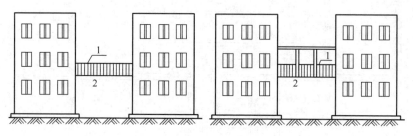

图 7-13　无围护结构（有围护设施）的架空走廊
1—栏杆；2—架空走廊

（11）有围护结构的舞台灯光控制室，应按其围护结构外围水平面积计算。结构层高在 2.20m 及以上的，应计算全面积；结构层高在 2.20m 以下的，应计算 1/2 面积。

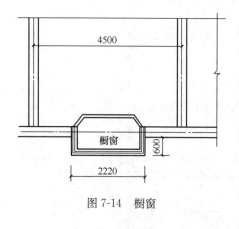

图 7-14　橱窗

（12）附属在建筑物外墙的落地橱窗（图 7-14），应按其围护结构外围水平面积计算。结构层高在 2.20m 及以上的，应计算全面积；结构层高在 2.20m 以下的，应计算 1/2 面积。

（13）窗台与室内楼地面高差在 0.45m 以下且结构净高在 2.10m 及以上的凸（飘）窗，应按其围护结构外围水平面积计算 1/2 面积。

[例 7-7] 计算如图 7-15 所示飘窗的建筑面积（该飘窗同时满足计算建筑面积的两个条件）。

解：$S = [1/2 \times (1.2 + 2.6) \times 0.6] \times 1/2 = 0.57 m^2$

（14）有围护设施的室外走廊（挑廊），应按其结构底板水平投影面积计算 1/2 面积；有围护设施（或柱）的檐廊，应按其围护设施（或柱）外围水平面积计算 1/2 面积，如图 7-16 所示。

1）底层无围护设施但有柱的室外走廊可参照檐廊的规则计算建筑面积。

2）无论哪一种廊，除了必须有地面结构外，还必须有栏杆、栏板等围护设施或柱，这两个条件缺一不可，缺少任何一个条件都不计算建筑面积。

（15）门斗应按其围护结构外围水平面积计算建筑面积。结构层高在 2.20m 及以上的，应计算全面积；结构层高在 2.20m 以下的，应计算 1/2 面积。

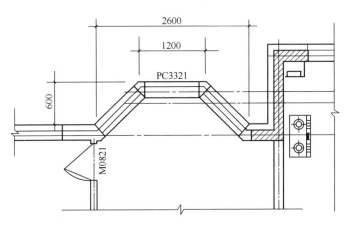

图 7-15　飘窗

（16）门廊按其顶板水平投影面积的1/2计算建筑面积。有柱雨篷按其结构板水平投影面积的 1/2 计算建筑面积；没有出挑宽度的限制，也不受跨越层数的限制，均计算建筑面积。无柱雨篷结构外边线至外墙结构外边线的宽度在2.10m 及以上的，应按雨篷结构板的水平投影面积的 1/2 计算建筑面积；结构板不能跨层，并受出挑宽度的限制。出挑宽度，系指雨篷结构外边线至外墙结构外边线的宽度，弧形或异形时，取最大宽度。

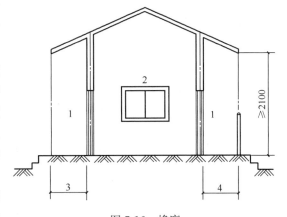

图 7-16　檐廊
1—檐廊；2—室内；3—不计算建筑面积部位；
4—计算 1/2 建筑面积部位

（17）设在建筑物顶部的、有围护结构的楼梯间、水箱间、电梯机房等，结构层高在 2.20m 及以上的应计算全面积；结构层高在 2.20m 以下的，应计算 1/2 面积。

（18）围护结构不垂直于水平面的楼层，应按其底板面的外墙外围水平面积计算。结构净高在 2.10m 及以上的部位，应计算全面积；结构净高在 1.20m 及以上至 2.10m 以下的部位，应计算 1/2 面积；结构净高在 1.20m 以下的部位，不应计算建筑面积。

[例 7-8] 如图 7-17 所示，建筑物宽 10m，计算其建筑面积。

解：建筑面积 $S = (0.1+3.6+2.4+4.0+0.2) \times 10+0.3 \times 10 \times 0.5 = 104.5 \text{m}^2$

[例 7-9] 围护结构不垂直于水平面的楼层，其建筑面积计算正确的为（　　）。

A. 按其围护底板面积的 1/2 计算　　B. 结构净高≥2.10m 的部位计算全面积

C. 结构净高≥1.20m 的部位计算 1/2 面积　D. 结构净高<2.10m 的部位不计算面积

正确答案：B

分析：围护结构不垂直于水平面的楼层，结构净高在 2.10m 及以上的部位，应计算全面积。

（19）建筑物的室内楼梯、电梯井、提物井、管道井、通风排气竖井、烟道，应并入

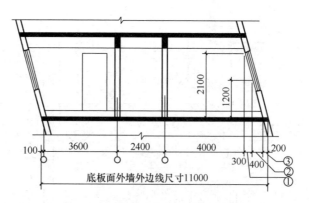

图 7-17　围护结构不垂直水平楼面

建筑物的自然层计算建筑面积。有顶盖的采光井应按一层计算面积，结构净高在 2.10m 及以上的，应计算全面积，结构净高在 2.10m 以下的，应计算 1/2 面积。

1）室内楼梯包括了形成井道的楼梯（即室内楼梯间）和没有形成井道的楼梯（即室内楼梯），即没有形成井道的室内楼梯也应该计算建筑面积。

2）有顶盖的采光井包括建筑物中的采光井和地下室采光井。

3）当室内公共楼梯间两侧自然层数不同时，以楼层多的层数计算。

（20）室外楼梯应并入所依附建筑物自然层，并应按其水平投影面积的 1/2 计算建筑面积。

1）层数为室外楼梯所依附的楼层数，即梯段部分投影到建筑物范围的层数。

2）利用室外楼梯下部的建筑空间不得重复计算建筑面积；利用地势砌筑的为室外踏步，不计算建筑面积。

［例 7-10］如图 7-18 所示，计算室外楼梯的建筑面积。

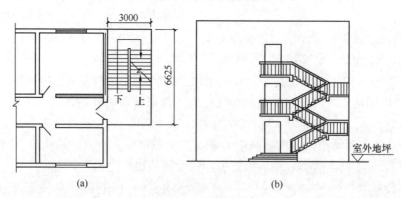

图 7-18　室外楼梯
(a) 平面图；(b) 立面图

解：室外楼梯建筑面积 $S = 1/2 \times 3.00 \times 6.625 \times 2 = 19.88\text{m}^2$

（21）在主体结构内的阳台，应按其结构外围水平面积计算全面积；在主体结构外的阳台，应按其结构底板水平投影面积计算 1/2 面积。

判断阳台是在主体结构内还是在主体结构外是计算建筑面积的关键。

1）砖混结构。通常以外墙来判断。

2）框架结构。柱梁体系来判断。

3）剪力墙结构。分以下几种情况：

① 阳台在剪力墙包围之内，则属于主体结构内；

② 相对两侧均为剪力墙时，也属于主体结构内；

③ 相对两侧仅一侧为剪力墙时，属于主体结构外；

④ 相对两侧均无剪力墙时，属于主体结构外。

4）阳台处剪力墙与框架混合时，分两种情况：

①角柱为受力结构，根基落地，则阳台为主体结构内；

②角柱仅为造型，无根基，则阳台为主体结构外。

（22）有顶盖无围护结构的车棚、货棚、站台、加油站、收费站等，应按其顶盖水平投影面积的1/2计算建筑面积。

（23）幕墙以其在建筑物中所起的作用和功能来区分，直接作为外墙起围护作用的幕墙，按其外边线计算建筑面积；设置在建筑物墙体外起装饰作用的幕墙，不计算建筑面积。

（24）建筑物的外墙外保温层，应按其保温材料的水平截面积计算，并计入自然层建筑面积。

1）建筑物外墙外侧有保温隔热层的，保温隔热层以保温材料的净厚度乘以外墙结构外边线长度按建筑物的自然层计算建筑面积，其外墙外边线长度不扣除门窗和建筑物外已计算建筑面积构件（如阳台、室外走廊、门斗、落地橱窗等部件）所占长度。当建筑物外已计算建筑面积的构件（如阳台、室外走廊、门斗、落地橱窗等部件）有保温隔热层时，其保温隔热层也不再计算建筑面积。

2）外墙是斜面则按楼面楼板处的外墙外边线长度乘以保温材料的净厚度计算，如图7-19所示。外墙外保温以沿高度方向满铺为准，某层外墙外保温铺设高度未达到全部高度时（不包括阳台、室外走廊、门斗、落地橱窗、雨篷、飘窗等），不计算建筑面积。

3）保温隔热层的建筑面积是以保温隔热材料的厚度来计算的，不包含抹灰层、防潮层、保护层（墙）的厚度，只计算保温材料本身的面积。

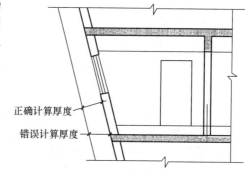

图7-19　围护结构不垂直于水平面

（25）与室内相通的变形缝，应按其自然层合并在建筑物建筑面积内计算。对于高低联跨的建筑物，当高低跨内部连通时，其变形缝应计算在低跨面积内。

（26）对于建筑物内的设备层、管道层、避难层等有结构层的楼层，结构层高在2.20m及以上的，应计算全面积；结构层高在2.20m以下的，应计算1/2面积。在吊顶空间内设置管道的，则吊顶空间部分不能被视为设备层、管道层。

7.3.2　不计算建筑面积的范围

（1）与建筑物内不相连通的建筑部件。建筑部件指的是依附于建筑物外墙外不与户室开门连通，起装饰作用的敞开式挑台（廊）、平台，以及不与阳台相通的空调室外机搁板（箱）等设备平台部件。

（2）骑楼、过街楼底层的开放公共空间和建筑物通道。

（3）舞台及后台悬挂幕布和布景的天桥、挑台等。这里指的是影剧院的舞台及为舞台服务的可供上人维修、悬挂幕布、布置灯光及布景等搭设的天桥和挑台等构件设施。

（4）露台、露天游泳池、花架、屋顶的水箱及装饰性结构构件。

（5）建筑物内的操作平台、上料平台、安装箱和罐体的平台。

（6）勒脚、附墙柱（附墙柱是指非结构性装饰柱）、垛、台阶、墙面抹灰、装饰面、镶贴块料面层、装饰性幕墙，主体结构外的空调室外机搁板（箱）、构件、配件，挑出宽度在 2.10m 以下的无柱雨篷和顶盖高度达到或超过两个楼层的无柱雨篷。

（7）窗台与室内地面高差在 0.45m 以下且结构净高在 2.10m 以下的凸（飘）窗，窗台与室内地面高差在 0.45m 及以上的凸（飘）窗。

（8）室外爬梯、室外专用消防钢楼梯。专用的消防钢楼梯是不计算建筑面积的。当钢楼梯是建筑物通道，兼顾消防用途时，则应计算建筑面积。

（9）无围护结构的观光电梯。

（10）建筑物以外的地下人防通道，独立的烟囱、烟道、地沟、油（水）罐、气柜、水塔、贮油（水）池、贮仓、栈桥等构筑物。

7.4　本章复习题及解析

1. 外挑宽度为 1.8m 的有柱雨篷建筑面积应（　　）。

A. 按柱外边线构成的水平投影面积计算

B. 不计算

C. 按结构板水平投影面积计算

D. 按结构板水平投影面积的 1/2 计算

正确答案：D

分析：本题考查应计算建筑面积的范围。有柱雨篷应按其结构板水平投影面积的 1/2 计算建筑面积。

2. 室外楼梯建筑面积计算正确的是（　　）。

A. 并入所依附建筑物自然层，按其水平投影面积的 1/2 计算建筑面积

B. 有顶盖、有围护结构的按其水平投影面积计算

C. 层数按建筑物的自然层计算

D. 无论有无顶盖和围护结构，均不计算

正确答案：A

分析：本题考查应计算建筑面积的范围。室外楼梯应并入所依附建筑物自然层，并应按其水平投影面积的 1/2 计算建筑面积。室外楼梯不论是否有顶盖都需要计算建

筑面积。

3. 建筑物室外楼梯建筑面积计算正确的为(　　　)。

A. 并入建筑物自然层,按其水平投影面积计算

B. 无顶盖的不计算

C. 结构净高<2.10m 的不计算

D. 下部建筑空间加以利用的不重复计算

正确答案:D

分析:本题考查应计算建筑面积的范围。室外楼梯不论是否有顶盖都需要计算建筑面积。层数为室外楼梯所依附的楼层数,即梯段部分投影到建筑物范围的层数。利用室外楼梯下部的建筑空间不得重复计算建筑面积;利用地势砌筑的为室外踏步,不计算建筑面积。

4. 带幕墙建筑物的建筑面积计算正确的是(　　　)。

A. 以幕墙立面投影面积计算

B. 以主体结构外边线面积计算

C. 作为外墙的幕墙按围护外边线计算

D. 起装饰作用的幕墙按幕墙横断面的 1/2 计算

正确答案:C

分析:本题考查应计算建筑面积的范围。幕墙以其在建筑物中所起的作用和功能来区分,直接作为外墙起围护作用的幕墙,按其外边线计算建筑面积;设置在建筑物墙体外起装饰作用的幕墙,不计算建筑面积。

5. 如图 7-20 所示,计算该高低跨食堂的建筑面积。

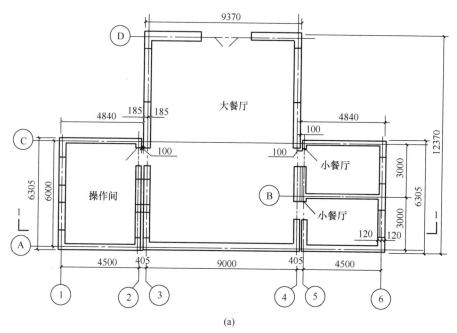

(a)

图 7-20　高低跨食堂

(a) 平面图

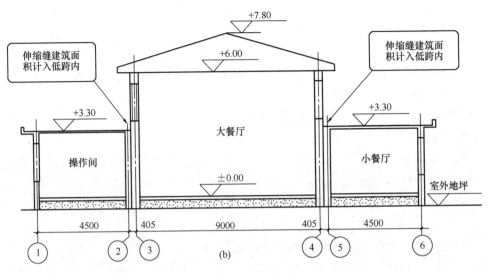

图 7-20 高低跨食堂（续图）

（b）剖面图

解： 大餐厅建筑面积 $S_1 = 9.37 \times 12.37 = 115.91 m^2$

操作间和小餐厅建筑面积 $S_2 = 4.84 \times 6.305 \times 2 = 61.03 m^2$

总建筑面积 $S = S_1 + S_2 = 115.91 + 61.03 = 176.94 m^2$

6. 不计算建筑面积的有（　　）。

A. 结构层高 2.0m 的管道层

B. 层高为 3.3m 的建筑物通道

C. 有顶盖但无围护结构的车棚

D. 建筑物顶部有围护结构，层高 2.0m 的水箱间

E. 有围护结构的专用消防钢楼梯

正确答案：B、E

分析：本题考查不计算建筑面积的范围。建筑物通道不计算建筑面积，专用的消防钢楼梯不计算建筑面积。

8 土建工程量计算及应用

【知识导学】

本章知识与技能逻辑关系图如图 8-1 所示。

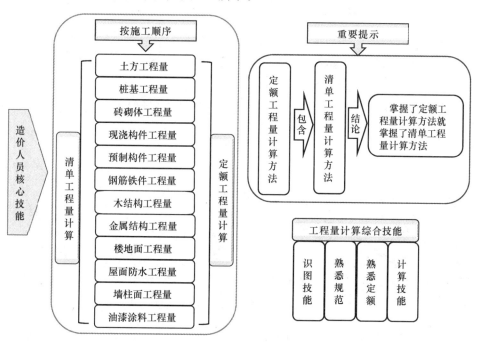

图 8-1 本章知识与技能逻辑关系图

8.1 概 述

1. 清单工程量的概念

清单工程量是指，依据施工图，按照《房屋建筑与装饰工程工程量计算规范》GB 50854—2013（简称《计量规范》）确定分项工程项目名称且采用其工程量计算规则计算的工程量。

2. 定额工程量的概念

定额工程量是指，依据施工图，按照计价定额确定分项工程名称且采用配套的工程量计算规则计算的工程量。

3. 清单工程量与定额工程量的区别

招标文件发布的工程量清单或者工程量清单报价中的分部分项工程量，是清单工程量；编制综合单价时计算工程量是定额工程量；编制施工图预算也是计算的定额工程量。

　　清单工程量与定额工程量的主要区别是，工程量计算规则不同。例如，平整场地清单工程量计算规则是按建筑物首层建筑面积计算；而某地区计价定额中工程量计算规则规定，平整场地工程量按建筑物首层外墙外边线，每边各加 2m 以面积计算。

8.2　土方清单工程量计算

8.2.1　土方清单工程量计算有关规定

1. 沟槽与基坑划分

　　凡图示沟槽底宽在 7m 以内，且沟槽长大于槽宽三倍以上的，为沟槽，如图 8-2 所示。

　　凡不是沟槽且坑底面积在 150m² 以内为基坑，如图 8-3 所示。

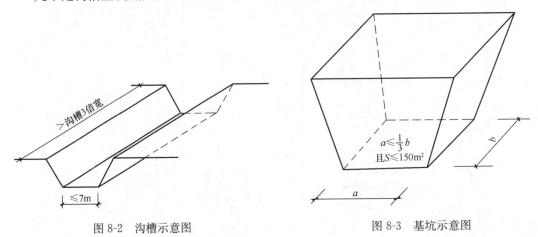

图 8-2　沟槽示意图　　　　　　　　　图 8-3　基坑示意图

　　凡图示沟槽底宽 7m 以外，坑底面积在 150m² 以外，平整场地挖土方厚度在 30cm 以外，均按挖土方计算。

2. 放坡系数

　　计算挖沟槽、基坑、挖一般土方清单工程量需放坡时（见图 8-2），放坡系数按表 8-1 规定计算（上海定额规定的放坡系数是不相同的）。

放坡起点深度和放坡系数表　　　　　　　　　　　表 8-1

土类别	放坡起点（m）	人工挖土	机械挖土		
			在坑内作业	在坑上作业	顺沟槽在坑上作业
一、二类土	1.20	1：0.5	1：0.33	1：0.75	1：0.5
三类土	1.50	1：0.33	1：0.25	1：0.67	1：0.33
四类土	2.00	1：0.25	1：0.10	1：0.33	1：0.25

　　注：1. 沟槽、基坑中土类别不同时，分别按其放坡起点、放坡系数，依不同土类别厚度加权平均计算。
　　　　2. 计算放坡时，在交接处的重复工程量不予扣除，原槽、坑作基础垫层时，放坡自垫层上表面开始计算。

说明:

(1) 放坡起点深是指,挖土方时,各类土超过表中的放坡起点深时,才能按表中的系数计算放坡工程量。例如,图8-4中若是三类土时,$H \geqslant 1.5m$ 才能计算放坡。

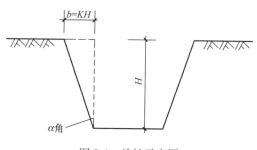

图8-4　放坡示意图

(2) 表8-1中,人工挖四类土超过2m深时,放坡系数为1:0.25,其含义是每挖深1m,放坡宽度就增加0.25m。

(3) 清单工程量计算规则规定,挖沟槽和基坑按基础垫层底面积乘以挖土深度计算,不放坡不加工作面;除非招标工程量清单或者另有规定,才能计算放坡和增加工作面的挖土方体积。

3. 基础工作面

计算清单工程量有规定时,基础施工所需工作面宽度的规定见表8-2。

基础施工所需工作面宽度计算表　　　　　　　表8-2

基础材料	每边各增加工作面宽度 (mm)	基础材料	每边各增加工作面宽度 (mm)
砖基础	200	混凝土基础支模板	300
浆砌毛石、条石基础	150	基础垂直面做防水层	1000(防水层面)
混凝土基础垫层支模板	300		

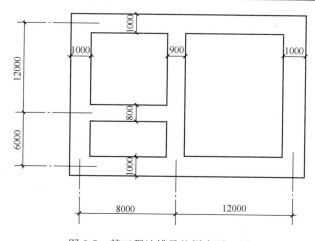

图8-5　某工程地槽及垫层宽平面图

4. 沟槽长度确定

(1) 计算规定

外墙沟槽长度,按外墙图示中心线长度计算;内墙沟槽长度,按图示基础底面之间净长线长度计算;内外墙上突出部分(垛、附墙烟囱等)体积并入沟槽土方工程量内计算。

(2) 计算举例

[例8-1] 根据图8-5计算地槽长度。

解: 外墙地槽长(宽1.0m)=(12+6+8+12)×2=76.0(m)

内墙地槽长(宽0.9m)=6.0+12-1.0×0.5×2=17.0(m)

内墙地槽长(宽0.8m)=8-0.90×0.5-1.0×0.5=7.05(m)

5. 土方体积折算

(1) 计算规定

土方体积应按挖掘前的天然密实体积计算,非天然密实土按表8-3折算。

土方体积折算系数表 表 8-3

天然密实度体积	虚方体积	夯实后体积	松填体积
0.77	1.00	0.67	0.83
1.00	1.30	0.87	1.08
1.15	1.50	1.00	1.25
0.92	1.20	0.80	1.00

（2）计算举例

[例 8-2] 某工程有天然密实度的土方 350m³，若用卡车运出工地，运到某一工地的混凝土独立基础回填夯实，试计算分别为多少立方米？

解： 卡车运土方 $V = 350 \times 1.30 = 455$（m³）

独立基础回填夯实土方 $V = 350 \times 0.87 = 304.5$（m³）

8.2.2 平整场地清单工程量计算

1. 平整场地内容

建筑物场地厚度 ≤±300mm 以内的挖、填、运、找平，应按平整场地项目编码列项。

2. 工程量计算规则

平整场地工程量按设计图示尺寸以建筑物首层建筑面积计算。

3. 计算规则解读

建筑物首层建筑面积一般有以下 2 种情况：

当建筑物首层全部由外墙包围时其面积就是建筑面积，也就是平整场地工程量数据。当建筑物首层还有阳台、檐廊时，阳台只能计算一半建筑面积，其面积不是完整的首层面积。

如果按照计量规范的要求，第二种情况只能以首层建筑面积计算。笔者认为，从平整场地首要作用是为建筑物定位放线来讲，首层底面积可以作为平整场地工程量数据。

[例 8-3] 某建筑首层层高 3.0m，外墙厚 240mm，如图 8-6 所示，计算其平整场地工程量。

解：

方法 1：按照外接矩形计算全部建筑面积，然后减去右下角门廊的二分之一建筑面积（门廊算一半建筑面积），得出平整场地工程量。

$$S = (9.60 + 0.12 \times 2) \times (5.0 + 0.12 \times 2) - 2.0 \times 2.70 \times 0.5$$
$$= 51.56 - 2.70$$
$$= 48.86(\text{m}^2)$$

方法 2：切割成 3 个矩形进行计算，然后加总。

$$S = 矩形1(3.60 + 3.30 + 0.12 \times 2) \times (5.0 + 0.12 \times 2)$$
$$+ 矩形2(2.70 + 0.12 - 0.12) \times (3.0 + 0.12 \times 2)$$
$$+ 门廊(2.70 \times 2.0 \times 0.5)$$
$$= 37.414 + 8.748 + 2.70$$
$$= 48.85(\text{m}^2)$$

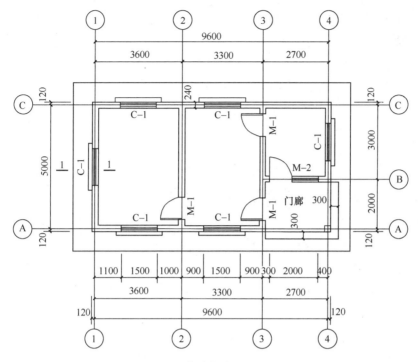

图 8-6 某建筑首层平面图

8.2.3 挖沟槽土方清单工程量计算

1. 计算规则

按设计图示尺寸以基础垫层底面积乘以挖土深度计算。

2. 计算规则解读

（1）施工中，一般挖沟槽土方是按图 8-7 的断面施工，有放坡也会有工作面。但是，该计量规范的规定是按图 8-8 的断面计算工程量。

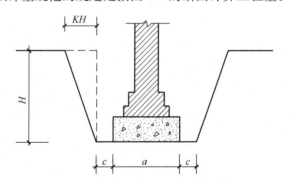

图 8-7 挖沟槽土方的施工示意

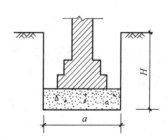

图 8-8 计量规范规定挖沟槽土方示意

（2）以基础垫层底面积乘以挖土深度计算工程量，是清单工程量的计算规定，编制该项目的综合单价是按定额工程量计算的，并没有少计算工程量。

3. 计算公式

$$V = aHL$$

式中 V——沟槽体积；

a——垫层宽；

H——沟槽深；

L——沟槽长。

4. 计算举例

[例8-4] 某地槽长26.12m，槽深1.65m，混凝土基础垫层宽0.90m，试计算人工挖地槽工程量。

解： $V=0.90×1.65×26.12=38.79$ （m³）

8.2.4 挖基坑土方清单工程量计算

1. 计算规则

按设计图示尺寸以基坑垫层底面积乘以挖土深度计算。

2. 计算规则解读

施工中挖基坑土方会有工作面和放坡，但是计量规范规定只能按垫层底面积乘以深度计算工程量。

3. 计算公式

$$V = abH$$

式中 V——基坑体积；

a——垫层宽；

b——垫层长；

H——基坑深。

4. 计算举例

[例8-5] 某工程有12个基坑（见图8-9），二类土，垫层长、宽均为1.20m，基坑深1.25m，试计算挖土方工程量。

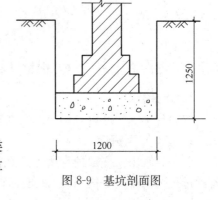

图8-9 基坑剖面图

解： $V=1.20×1.20×1.25×12$个

$=1.80×12$

$=21.6$ （m³）

8.2.5 挖一般土方清单工程量计算

1. 计算规则

按设计图示尺寸，以体积计算。

2. 计算规则解读

挖土方是指不属于沟槽、基坑和平整场地厚度超过±30cm按土方平衡竖向布置图的挖方，一般底面积大于150m² 以上的大开挖。

8.2.6 回填土清单工程量计算

1. 场地回填

场地回填土按回填面积乘以平均回填厚度以体积计算。

计算公式：$V =$ 回填面积 × 平均回填厚度

2. 室内回填

按主墙间面积乘以回填厚度以体积计算，不扣除间隔墙所占体积。

室内回填示意见图 8-10。

计算公式：$V =$ 室内净面积 ×（设计室内地坪标高 − 设计室外地坪标高 −

地面面层厚 − 地面垫层厚）

= 室内净面积 × 回填土厚

3. 基础回填

按挖方清单项目工程量，减去自然地坪以下埋设的基础体积（包括基础垫层和其他构筑物）。

室内与基础回填土示意见图 8-10。

计算公式：$V =$ 挖方体积 − 设计室外地坪以下埋设砌筑物体积

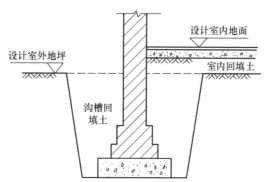

图 8-10　室内与基础回填土示意图

8.2.7　运土清单工程量计算

运土包括余方弃置和取土运回。当回填土方量小于挖方量时，需余土外运，反之，需取土运到工地。

计算公式：运土体积 = 总挖方量 − 总回填量

式中计算结果为正值时，为余土外运体积；负值时，为取土体积。

8.2.8　土方清单工程量计算综合例题

[例 8-6] 某工程满堂筏板基础如图 8-11、图 8-12 所示，垫层采用支模浇筑，底板、基础梁采用标准半砖侧模（M5 混合砂浆砌筑，1：2 水泥砂浆抹灰）施工，半砖侧模（厚度按 115mm 计算）砌筑在垫层上。土壤类别四类土，地下常水位为 −2.70m，反铲挖掘机（斗容量 1m³）坑内作业，挖土装车，机械开挖的土方由自卸汽车外运 10km，人工修边坡、清底的土方（工程量按基坑总挖方量的 10% 计算）和基础梁土方（人工开挖）坑边堆放不外运。基础混凝土采用预拌防水 P6（泵送型）C30 混凝土，垫层采用预拌泵送 C15 混凝土。

要求：

（1）按《房屋建筑与装饰工程工程量计算规范》GB 50854—2013 计算土方开挖的清单工程量并填写分部分项工程和单价措施项目清单与计价表；

（2）按《房屋建筑与装饰工程工程量计算规范》GB 50854—2013 计算满堂基础、垫层混凝土的清单工程量并填写分部分项工程和单价措施项目清单与计价表。

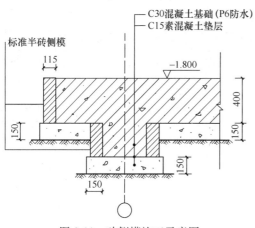

图 8-11　砖侧模施工示意图

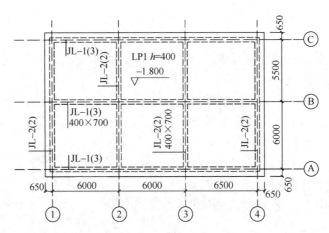

图 8-12　基础底板、基础梁图

注：①设计室外地坪标高为 −0.3m。

②除特别注明外，基础梁均以轴线为中心线。

③基础梁顶标高均为 −1.8m，基础底板 LP1 顶面与梁顶平。

④基础底板 LP1、基础梁 JL-1、JL-2 底均设 150mm 厚 C15 素混凝土垫层，垫层每边伸出基础、梁边 150mm。

解：

1. 筏板基础土方清单工程量计算

挖土深度 $H = -0.3 - (-1.8 - 0.4 - 0.15) = 2.05(\text{m})$

基坑下口　长度 $a = 6 + 6 + 6.5 + 0.65 \times 2 + 0.15 \times 2 = 20.1(\text{m})$

　　　　　宽度 $b = 6 + 5.5 + 0.65 \times 2 + 0.15 \times 2 = 13.1(\text{m})$

挖土体积 $V = a \times b \times H = 20.1 \times 13.1 \times 2.05 = 539.79(\text{m}^3)$

2. 基础梁人工挖沟槽清单工程量计算

挖土深度 $h = 0.7 - 0.4 = 0.3(\text{m})$，底宽 $= 0.4 + 0.15 \times 2 = 0.7(\text{m})$

外梁长度 $= [(6 + 6 + 6.5) + (6 + 5.5)] \times 2 = 60(\text{m})$

内梁长度 $= (11.5 - 0.7) \times 2 + (18.5 - 0.7 \times 3) = 38(\text{m})$

人工挖沟槽体积 $V = a \times h \times L = 0.7 \times 0.3 \times (60 + 38) = 20.58(\text{m}^3)$

3. 填写清单计价表

将上述计算项目对应的项目编码、项目名称、计量单位和计算工程量结果，填写到"分部分项工程和单价措施项目清单与计价表"中（见表 8-4），该表是工程量清单的重要组成部分。

分部分项工程和单价措施项目清单与计价表　　　　表 8-4

序号	项目编码	项目名称	项目特征描述	计量单位	工程量	金额（元）	
						综合单价	合价
1	010101001002	挖一般土方	1. 土壤类别：四类土 2. 挖土深度：2.05m 3. 弃土运距：10km	m²	539.79		

序号	项目编码	项目名称	项目特征描述	计量单位	工程量	金额（元）	
						综合单价	合价
2	010101001003	挖沟槽土方	1. 土壤类别：四类土 2. 挖土深度：0.3m 3. 就地堆放	m²	20.58		

8.3 土方定额工程量计算

本书按照《上海市建筑和装饰工程预算定额》SH01-31—2016（简称上海定额）土石方工程量计算规则规定计算的工程量，称为定额工程量（下同）。

8.3.1 土方定额工程量计算有关规定

1. 放坡系数

计算挖沟槽、基坑、挖一般土方定额工程量需放坡时，放坡执行上海定额规定，见表8-5。

土方放坡的起点深度和放坡坡度表   表8-5

名称	挖土深度（m以内）	放坡系数
挖土	1.5	—
挖土	2.5	1∶0.5
挖土	3.5	1∶0.7
挖土	5	1∶1.0
采用降水措施	不分深度	1∶0.5

2. 基础工作面

计算定额工程量有规定时，执行上海定额规定的基础施工所需工作面宽度的规定，见表8-6。

基础施工所需工作面宽度计算表   表8-6

名称	每边增加工作面宽度（mm）	名称	每边增加工作面宽度（mm）
砖基础	200	地下室埋深超3m以上	1800
混凝土基础、垫层支模板	300	支挡土板	100（另加）
基础垂直面做防水层	1000（防水层面）		

8.3.2 平整场地定额工程量计算

1. 计算规则

平整场地，按设计图示尺寸以建筑物或构筑物的底面积的外边线，每边各加2m以面积计算。

2. 计算规则解读

（1）建筑物底面积是指首层全部面积，如果有阳台和走廊是要算全部面积。

（2）与平整场地清单工程量计算相比，定额工程量要在清单工程量基础上增加每边放出 2m 的面积，这一规定符合施工现场建筑物定位放线所需场地面积的实际情况。

3. 计算公式

$$S = 建筑物底面积 + 外墙外边周长 \times 2m + 16m^2$$

4. 计算举例

[例 8-7] 根据图 8-13 计算某建筑物平整场地定额工程量。

解： 建筑物底面积 =（10.0 + 4.0）× 9.0 + 10.0 × 7.0 + 18.0 × 8.0 = 340.0（m²）

外墙外边周长 =（18.0 + 24.0 + 4.0）× 2 = 96.0（m）

平整场地定额工程量 S = 340.0 + 92.0 × 2 + 16 = 540.0（m²）

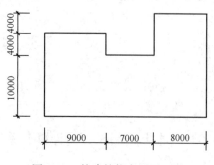

图 8-13　某建筑物底层平面图

8.3.3　挖沟槽土方定额工程量计算

1. 沟槽与基坑划分

沟槽与基坑的划分同清单工程量计算的划分方法。

2. 工程量计算规则

沟槽土方，按设计图示沟槽长度乘以沟槽断面面积（包括工作面宽度和放坡宽度的面积），以体积计算。

带形基础的沟槽长度，设计无规定时，按下列规定计算：

（1）外墙沟槽，按外墙中心线长度计算。

（2）内墙沟槽，按相交墙体基础（含垫层）之间垫层的净长度计算。

（3）框架间墙沟槽，按独立基础（含垫层）之间垫层的净长度计算。

（4）突出墙面的墙垛的沟槽，按墙垛突出墙面的中心线长度，并入相应工程量内计算。

管道沟槽的长度按设计图示尺寸计算，不扣除各类井的长度。井的土方并入管道土方内。

3. 计算公式

$$V = (a + 2c + KH)HL$$

式中　V——沟槽体积；

　　　a——垫层宽；

　　　c——工作面宽度；

　　　H——沟槽深；

　　　L——沟槽长；

　　　K——放坡系数。

挖沟槽体积计算公式含义见图 8-14。

4. 计算举例

[例 8-8] 某地槽长 15.50m，槽深 1.60m，混凝土基础垫层宽 0.90m，有工作面，三类土，计算人工挖地槽工程量。

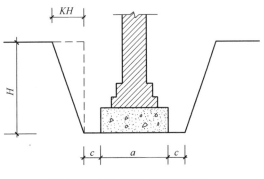

图 8-14　挖沟槽土方断面示意图

解：已知　$a=0.90$m

$c=0.30$m（查表 8-6）

$H=1.60$m

$L=15.50$m

$K=0.33$（查表 8-5）

地槽土方体积 $V = (0.90+2\times0.30+0.33\times1.60)\times1.60\times15.50$

$=2.028\times1.60\times15.50$

$=50.29$（m³）

8.3.4　挖基坑土方定额工程量计算

1. 计算规则

基坑土方按设计图示尺寸，以基础垫层底面积（包括工作面宽度和放坡的面积，见图 8-15）乘以挖土深度计算。

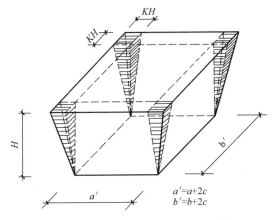

图 8-15　放坡地坑土方工程量计算公式
构建示意

2. 计算公式

$$V =(a+2c+KH)(b+2c+KH)H+\frac{1}{3}K^2H^3$$

式中　V——基坑体积；

a——基坑垫层宽度；

b——基坑垫层长度；

c——工作面宽度；

H——基坑深度；

K——放坡系数。

3. 计算举例

[例 8-9] 已知某工程基坑土方为四类土，基坑垫层长、宽为 1.50m 和 1.20m，基坑深度 2.20m，有工作面，计算 9 个该基坑挖土方定额工程量。

解：已知 $a=1.20$m

$b=1.50$m

$H=2.20$m

$K=0.25$（查表 8-5）

$c=0.30$m（查表 8-6）

$$V = (1.20 + 2 \times 0.30 + 0.25 \times 2.20) \times (1.50 + 2 \times 0.30 +$$
$$0.25 \times 2.20) \times 2.20 + 1/3 \times 0.252 \times 2.203$$
$$= 2.35 \times 2.65 \times 2.20 + 0.22$$
$$= 13.92 \ (\text{m}^3)$$

8.3.5　挖孔桩土方定额工程量计算

1. 计算规则

按设计图示尺寸以立方米计算。

2. 计算公式

挖孔桩土方 V＝桩身体积＋圆台体积＋球冠体积

3. 计算举例

［例 8-10］根据图 8-16 中的有关尺寸数据，计算该挖孔桩土方清单工程量。

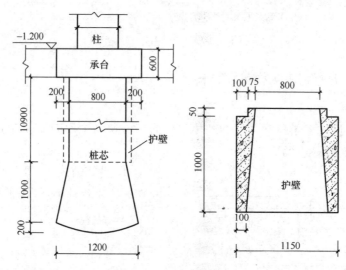

图 8-16　挖孔桩施工图

解：

1. 桩身体积

$$V = 3.1416 \times \left(\frac{1.15}{2}\right)^2 \times 10.90 = 11.32 \ (\text{m}^3)$$

2. 圆台部分

$$V = \frac{1}{3}\pi h (r^2 + R^2 + rR)$$

$$= \frac{1}{3} \times 3.1416 \times 1.0 \times \left[\left(\frac{0.80}{2}\right)^2 + \left(\frac{1.20}{2}\right)^2 + \frac{0.80}{2} \times \frac{1.20}{2}\right]$$

$$= 1.047 \times (0.16 + 0.36 + 0.24)$$

$$= 1.047 \times 0.76 = 0.80 \ (\text{m}^3)$$

3. 球冠部分

$$R = \frac{\left(\frac{1.20}{2}\right)^2 + (0.2)^2}{2 \times 0.2} = \frac{0.40}{0.4} = 1.0\text{m}$$

$$V = \pi h^2 \left(R - \frac{h}{3}\right) = 3.1416 \times (0.20)^2 \times \left(1.0 - \frac{0.20}{3}\right) = 0.12 \ (\text{m}^3)$$

挖孔桩体积 $= 11.32 + 0.80 + 0.12 = 12.24 \ (\text{m}^3)$

8.3.6 回填和余土外运定额工程量计算

1. 回填土工程量计算规则

回填土按夯填和松填分别以体积计算按表 8-3 执行。

(1) 基础回填，按挖方体积减去设计室外地坪以下埋设的基础体积（包括基础垫层及其他构筑物）计算。

(2) 室内（房心）回填，按主墙间净面积乘以回填厚度计算，不扣除间隔墙。

(3) 场区（含地下室顶板以上）回填，按回填面积乘以平均回填厚度计算。

(4) 管道沟槽回填，按挖方体积减去管道基础和下表管道折合回填体积计算。

2. 余土或取土工程量计算式

余土运输体积 = 挖土量 − 回填土量

式中计算结果正值时为余土外运体积；负值时为需取土体积。

3. 有关说明

(1) 场区（含地下室顶板以上）回填，按相应子目的人工、机械乘以系数 0.9。

(2) 基础（地下室）周边回填材料时，按上海定额第二章地基处理与边坡支护工程地基处理相应定额子目的人工、机械乘以系数 0.9。

8.3.7 土方定额工程量计算综合例题

[例 8-11] 某工程满堂筏板基础如图 8-17、图 8-18 所示，垫层采用支模浇筑，底板、基础梁采用标准半砖侧模（M5 混合砂浆砌筑，1:2 水泥砂浆抹灰）施工，半砖侧模（厚度按 115mm 计算）砌筑在垫层上。土壤类别四类土，地下常水位为 −2.70m，反铲挖掘机（斗容量 1m³）坑内作业，挖土装车，机械开挖的土方由自卸汽车外运 10km，人工修边坡、清底的土方（工程量按基坑总挖方量的 10% 计算）和基础梁土方（人工开挖）坑边堆放不外运。基础混凝土采用预拌防水 P6（泵送型）C30 混凝土，垫层采用预拌泵送 C15 混凝土。

要求：

(1) 按 2016 年上海市预算定额工程量计算规则，计算土方开挖、外运的定额工程量（不考虑回填）；

(2) 按 2016 年上海市预算定额工程量计算规则，计算满堂基础、垫层混凝土的定额工程量（要放坡、有工作面）。

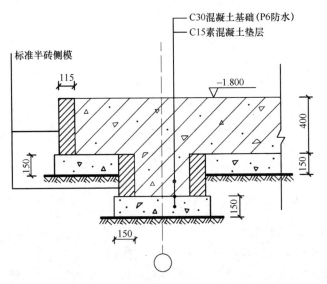

图 8-17　砖侧模施工示意图

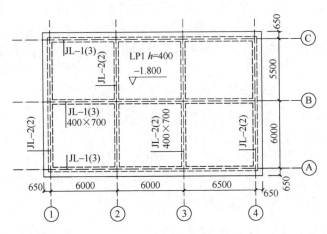

图 8-18　基础底板、基础梁图

注：1. 设计室外地坪标高为 −0.3m。

　　2. 除特别注明外，基础梁均以轴线为中心线。

　　3. 基础梁顶标高均为 −1.8m，基础底板 LP1 顶面与梁顶平。

　　4. 基础底板 LP1、基础梁 JL-1、JL-2 底均设 150mm 厚 C15 素混凝土垫层，垫层每边伸出基础、梁边 150mm。

解：计算土方开挖、外运的定额工程量（定额编号：01-1-1-9）

1. 挖筏板基础土方

挖土深度 $H = -0.3 + 1.8 + 0.4 + 0.15 = 2.05\text{m}$

根据定额规定，放坡系数为 $1:0.5$，$K = 0.5$

混凝土基础垫层支模板，每边增加工作面 300mm，$c = 0.3\text{m}$

基坑下口　长度 $a = 6 + 6 + 6.5 + 0.65 \times 2 + 0.15 \times 2 = 20.1\text{m}$

　　　　　宽度 $b = 6 + 5.5 + 0.65 \times 2 + 0.15 \times 2 = 13.1\text{m}$

挖土体积 $V = (a + 2c + KH)(b + 2c + KH)H + \frac{1}{3} \times K^2 H^3$

$= (20.1 + 2 \times 0.3 + 0.5 \times 2.05) \times (13.1 + 2 \times 0.3 + 0.5 \times 2.05) \times 2.05 +$

$\frac{1}{3} \times 0.5^2 \times 2.05^3$

$= 656.51 \text{m}^3$

2. 基础梁人工挖沟槽（定额编号：01-1-2-15）

挖土深度 $h = 0.7 - 0.4 = 0.3 \text{m}$，工作面宽度 $c = 0.3 \text{m}$

底宽 $= 0.4 + 0.15 \times 2 = 0.7 \text{m}$

外梁长度 $= [(6 + 6 + 6.5) + (6 + 5.5)] \times 2 = 60 \text{m}$

内梁长度 $= (11.5 - 0.7) \times 2 + (18.5 - 0.7 \times 3) = 38 \text{m}$

人工挖沟槽体积 $V = (a + 2c) \times h \times L = (0.7 + 0.3 \times 2) \times 0.3 \times (60 + 38)$
$= 38.22 \text{m}^3$

定额编号：01-1-1-15

3. 土方外运（定额编号：01-1-2-7）

$$V = 656.51 \times 0.9 = 590.86 \text{m}^3$$

8.4　桩基清单工程量计算

8.4.1　灌注桩清单工程量计算

1. 计算规则

按设计图示尺寸以桩长（包括桩尖）计算。

2. 计算举例

[例8-12] 某工程水泥粉煤灰碎石灌注桩直径800mm，桩身长6000mm，桩尖600mm，计算25根该水泥粉煤灰碎石灌注桩清单工程量。

解： $L = (6.00 + 0.60) \times 25$ 根

$= 6.60 \times 25$

$= 165.00$ （m）

8.4.2　预制桩清单工程量计算

1. 计算规则

计量规范规定，预制桩可以按以下三种计量单位计算确定工程量。

（1）以米计量，按设计图示尺寸以桩长（包括桩尖）计算。

（2）以立方米计量，按设计图示截面积乘以桩长（包括桩尖）以实体积计算。

（3）以根计量，按设计图示数量计算。

2. 有关说明

以米计量时，必须描述桩截面。以根计量时，必须描述桩截面及桩长。

3. 计算举例

[例8-13] 如图8-19所示，预制混凝土桩断面尺寸300mm×300mm，桩身长

8000mm，桩尖长 500mm。计算 1 根预制钢筋混凝土方桩工程量。

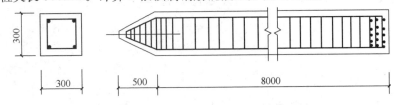

图 8-19　预制钢筋混凝土方桩大样图

解：
$$长度＝桩身长度＋桩尖长度＝8+0.5=8.5（m）$$
或 体积 $= S \times H_0 + SH_0/3 = 0.3 \times 0.3 \times 8 + 0.3 \times 0.3 \times 0.5/3 = 0.74 m^3$

8.4.3　钢板桩清单工程量计算

1. 什么是钢板桩

钢板桩是一种边缘带有联动装置，且这种联动装置可以自由组合以便形成一种连续紧密的挡土或者挡水墙的钢结构体，见图 8-20、图 8-21。

2. 计算规则

（1）以吨计量，按设计图示尺寸以质量计算。

（2）以平方米计量，按设计图示墙中心线长乘以桩长以面积计算。

说明：以平方米计量时，必须描述板桩厚度。

3. 钢板桩图片

图 8-20　施工现场堆放的钢板桩

图 8-21　静力压桩机压钢板桩

图 8-22　钢板桩挡土图片

4. 计算实例

[例 8-14] 如图 8-22 所示，U 形钢板桩桩身高 6.0m，规格为 WRU9（比重 59.7kg/m），墙长 25m。计算该钢板桩清单工程量。

解：$S = 6.0 \times 25.0 = 150.00（m^2）$

8.4.4　型钢桩清单工程量计算

1. 计算规则

（1）以吨计量，按设计图示尺寸以质量

计算。

（2）以根计量，按设计图示数量计量。

说明：以根计量时，必须描述桩长、规格型号。

2. 计算实例

[**例 8-15**] 如图 8-23 所示，工字型钢桩，桩身长 6000mm，规格为 $H800 \times 300 \times 14 \times 26$，$r = 28$mm($H$ 高度×宽度×腹板厚度×翼缘厚度，r 为圆角半径）。计算 12 根该型钢桩清单工程量。

注：工字型钢桩每米质量 $W = 0.00785 \times [t_1(H - 2t_2) + 2Bt_2 + 0.858r^2]$

式中，W 表示理论质量（kg/m），H 为高度，B 为宽度，t_1 为腹板厚度，t_2 为翼缘厚度，r 为圆角半径（mm）。

图 8-23 型钢桩施工图

解：$H800 \times 300 \times 14 \times 26$ 的比重 W

$$= 0.00785 \times [14 \times (800 - 2 \times 26) + 2 \times 300 \times 26 + 0.858 \times 28^2]$$

$$= 210 \text{(kg/m)}$$

$$T = L \times 210 \times 12 \text{ 根} = 6 \times 210 \times 12 = 15120 \text{ (kg)}$$

8.4.5 打桩清单工程量计算综合例题

[**例 8-16**] 某工程有 30 根钢筋混凝土柱，根据上部荷载计算，每根柱下有 4 根 350mm×350mm 的方桩，桩长 30m（用 3 根长 10m 的方桩焊接方法接桩，包角钢），桩顶距自然地坪 5m，桩由预制厂运到工地，运距 13km，土质为一级，采用柴油机打桩机打桩，（桩采用 C35 混凝土）。

要求：

（1）按《房屋建筑与装饰工程工程量计算规范》GB 50854—2013 计算预制钢筋混凝土方桩的清单工程量；

（2）填写分部分项工程和单价措施项目清单与计价表。

解：

1. 打预制混凝土桩清单工程量计算

$$V_1 = 30 \times 0.35 \times 0.35 \times 4 \times 30 = 441 \text{ (m}^3\text{)}$$

2. 填写分部分项工程和单价措施项目清单与计价表。

将上述计算项目对应的项目编码、项目名称、计量单位和计算工程量结果，填写到"分部分项工程和单价措施项目清单与计价表"中，见表 8-7。

分部分项工程和单价措施项目清单与计价表　　　　表 8-7

序号	项目编码	项目名称	项目特征描述	计量单位	工程量	金额（元）	
						综合单价	合价
1	010301002001	预制钢筋混凝土方桩	1. 地层情况：一级 2. 送桩深度 5.5m、桩长 30m 3. 桩截面：350mm×350mm 4. 桩倾斜度 5. 沉桩方法：柴油机打桩机打桩 6. 接桩方式：电焊 7. 混凝土强度等级：C35 混凝土	m³	441.0		

8.4.6　灌注桩清单工程量计算综合例题

[**例 8-17**] 某桩基工程，地勘资料显示从室外地面至持力层范围均为三类黏土。根据打桩记录，实际完成钻孔灌注桩数量为 201 根，采用 C35 预拌泵送混凝土，桩顶设计标高为 −5.0m，桩底标高 −23.0m，桩径 φ600mm，场地自然地坪标高为 −0.45m，如图 8-24 所示。打桩过程中以自身黏土及灌入自来水进行护壁，泥浆外运距离 15km，现场打桩采用回旋钻机，每根桩设置两根 φ32×2.5mm 无缝钢管进行桩底后注浆。已知该打桩工程实际灌入混凝土总量为 1772.55m³（该混凝土量中未计入操作损耗），每根桩的后注浆用量为 42.5 级水泥 1.8t。施工合同约定桩混凝土充盈系数按实际灌入量调整。凿桩头和钢筋笼不考虑。

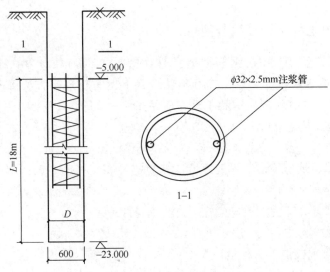

图 8-24　钻孔灌注桩

要求：

（1）按《房屋建筑与装饰工程工程量计算规范》GB 50854—2013 计算灌注桩清单工

程量；

（2）填写分部分项工程和单价措施项目清单与计价表。

解：

1. 钻孔灌注桩清单工程量计算

灌注混凝土 $V = 3.14 \times 0.3 \times 0.3 \times (23 - 5) \times 201 = 1022.45$（m³）

2. 注浆孔清单工程量计算

注浆孔 $= 201$ 根桩 $\times 2$ 孔/根 $= 402$（孔）

3. 填写分部分项工程和单价措施项目清单与计价表

将上述计算项目对应的项目编码、项目名称、计量单位和计算工程量结果，填写到"分部分项工程和单价措施项目清单与计价表"中，见表 8-8。

分部分项工程和单价措施项目清单与计价表　　　　表 8-8

序号	项目编码	项目名称	项目特征描述	计量单位	工程量	金额（元） 综合单价	合价
1	010302001001	泥浆护壁成孔灌注桩	1. 地层情况：三类黏土 2. 空桩长度、桩长：4.55m、18m 3. 桩径：φ600mm 4. 成孔方法：回旋钻机成孔 5. 混凝土种类、强度等级：泵送商品混凝土 C35 6. 泥浆外运距离：15km	m³	1022.45		
2	010302007001	灌注桩后压浆	1. 注浆导管材质、规格：无缝钢管 φ32×2.5mm 2. 注浆导管长度：22.75m 3. 单孔注浆盘：0.9t 4. 水泥强度等级：42.5 级	孔	402		

8.4.7　水泥粉煤灰碎石桩清单工程量计算综合例题

[**例 8-18**] 某幢别墅工程基底为可塑黏土，不能满足设计承载力要求，采用水泥粉煤灰碎石桩进行地基处理，桩径为 400mm，桩体强度等级为 C20，桩数为 52 根，设计桩长为 10m，桩端进入硬塑黏土层不少于 1.5m，桩顶在地面以下 1.5m～2m，水泥粉煤灰碎石桩采用振动沉管灌注桩施工，桩顶采用 200mm 厚人工级配砂石（砂：碎石＝3：7，最大粒径 30mm）作为褥垫层，如图 8-25、图 8-26 所示。

要求：（1）根据以上背景资料计算该工程地基处理分部分项工程的清单工程量；

（2）填写分部分项工程和单价措施项目清单与计价表。

解： 1. 土壤类别

根据某工程勘探资料，该工程为可塑黏土和硬塑黏土三类土。

2. 水泥粉煤灰碎石桩清单工程量

$$L = 52 \times 10 = 520 \text{（m）}$$

3. 褥垫层清单工程量

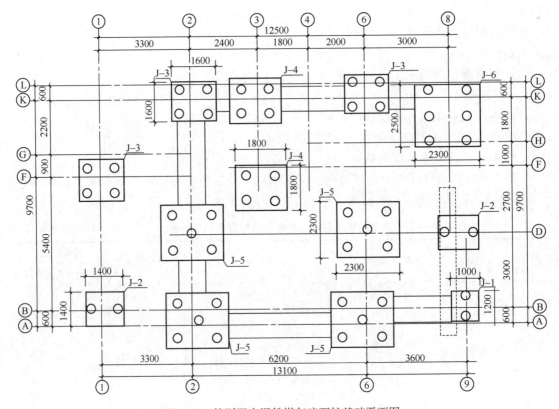

图 8-25　某别墅水泥粉煤灰碎石桩基础平面图

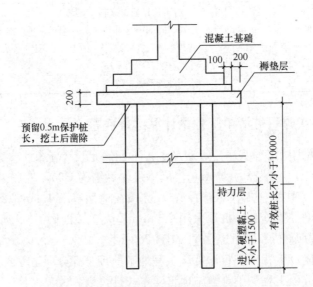

图 8-26　水泥粉煤灰碎石桩详图

J-1　　1.8×1.6×1=2.88（m²）

J-2　　2×2×2=8（m²）

J-3　　2.2×2.2×3=14.52（m²）

J-4　　2.4×2.4×2=11.52（m²）

J-5　$2.9 \times 2.9 \times 4 = 33.64$（$m^2$）

J-6　$2.9 \times 3.1 \times 1 = 8.99$（$m^2$）

$$S = 2.88 + 8 + 14.52 + 11.52 + 33.64 + 8.99 = 79.55（m^2）$$

4. 填写分部分项工程和单价措施项目清单与计价表

将上述计算项目对应的项目编码、项目名称、计量单位和计算工程量结果，填写到"分部分项工程和单价措施项目清单与计价表"中，见表8-9。

分部分项工程和单价措施项目清单与计价表　　　　表8-9

序号	项目编码	项目名称	项目特征描述	计量单位	工程量	金额（元）	
						综合单价	合价
1	010101001002	挖一般土方	1. 土壤类别：四类土 2. 挖土深度：2.05m 3. 弃土运距：10km	m^2	539.79		
2	010101001003	挖沟槽土方	1. 土壤类别：四类土 2. 挖土深度：0.3m 3. 就地堆放	m^2	20.58		

8.5　桩基定额工程量计算

按照《上海市建筑和装饰工程预算定额》SH01-31—2016（简称上海定额）第三章桩基工程项目和工程量计算规则计算的工程量，称为桩基定额工程量。

8.5.1　打桩定额工程量计算

工程量计算规则：

（1）打、压预制钢筋混凝土桩

1）预制钢筋混凝土方桩、定型短桩均按设计图示桩长（不扣除桩尖虚体积）乘以桩截面面积以体积计算。

2）预制钢筋混凝土管桩，按设计图示尺寸以桩长度（包括桩尖）计算。

3）如设计要求采用混凝土灌注或其他材料填充桩的空心部分时，按灌注或填充的实体积计算。

（2）送桩

1）预制钢筋混凝土方桩按桩截面面积乘以送桩长度（设计桩顶面至打、压桩前自然地坪面加0.5m）以体积计算。

2）预制钢筋混凝土管桩，按设计桩顶面至打、压桩前自然地坪面加0.5m以长度计算。

（3）接桩

接桩按设计图示数量以个计算。

（4）钢管桩

钢管桩按设计长度（设计桩顶至桩底标高）、管径、壁厚以质量计算。

1）计算公式：$W = (D-t) \times t \times 0.0246 \times L \div 1000$

式中　D——钢管桩直径（mm）；

　　　W——钢管桩重量（t）；

　　　L——钢管桩长度（m）；

　　　t——钢管桩壁厚（mm）。

2）钢管桩内切割按设计图示数量以根计算。

3）精割盖帽按设计图示数量以个计算。

4）接桩按设计图示数量以个计算。

（5）凿、截桩

余桩≥1m时可计算截桩，凿、截桩以根计算；截凿混凝土灌注桩按实际截凿数量以根计算。

8.5.2　灌注桩定额工程量计算

1. 工程量计算规则

（1）钻孔灌注混凝土桩

1）灌注混凝土按设计桩长（以设计桩顶标高至桩底标高）乘以设计桩径截面积以体积计算。

2）成孔按打桩前自然地坪标高至桩底标高乘以设计截面面积以体积计算。

（2）就地灌注混凝土桩按设计桩长（不扣除桩尖虚体积）乘以设计截面面积以体积计算；多次复打桩按单桩体积乘以复打次数计算工程量。

（3）静钻根植桩成孔工程量按成孔深度乘以成孔截面积以体积计算；成孔深度为打桩前自然地坪标高至设计桩底的长度，设计桩径是指预应力混凝土根植管桩竹节外径。

1）扩底以上部分成孔工程＝（成孔深度－扩底高度）×[（设计桩径＋10cm）÷2]²×π

2）扩底部分成孔工程量＝扩底高度×（扩底直径÷2）²×π

3）扩底以上部分注浆工程量＝（设计桩长－扩底高度）×[（设计桩径＋10cm）÷2]²×π×0.3

4）扩底部分注浆工程量同扩底部分成孔工程量。

5）植桩工程量按设计桩长以长度计算。

6）送桩工程量按设计桩顶标高至植桩前自然地坪面加0.5m以长度计算。

2. 打桩定额工程量计算综合例题

[例8-19]某工程有30根柱，每根柱下有4根350mm×350mm的钢筋混凝土预制方桩，桩长30m（3根长10m的方桩用焊接方法接桩，包角钢），桩顶距自然地坪5m，桩由预制厂运到工地，运距13km，土质为一级，采用柴油机打桩机打桩，（桩采用C35混凝土）。

要求：

按2016年上海市预算定额要求计算灌注桩定额工程量、套用定额编号。

解：

1. 打预制钢筋混凝土方桩

定额编号：01-3-1-5

定额工程量：$V_1 = 30\text{m/ 根} \times 0.35\text{m} \times 0.35\text{m} \times 4 \text{ 根} \times 30 = 441(\text{m}^3)$

2. 接桩

定额编号：01-3-1-15

定额工程量：4 根/柱×2 个接头/根×30 根柱＝ 240 （个）

3. 送桩

定额编号：01-3-1-8

定额工程量：$V_2 = (5 + 0.5) \times 0.35 \times 0.35 \times 4 \times 30 = 80.85$ （m^3）

8.5.3　灌注桩定额工程量计算综合例题

[例 8-20] 某桩基工程，地勘资料显示从室外地面至持力层范围均为三类黏土。根据打桩记录，实际完成钻孔灌注桩数量为 201 根，采用 C35 预拌泵送混凝土，桩顶设计标高为－5.0m，桩底标高－23.0m，桩径 ϕ600mm，场地自然地坪标高为－0.45m，如图 8-27 所示。打桩过程中以自身黏土及灌入自来水进行护壁，泥浆外运距离 15km，现场打桩采用回旋钻机，每根桩设置两根 $\phi 32 \times 2.5$mm 无缝钢管进行桩底后注浆。已知该打桩工程实际灌入混凝土总量为 1772.55m³（该混凝土量中未计入操作损耗），每根桩的后注浆用量为 42.5 级水泥 1.8t 。施工合同约定桩混凝土充盈系数按实际灌入量调整。凿桩头和钢筋笼不考虑。

要求：按 2016 年上海市预算定额要求计算灌注桩定额工程量、套用定额编号。

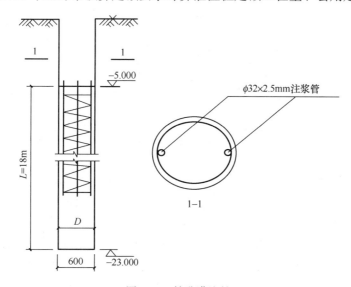

图 8-27　钻孔灌注桩

解： 1. 钻孔灌注桩成孔

定额编号：01-3-2-1

定额工程量：$V = 3.14 \times 0.3 \times 0.3 \times (23 - 0.45) \times 201 = 1280.90$ （m^3）

2. 钻孔灌注桩灌注混凝土

定额编号：01-3-2-2

定额工程量：$V = 3.14 \times 0.3 \times 0.3 \times (23 - 5) \times 201 = 1022.45$ （m^3）

3. 灌注桩后压浆桩底压桩

定额编号：01-3-2-13

定额工程量：$W = 1.8 \times 201 = 361.8$（t）

4. 灌注桩后压浆压桩管埋设

定额编号：01-3-2-14

定额工程量：$L = (23 - 0.45 + 0.5) \times 201 \times 2 = 9266.1$（m）

5. 泥浆外运

定额编号：01-1-2-6

定额工程量：$V = 3.14 \times 0.3 \times 0.3 \times (23 - 0.45) \times 201 = 1280.90$（m³）

8.6 砖砌体清单工程量计算

8.6.1 砖基础长度

1. 计算规则

砖基础长度：外墙按中心线、内墙按净长线计算。

2. 计算举例

[**例 8-21**] 根据图 8-28 基础施工图的尺寸，计算砖基础的长度（基础墙均为 240 厚）。

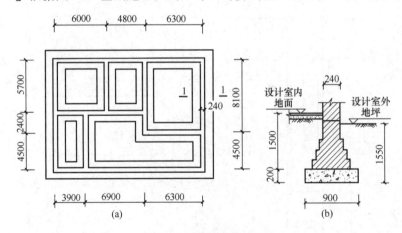

图 8-28 砖基础施工图

（a）基础平面图；（b）1—1 剖面图

解：1. 外墙砖基础长（$L_{中}$）

$$L_{中} = [(4.5 + 2.4 + 5.7) + (3.9 + 6.9 + 6.3)] \times 2$$
$$= (12.6 + 17.1) \times 2 = 59.40 (m)$$

2. 内墙砖基础净长（$L_{内}$）

$$L_{内} = (5.7 - 0.24) + (8.1 - 0.24) + (4.5 + 2.4 - 0.24) + (6.0 + 4.8 - 0.24) + 6.3$$
$$= 5.46 + 7.86 + 6.66 + 10.56 + 6.30$$
$$= 36.84 \ (m)$$

8.6.2　等高式放脚砖基础清单工程量计算

1. 计算规则

（1）按设计图示尺寸以体积计算。

（2）包括附墙垛基础宽出部分体积，扣除地梁（圈梁）、构造柱所占体积，不扣除基础大放脚 T 形接头处的重叠部分及嵌入基础内的钢筋、铁件、管道、基础砂浆防潮层和单个面积 $0.3m^2$ 以内的孔洞所占体积，靠墙暖气沟的挑檐不增加。

2. 计算公式

等高式放脚砖基础（图 8-29）的计算公式为：

$$V_{基} = （基础墙厚 \times 基础墙高 + 放脚增加面积）\times 基础长$$
$$= (d \times h + \Delta S) \times l$$
$$= [dh + 0.126 \times 0.0625n(n+1)]l$$
$$= [dh + 0.007875n(n+1)]l$$

式中　　0.007875——1 个放脚标准块面积；

　0.007875n（$n+1$）——全部放脚增加面积；

　　　　n——放脚层数；

　　　　d——基础墙厚；

　　　　h——基础墙高；

　　　　l——基础长。

3. 计算实例

[例 8-22] 某工程砌筑的等高式标准砖放脚基础如图 8-29 所示，当基础墙高 $h = 1.4m$，基础长 $l = 25.65m$ 时，计算该砖基础清单工程量。

[解] 已知：$d = 0.365$，$h = 1.4m$，$l = 25.65m$，$n = 3$

$$V_{砖基} = (0.365 \times 1.40 + 0.007875 \times 3 \times 4) \times 25.65$$
$$= 0.6055 \times 25.65 = 15.53（m^3）$$

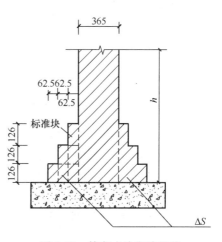

图 8-29　等高式放脚砖基础

8.6.3　不等高式放脚砖基础清单工程量计算

1. 计算规则

同等高式砖基础。

2. 计算公式

不等高式放脚砖基础的计算公式为：

$$V_{基} = \{dh + 0.007875[n(n+1) - 半层放脚层数值]\} \times l$$

式中　半层放脚层数值——半层放脚（0.063m 高）所在放脚层的值。如图 8-30 中为 1 + 3 = 4。

其余字母含义同等高式基础公式。

3. 计算实例

[例 8-23] 某工程大放脚砖基础的尺寸如图 8-30 所示，当 $h = 1.56m$，基础长 $L = $

18.5m 时，计算该砖基础清单工程量。

解：已知 $d=0.24\text{m}$，$h=1.56\text{m}$，$L=18.5\text{m}$，
$n=4$

$$
\begin{aligned}
V_{砖基} &= \{0.24 \times 1.56 + 0.007875 \times \\
&\quad [4 \times 5 - (1+3)]\} \times 18.5 \\
&= (0.3744 + 0.007875 \times 16) \times 18.5 \\
&= 0.5004 \times 18.5 \\
&= 9.26(\text{m}^3)
\end{aligned}
$$

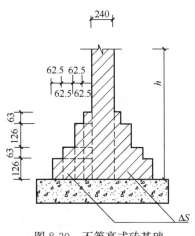

图 8-30 不等高式砖基础

8.6.4 有放脚砖柱基础清单工程量计算

1. 计算规则

有放脚砖柱基础清单工程量计算规则同砖基础。

2. 计算公式

有放脚砖柱基础工程量计算分为两部分：（1）将柱的体积算至基础底；（2）将柱四周放脚体积算出（图 8-31、图 8-32）。其计算公式如下：

$$
\begin{aligned}
V_{柱基} &= abh + \Delta V \\
&= abh + n(n+1)[0.007875(a+b) + 0.000328125(2n+1)]
\end{aligned}
$$

式中 a——柱断面长；

b——柱断面宽；

h——柱基高；

n——放脚层数；

ΔV——砖柱四周放脚体积。

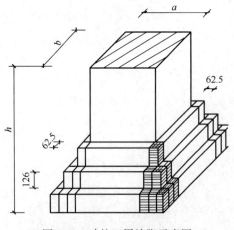

图 8-31 砖柱四周放脚示意图

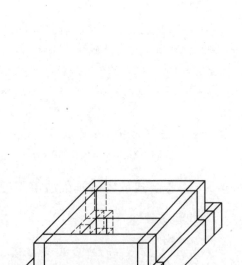

图 8-32 砖柱基四周放脚体积 ΔV 示意图

3. 计算举例

[例 8-24]某工程有 5 个等高式放脚砖柱基础，柱断面 $0.365\text{m} \times 0.365\text{m}$，柱基高 1.85m 放脚 5 层，试计算该砖柱基础清单工程量。

解: 已知 $a=0.365\text{m}$, $b=0.365\text{m}$, $h=1.85\text{m}$, $n=5$

$$V_{\text{柱基}} = 5 \times \{0.365 \times 0.365 \times 1.85 + 5 \times 6 \times [0.007875 \times (0.365 + 0.365) +$$
$$0.000328125 \times (2 \times 5 + 1)]\}$$
$$= 5 \times (0.246 + 0.281)$$
$$= 2.64 \text{ (m}^3)$$

8.6.5　实心砖墙清单工程量计算

1. 墙长规定

外墙长度按外墙中心线长度计算,内墙长度按内墙净长线计算。墙长计算方法如下:

(1)墙长在转角处的计算。墙体在 90°转角时,用中轴线尺寸计算墙长,就能算准墙体的体积。例如图 8-33 的Ⓐ图中,按箭头方向的尺寸算至两轴线的交点时,墙厚方向的水平断面积重复计算的矩形部分正好等于没有计算到的矩形面积。因此,凡是 90°转角的墙,算到中轴线交叉点时就算够了墙长。

(2)T形接头的墙长计算。当墙体处于 T 形接头时,T 形上部水平墙拉通算完长度后,垂直部分的墙只能从墙内边算净长。例如,图 8-33 中的Ⓑ图,当③轴上的墙算完长

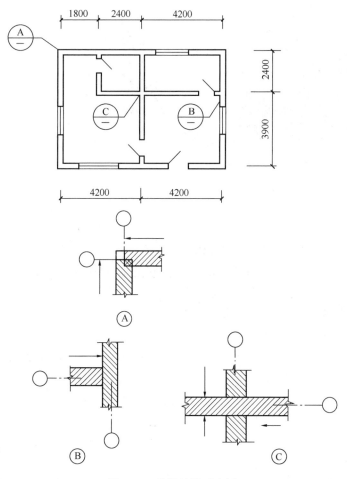

图 8-33　墙长计算示意图

度后，Ⓑ轴墙只能从③轴墙内边起计算Ⓑ轴的墙长，故内墙应按净长计算。

（3）十字形接头的墙长计算。当墙体处于十字形接头状时，计算方法基本同 T 形接头，例如图 8-33 中Ⓒ图的示意。因此，十字形接头处分断的两道墙也应算净长。

2. 墙长计算举例

[例 8-25] 根据图 8-33 计算内、外墙长（墙厚均为 240）。

解：1.240 厚外墙长

$$L_{中} = [(4.2 + 4.2) + (3.9 + 2.4)] \times 2 = 29.40 \text{ (m)}$$

2.240 厚内墙长

$$L_{中} = (3.9 + 2.4 - 0.24) + (4.2 - 0.24) + (2.4 - 0.12) + (2.4 - 0.12) = 14.58 \text{ (m)}$$

3. 实心砖墙清单工程量计算规则

按设计图示尺寸以体积计算。扣除门窗洞口、过人洞、空圈、嵌入墙内的钢筋混凝土柱、梁、圈梁、挑梁、过梁及凹进墙内的壁龛、管槽、暖气槽、消火栓箱所占体积。不扣除梁头、板头、檩头、垫木、木楞头、沿缘木、木砖、门窗走头、砖墙内加固钢筋、木筋、铁件、钢管及单个面积 0.3m² 以内的孔洞所占体积。凸出墙面的腰线、挑檐、压顶、窗台线、虎头砖、门窗套的体积亦不增加。凸出墙面的砖垛并入墙体积内计算。实心砖墙如图 8-34 所示。

图 8-34　实心砖墙示意图

（1）墙长度：外墙按中心线、内墙按净长计算。

（2）墙高度：

外墙：斜（坡）屋面无檐口天棚者算至屋面板底；有屋架且室内外均有天棚者算至屋架下弦底另加 200mm；无天棚者算至屋架下弦底另加 300mm，出檐宽度超过 600mm 时按实砌高度计算；平屋顶算至钢筋混凝土板底。

内墙：位于屋架下弦者，算至屋架下弦底；无屋架者算至天棚底另加 100mm；有钢筋混凝土楼板隔层者算至楼板顶；有框架梁时算至梁底。

女儿墙：从屋面板上表面算至女儿墙顶面（如有混凝土压顶时，算至压顶下表面）。

内、外山墙：按其平均高度计算。

（3）框架间墙：不分内外墙按墙体净尺寸以体积计算。

（4）围墙：高度算至压顶上表面（如有混凝土压顶时算至压顶下表面），围墙柱并入围墙体积内。

4. 计算公式

实体墙清单工程量 V＝（墙长×墙高－门窗及地坑面积）×墙厚－圈过梁、构造柱体积

5. 实心砖墙清单工程量计算举例

[例 8-26] 某传达室工程实体墙高 3.60m，根据施工平面图（见图 8-35），门窗表及现浇过量体积统计表（见表 8-10），计算外墙清单工程量。

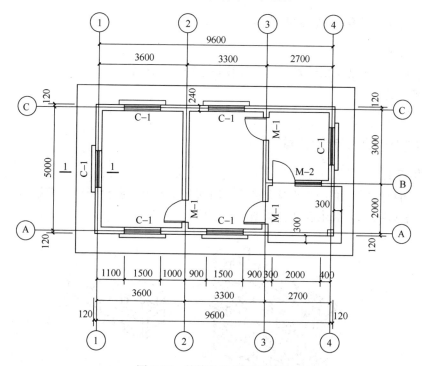

图 8-35 某传达室施工平面图

传达室工程门窗及过梁体积表

表 8-10

名称	编号	洞口尺寸		数量	工程量	过梁单件体积	过梁工程量
		宽（mm）	高（mm）	（樘）	（m³）	（m³）	（m³）
门	M-1	900	2400	3	6.48	0.060	0.18
	M-2	2000	2400	1	4.80	0.144	0.14
窗	C-1	1500	1500	6	13.50	0.115	0.69
小计					24.78		1.01

解：

1. 外墙中线长

③轴和Ⓐ轴是内墙，故外墙长：

$$L = (9.60 + 5.0) \times 2 - (2.70 + 2.0)$$
$$= 29.20 - 4.70$$
$$= 24.50 \ (m)$$

2. 外墙清单工程量

$$V = （墙长 \times 墙高 - 门窗及地坑面积）\times 墙厚 - 过梁体积$$
$$= (24.50 \times 3.60 - 窗 13.50) \times 0.24 - 0.69$$
$$= (88.20 - 13.50) \times 0.24 - 0.69$$

$$= 74.70 \times 0.24 - 0.69$$
$$= 17.928 - 0.69$$
$$= 17.24 \, (\mathrm{m^3})$$

8.6.6　多孔砖墙清单工程量计算

1. 计算规则

按设计图示尺寸以体积计算。其余计算规则同实心砖墙。

2. 计算公式

同实心砖墙。

8.6.7　空斗墙清单工程量计算

1. 计算规则

按设计图示尺寸墙角、内外墙交接处、门窗洞口立边、窗台砖、屋檐处的实砌部分体积并入空斗墙体积内。空斗墙砌筑如图 8-36 所示。

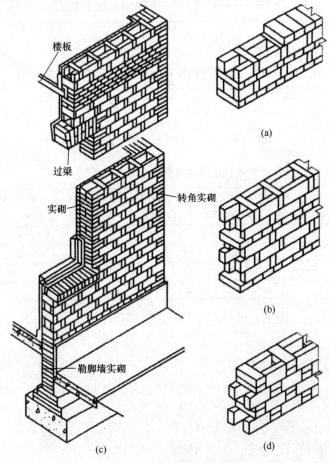

图 8-36　空斗墙砌筑示意图

(a) 一眼一斗；(b) 一眼三斗；(c) 单立砖无眼空斗；(d) 双丁砖无眼空斗

2. 计算公式

同实心砖墙。

8.6.8　实心砖柱清单工程量计算

1. 计算规则

按设计图示尺寸以体积计算。扣除混凝土及钢筋混凝土梁垫、梁头所占体积。

2. 计算公式

$$砖柱工程量\ V＝砖柱断面积×柱高－梁垫、梁头所占体积$$

3. 计算举例

[**例8-27**] 某工程外走廊由6根标准砖实心砖柱，断面尺寸370mm×370mm，柱高3100mm，每根柱上有一块370mm×370mm×200mm混凝土梁垫。试计算该实心砖柱清单工程量。

解:
$$\begin{aligned}
V &= (0.365×0.365×3.10－0.365×0.365×0.20)×6\ 根\\
&= (0.413－0.027)×6\\
&= 0.386×6\\
&= 2.32\ (m^3)
\end{aligned}$$

8.6.9　实心砖墙清单工程量计算综合例题

[**例8-28**] 某建筑物平面如图8-37、图8-38所示，剖面如图8-39所示，M5混合砂浆砌筑实心砖墙，外墙为370mm，内墙为240mm，M-1为1200mm×2500mm，M-2为900mm×2000mm，C-1为1500mm×1500mm，门窗洞口均设过梁，过梁宽同墙宽，高均为120mm，长度为洞口宽加500mm，构造柱为240mm×240mm（体积共2.72m³），每层均设圈梁，高度200mm（体积共4.73m³）。

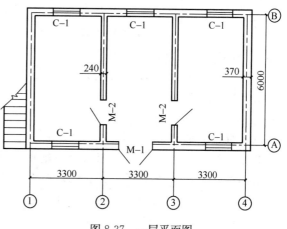

图8-37　一层平面图

要求: 按《房屋建筑与装饰工程工程量计算规范》GB 50854—2013计算实心砖墙体的清单工程量。

解: 1. 实心砖墙体的清单工程量计算

（1）外墙中心线长

$$L_{中} = (3.3×3+0.5－0.365+6+0.5－0.365)×2 = 32.34(m)\ (偏心轴线)$$

（2）内墙净长

$$L_{净} = (6－0.24)×2 = 11.52\ (m)$$

（3）墙身高度

$$L = 3.2+2.9 = 6.1\ (m)$$

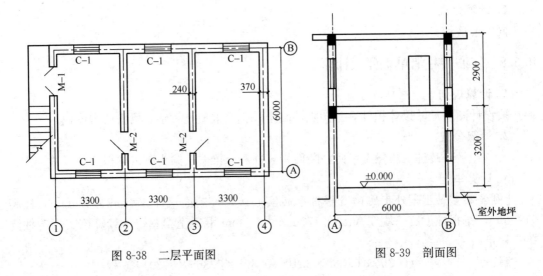

图 8-38 二层平面图   图 8-39 剖面图

（4）外墙门窗洞口面积
$$S = 1.2 \times 2.5 \times 2 + 1.5 \times 1.5 \times (5+6) = 30.75 \, (\mathrm{m^2})$$

（5）内墙门窗洞口面积
$$S = 0.9 \times 2 \times 2 \times 2 = 7.2 \, (\mathrm{m^2})$$

（6）外墙过梁体积
$$V = [(1.2+0.5) \times 2 + (1.5+0.5) \times 11] \times 0.365 \times 0.12 = 1.11 \, (\mathrm{m^3})$$

（7）内墙过梁体积
$$V = (0.9+0.5) \times 4 \times 0.24 \times 0.12 = 0.16 \, (\mathrm{m^3})$$

（8）外墙清单工程量
$$V = (32.34 \times 6.1 - 30.75) \times 0.365 - 1.11 - 4.73 - 2.72 = 52.22 \, (\mathrm{m^3})$$

（9）内墙清单工程量
$$V = (11.52 \times 6.1 - 7.2) \times 0.24 - 0.16 = 14.98 \, (\mathrm{m^3})$$

（10）实心砖墙清单工程量与套用定额

370mm 厚实心砖墙：52.22m³；清单编码：010401003001

240mm 厚实心砖墙：14.98m³；清单编码：010401003002

2. 填写分部分项工程和单价措施项目清单与计价表

将上述计算项目对应的项目编码、项目名称、计量单位和计算工程量结果，填写到"分部分项工程和单价措施项目清单与计价表"中（见表 8-11）。

分部分项工程和单价措施项目清单与计价表   表 8-11

序号	项目编码	项目名称	项目特征描述	计量单位	工程量	金额（元）	
						综合单价	合价
1	010401003001	实心砖墙	1. 砖品种、规格、强度等级：黏土砖 240mm×115mm×53mm 2. 墙厚：370mm 3. 砂浆强度等级：M5 混合砂浆	m³	52.22		

续表

序号	项目编码	项目名称	项目特征描述	计量单位	工程量	金额（元）	
						综合单价	合价
2	010401003002	实心砖墙	1. 砖品种、规格、强度等级：黏土砖 240mm×115mm×53mm 2. 墙厚：240mm 3. 砂浆强度等级：M5 混合砂浆	m³	14.98		

8.6.10　空心砖砌体清单工程量计算

[**例 8-29**] 某单层建筑，其一层建筑平面、屋面结构平面、节点大样图如图 8-40～图 8-42 所示，设计室内标高±0.00，层高 3.0m，柱、梁、板均采用 C30 预拌泵送混凝土。柱基础上表面标高为－1.2m，外墙采用 190mm 厚 KM1 空心砖（190mm×190mm×90mm），内墙采用 190mm 厚六孔砖（多孔砖，190mm×190mm×140mm），砌筑所用 KM1 砖、六孔块的强度等级均满足国家相关质量规范要求，内外墙体均采用 M5 混合砂浆砌筑，砖基与墙体材料不同，砖基与墙身以±0.00 标高处为分界。外墙体中构造柱体积 0.28m³，圈过梁体积 0.32m³；内墙体中圈过梁体积 0.06m³；门窗尺寸为 M1：1200mm×2200mm，M2：1000mm×2100mm，C1：1800mm×1500mm，C2：1500mm×1500mm。（注：图中，墙、柱、梁均以轴线为中心线）

要求：按《房屋建筑与装饰工程工程量计算规范》GB 50854—2013 计算空心砖内外墙清单工程量。

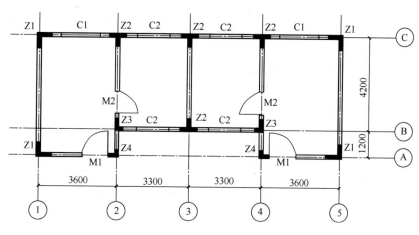

图 8-40　一层建筑平面图

解： 1. 计算空心砖清单工程量

（1）混凝土异形柱体积

Z1　$V_{Z1} = (0.5+0.7) \times 0.2 \times (3+1.2) \times 4 = 4.03 \ (m^3)$

Z2　$V_{Z2} = (0.4+0.3+0.2+0.3) \times 0.2 \times (3+1.2) \times 4 = 4.03 \ (m^3)$

Z3　$V_{Z3} = (0.2+0.2+0.4) \times 0.2 \times (3+1.2) \times 2 = 1.34 \ (m^3)$

Z4　$V_{Z4} = (0.2+0.2+0.3) \times 0.2 \times (3+1.2) \times 2 = 1.18 \ (m^3)$

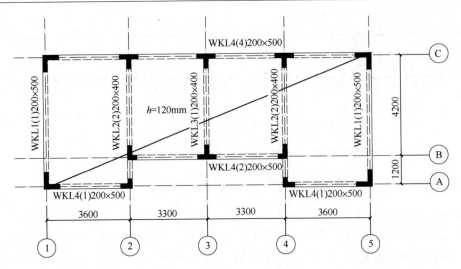

图 8-41　屋面结构平面图

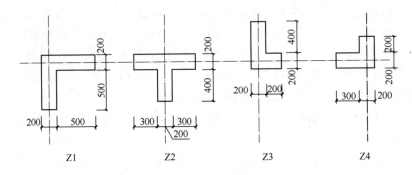

图 8-42　节点大样图

（2）混凝土异形柱定额工程量小计

$$V = V_{Z1} + V_{Z2} + V_{Z3} + V_{Z4} = 10.58 \, (m^3)$$

（3）空心砖 KM1 砖内外墙

① 轴 $(1.2+4.2-0.6-0.6)×(3-0.5)×0.19 = 2.0 \, (m^3)$

② 轴 $(1.2-0.3-0.1)×(3-0.4)×0.19 = 0.4 \, (m^3)$

④ 轴 $(1.2-0.3-0.1)×(3-0.4)×0.19 = 0.4 \, (m^3)$

⑤ 轴 $(1.2+4.2-0.6-0.6)×(3-0.5)×0.19 = 2.0 \, (m^3)$

Ⓐ轴 $[(3.6-0.6-0.4)×(3-0.5)-1.2×2.2]×0.19×2 = 1.47 \, (m^3)$

Ⓑ轴 $[(3.3-0.3-0.4)×(3-0.5)-1.5×1.5]×0.19×2 = 1.62 \, (m^3)$

Ⓒ轴 $[(3.6+3.3+3.6+3.3-0.6×2-0.8×3)×(3-0.5)-1.8×1.5×2-$
$1.5×1.5×2]×0.19 = 3.34 \, (m^3)$

小计：11.23 (m^3)

（4）空心砖砖外墙砌筑清单工程量小计

扣构造柱 $-0.28m^3$，扣圈过梁 $-0.32m^3$

$$V = 11.23-0.32-0.28 = 10.63 \, (m^3)$$

清单编码：010401004001

2. 计算六孔砖内墙清单工程量

(1) 砖内墙

2 轴 $[(4.2-0.5-0.5) \times (3-0.4) - 1.0 \times 2.1] \times 0.19 = 1.18 (\text{m}^3)$

3 轴 $(4.2-0.5-0.5) \times (3-0.4) \times 0.19 = 1.58 (\text{m}^3)$

4 轴 $[(4.2-0.5-0.5) \times (3-0.4) - 1.0 \times 2.1] \times 0.19 = 1.18 (\text{m}^3)$

小计：3.94 （m³）

(2) 六孔砖内墙清单工程量

扣圈过梁 -0.06m^3

六孔砖内墙 $V = 3.94 - 0.06 = 3.88 (\text{m}^3)$

清单编码：010401004001

3. 填写分部分项工程和单价措施项目清单与计价表

将上述计算项目对应的项目编码、项目名称、计量单位和计算工程量结果，填写到"分部分项工程和单价措施项目清单与计价表"中（见表8-12）。

分部分项工程和单价措施项目清单与计价表　　表 8-12

序号	项目编码	项目名称	项目特征	计量单位	工程数量	金额（元）	
						综合单价	合价
1	010401004001	多孔砖墙	1. 砖品种、规格、强度等级：六孔砖 190mm×190mm×140mm 2. 墙厚：190mm 3. 砂浆强度等级：M5 混合砂浆	m³	3.88		
2	010401005001	空心砖墙	1. 砖品种、规格、强度等级：KM1 砖 190mm×190mm×90mm 2. 墙厚：190mm 3. 砂浆强度等级：M5 混合砂浆	m³	10.63		

8.7　砖砌体定额工程量计算

8.7.1　基础与墙（柱）身的划分

1. 基础与墙（柱）身使用同一种材料时，以设计室内地面为界（有地下室者，以地下室室内设计地面为界），以下为基础，以上为墙（柱）身，见图8-43。

2. 基础与墙（柱）身使用不同材料时，位于设计室内地面高度≤±300mm 时，以不同材料为分界线，高度 >±300mm 时，以设计室内地面为分界线。

3. 砖砌地沟不分墙基和墙身，按不同材质合并工程量套用相应项目。

4. 围墙：以设计室外地坪为界，以下为基础，以上为墙体。

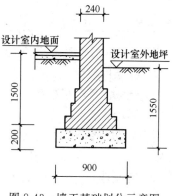

图 8-43　墙于基础划分示意图

8.7.2　砖砌体定额工程量计算规则

1. 砖、砌块基础

砖、砌块基础按设计图示尺寸以体积计算。

(1) 砖、砌块基础包括附墙垛基础宽出部分体积。扣除地梁（圈梁）、构造柱所占体积。不扣除基础大放脚 T 形接头处的重叠部分及嵌入基础内的钢筋、铁件、管道、基础砂浆防潮层和单个面积≤0.3m² 的孔洞所占体积，靠墙暖气沟的挑檐体积不增加。

(2) 基础长度：外墙按外墙中心线长度计算，内墙按内墙净长线计算。

2. 砖及砌块墙

砖及砌块墙均按设计图示尺寸以体积计算。

(1) 扣除门窗、洞口、嵌入墙内的钢筋混凝土柱、梁、板、圈梁、挑梁、过梁及凹进墙内的壁龛、管槽、暖气槽、消火栓箱所占体积。不扣除梁头、板头、檩头、垫木、木楞头、沿缘木、木砖、门窗走头、砖墙内加固钢筋、木筋、铁件、钢管及单个面积≤0.3m² 的孔洞所占的体积。凸出墙面的腰线、挑檐、压顶、窗台线、虎头砖、门窗套的体积亦不增加。凸出墙面的砖垛并入墙体体积内计算。

(2) 墙长度：外墙按中心线、内墙按净长计算。

(3) 墙高度：

外墙：斜（坡）屋面无檐口天棚者算至屋面板底；有屋架且室内外均有天棚者算至屋架下弦底另加 200mm；无天棚者算至屋架下弦底另加 300mm，出檐宽度超过 600mm 时按实砌高度计算；有钢筋混凝土楼板隔层者算至板顶。平屋顶算至钢筋混凝土板底。

内墙：位于屋架下弦者，算至屋架下弦底；无屋架者算至天棚底另加 100mm；有钢筋混凝土楼板隔层者算至楼板底；有框架梁时算至梁底。

女儿墙：从屋面板上表面算至女儿墙顶面（如有混凝土压顶时算至压顶下表面）。

内、外山墙：按其平均高度计算。

(4) 墙厚度：蒸压灰砂砖、蒸压灰砂多孔砖的砌体计算厚度，按表 8-13 计算。

砖砌体计算厚度表（单位：mm）　　　　　　　　表 8-13

砖数（厚度）	1/4	1/2	1	1½	2	2½	3
蒸压灰砂砖（240×115×53）	53	115	240	365	490	615	740
蒸压灰砂多孔砖（240×115×90）		侧砌 90 平砌 115	240	365	490	615	740
蒸压灰砂多孔砖（190×90×90）		90	190	290	390	490	590

使用非标准砖时，其砌体厚度应按砖实际规格和设计厚度计算。

3. 框架间墙

框架间墙不分内外墙，按墙体净尺寸以体积计算。

4. 围墙

围墙高度算至压顶上表面（如有混凝土压顶时算至压顶下表面），围墙柱并入围墙体积内。

5. 空花墙

空花墙按设计图示尺寸以空花部分外形体积计算，不扣除空洞部分体积。若有实砌墙连接，实体部分套用相应墙体定额子目。

6. 砖柱

砖柱不分柱身和柱基，按设计图示尺寸以体积合并计算，扣除混凝土及钢筋混凝土梁垫、梁头、板头所占体积。

7. 砖砌检查井、阀井、地沟、明沟

砖砌检查井、阀井、地沟、明沟均按设计图示尺寸以体积计算。

8. 零星砌体、毛石砌挡土墙

零星砌体、毛石砌挡土墙按设计图示尺寸以体积计算。

8.7.3　砖砌体定额工程量计算方法

砖砌体定额工程量计算方法同清单工程量计算方法。

8.7.4　实心砖砌体定额工程量计算综合例题

[**例 8-30**]　某建筑物平面如图 8-44、图 8-45 所示，剖面如图 8-46 所示，M5 混合砂浆砌筑实心砖墙，外墙为 370mm，内墙为 240mm，M-1 为 1200mm×2500mm，M-2 为 900mm×2000mm，C-1 为 1500mm×1500mm，门窗洞口均设过梁，过梁宽同墙宽，高均为 120mm，长度为洞口宽加 500mm，构造柱为 240mm×240mm（体积共 2.72m³），每层均设圈梁，高度 200mm（体积共 4.73m³）。

要求：按 2016 版上海市定额计算砖墙体的定额工程量。

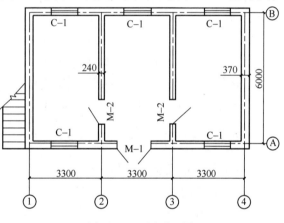

图 8-44　一层平面图

解：计算定额工程量

（1）外墙中心线长

$$L_{中} = (3.3×3+0.5-0.365+6+0.5-0.365)×2 = 32.34（m）（偏心轴线）$$

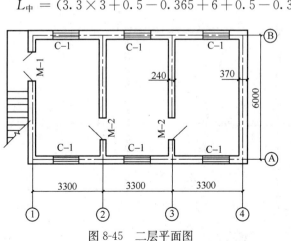

图 8-45　二层平面图

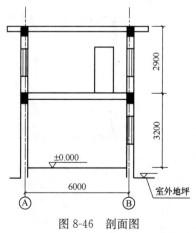

图 8-46　剖面图

（2）内墙净长

$$L_净 = (6 - 0.24) \times 2 = 11.52 \, (\text{m})$$

（3）墙身高度

$$S = 3.2 + 2.9 = 6.1 \, (\text{m})$$

（4）外墙门窗洞口面积

$$S = 1.2 \times 2.5 \times 2 + 1.5 \times 1.5 \times (5+6) = 30.75 \, (\text{m}^2)$$

（5）内墙门窗洞口面积

$$S = 0.9 \times 2 \times 2 \times 2 = 7.2 \, (\text{m}^2)$$

（6）外墙过梁体积

$$V = [(1.2+0.5) \times 2 + (1.5+0.5) \times 11] \times 0.365 \times 0.12 = 1.11 \, (\text{m}^3)$$

（7）内墙过梁体积

$$V = (0.9+0.5) \times 4 \times 0.24 \times 0.12 = 0.16 \, (\text{m}^3)$$

（8）外墙清单工程量

$$V = (32.34 \times 6.1 - 30.75) \times 0.365 - 1.11 - 4.73 - 2.72 = 52.22 \, (\text{m}^3)$$

（9）内墙清单工程量

$$V = (11.52 \times 6.1 - 7.2) \times 0.24 - 0.16 = 14.98 \, (\text{m}^3)$$

（10）实心砖墙定额工程量与套用定额

370mm 厚实心砖墙：52.22m³；定额编号：01-4-1-5

240mm 厚实心砖墙：14.98m³；定额编号：01-4-1-4

8.7.5　空心砖砌体定额工程量计算

[**例 8-31**] 某单层建筑，其一层建筑平面、屋面结构平面、节点大样图如图 8-47～图 8-49 所示，设计室内标高 ±0.00，层高 3.0m，柱、梁、板均采用 C30 预拌泵送混凝土。柱基础上表面标高为 −1.2m，外墙采用 190mm 厚 KM1 空心砖（190mm×190mm×90mm），内墙采用 190mm 厚六孔砖（多孔砖，190mm×190mm×140mm），砌筑所用 KM1 砖、六孔块的强度等级均满足国家相关质量规范要求，内外墙体均采用 M5 混合砂浆砌筑，砖基与墙体材料不同，砖基与墙身以 ±0.00 标高处为分界。外墙体中构造柱体

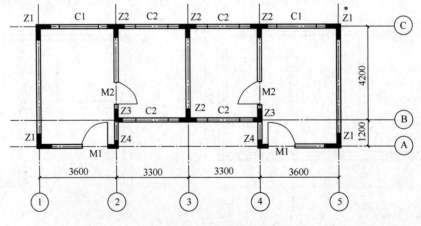

图 8-47　一层建筑平面图

积 0.28m³，圈过梁体积 0.32m³；内墙体中圈过梁体积 0.06m³；门窗尺寸为 M1：1200mm×2200mm，M2：1000mm×2100mm，C1：1800mm×1500mm，C2：1500mm×1500mm。（注：图中，墙、柱、梁均以轴线为中心线）

要求：按 2016 年上海市预算定额计算空心砖内外墙定额工程量。

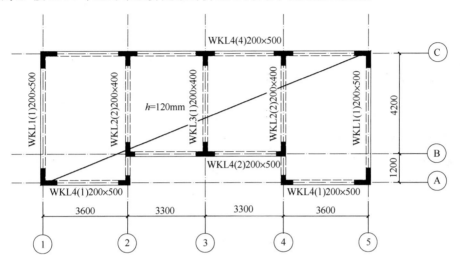

图 8-48 屋面结构平面图

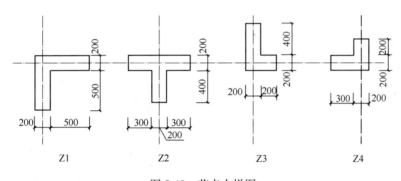

图 8-49 节点大样图

解：1. 计算 KM1 砖外墙定额工程量

①轴 $(1.2+4.2-0.6-0.6)\times(3-0.5)\times0.19=2.0$（m³）

②轴 $(1.2-0.3-0.1)\times(3-0.4)\times0.19=0.4$（m³）

④轴 $(1.2-0.3-0.1)\times(3-0.4)\times0.19=0.4$（m³）

⑤轴 $(1.2+4.2-0.6-0.6)\times(3-0.5)\times0.19=2.0$（m³）

Ⓐ轴 $[(3.6-0.6-0.4)\times(3-0.5)-1.2\times2.2]\times0.19\times2=1.47$（m³）

Ⓑ轴 $[(3.3-0.3-0.4)\times(3-0.5)-1.5\times1.5]\times0.19\times2=1.62$（m³）

Ⓒ轴 $[(3.6+3.3+3.6+3.3-0.6\times2-0.8\times3)\times(3-0.5)-1.8\times1.5\times2-1.5\times1.5\times2]\times0.19=3.34$（m³）

小计：11.23（m³）

2. KM1 砖外墙砌筑清单工程量小计

扣构造柱－0.32m³，扣圈过梁－0.28m³

$$V=11.23-0.32-0.28=10.63（m^3）$$

扣构造柱－0.32m³，扣圈过梁－0.28m³

砖外墙砌筑工程量 $V=10.63$（m³）

定额编号：01-4-1-11

3. 内墙六孔砖定额工程量计算

2 轴 $[(4.2-0.5-0.5)×(3-0.4)-1.0×2.1]×0.19=1.18（m^3）$

3 轴 $(4.2-0.5-0.5)×(3-0.4)×0.19=1.58（m^3）$

4 轴 $[(4.2-0.5-0.5)×(3-0.4)-1.0×2.1]×0.19=1.18（m^3）$

小计：3.94m³

4. 内墙六孔砖定额工程量小计

扣圈过梁－0.06 m³

六孔砖内墙 $V=3.94-0.06=3.88（m^3）$

定额编号：01-4-1-11

8.8 混凝土及钢筋混凝土清单工程量计算

8.8.1 现浇混凝土基础清单工程量计算

1. 项目划分

现浇混凝土基础项目划分为带形基础、独立基础、满堂基础、设备基础和桩承台基础、垫层。

（1）垫层：这里特指基础底部以下常以素混凝土浇筑的部分，厚度一般为 100mm，四周每边尺寸往往会比基础尺寸大 100mm，该尺寸通常称之为"出边"，如图 8-50 所示。

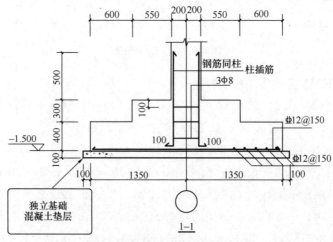

图 8-50 混凝土独立基础剖面图

（2）带形基础：该项目适用于各种带形基础，例如墙下的长条形基础，或柱和柱间距离较近而连接起来的条形基础。

（3）独立基础：当建筑物上部结构采用框架结构或单层排架结构承重时，常采用独立基础。独立基础一般可以分为阶形基础、坡形基础、杯形基础三种，如图8-51～图8-53所示。

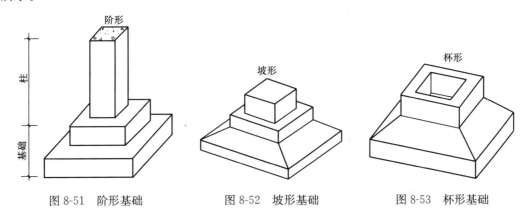

图 8-51　阶形基础　　　　图 8-52　坡形基础　　　　图 8-53　杯形基础

（4）满堂基础：用板梁墙柱组合浇筑而成的基础，称为满堂基础。一般有板式（也叫无梁式）满堂基础（见图8-54）、梁板式（也叫片筏式见图8-55）满堂基础和箱形满堂基础（见图8-56）三种形式。板式满堂基础的板，梁板式满堂基础的梁和板等，套用满堂基础定额，而其上的墙、柱则套用相应的墙柱定额。箱形基础的底板套用满堂基础定额，墙和顶板则套用相应的墙、板定额。

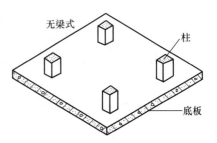

图 8-54　无梁式满堂基础

（5）桩承台基础：由桩和连接桩顶的钢筋混凝土平台（简称承台）组成的深基础，这里所说的桩承台基础主要指的就是承台，不包含桩本身的工程量，主要起承上传下传递荷载的作用。

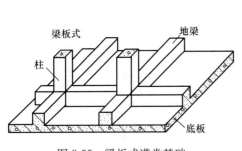

图 8-55　梁板式满堂基础

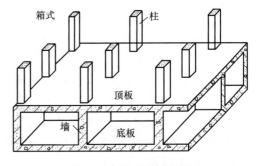

图 8-56　箱式满堂基础

（6）设备基础：主要指建筑中机电设备的钢筋混凝土底座，特点是尺寸大、配筋复杂。

2. 独立基础与带型基础的区分

（1）当一个基础上只承受一根柱子的荷载时，按独立基础计算。

（2）相邻两个独立柱独立基础之间用小于柱基宽度的带形基础连接时，柱基按独立基础计算，两个独立柱基之间的带形基础仍执行带形基础项目；若此带形基础与柱基础等宽，则全部执行独立基础项目。

3. 带形基础清单工程量计算

（1）计算规则

按设计图示尺寸以体积计算。不扣除伸入承台基础的桩头所占体积。

（2）说明

混凝土条形基础其截面形式可分成无肋式或有肋式两种。

有肋带形基础：凡带形基础上部有梁的几何特征，并且基础内配有钢筋，不论配筋形式，均属于有肋式带形钢筋混凝土基础，见图 8-57。

无肋带形基础：当带形基础上部梁高与梁宽之比超过 4：1 时，上部的梁套用墙的综合基价相应子目，下部要套用无肋式带形基础子目，见图 8-58。

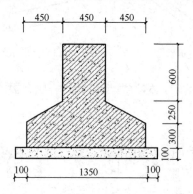

图 8-57　有肋带形基础剖面图基础

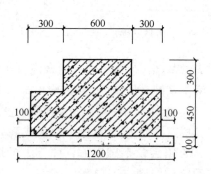

图 8-58　无肋带形基础剖面图基础

（3）计算公式

$$V=带形基础断面积×基础长$$

（4）计算举例

［例 8-32］ 某工程现浇混凝土有肋带形基础断面尺寸见图 8-57，基础长 46.12m，试计算该基础清单工程量。

解： $V=[1.35×0.30+(1.35+0.45)×0.5×0.25+0.45×0.60]×46.12$

$=(0.405+0.225+0.27)×46.12$

$=0.90×46.12$

$=41.51（m^2）$

［例 8-33］ 某工程现浇混凝土带形基础断面尺寸见图 8-58，基础长 27.98m，试计算该基础清单工程量。

解： $V=(1.20×0.45+0.60×0.30)×27.98$

$=(0.54+0.18)×27.98$

$=0.72×27.98$

$=20.15（m^2）$

4. 杯型基础清单工程量计算

（1）计算规则

按设计图示尺寸以体积计算。不扣除构件内钢筋、预埋铁件和伸入承台基础的桩头所占体积。

（2）计算公式

$$V=下部立方体＋中部棱台体＋上部立方体－杯口空心棱台体$$

（3）计算举例

[**例 8-34**] 根据图 8-59 计算 27 个现浇钢筋混凝土杯形基础清单工程量。

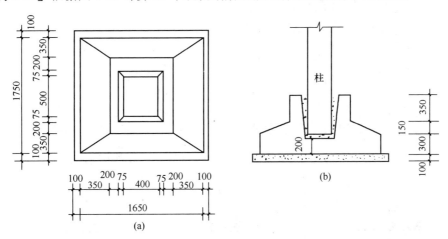

图 8-59　杯形基础施工图

（a）平面图；（b）剖面图

解： V＝下部立方体＋中部棱台体＋上部立方体－杯口空心棱台体

$$=\left\{1.65\times1.75\times0.30+\frac{1}{3}\times0.15\times\left[1.65\times1.75+0.95\times1.05+\right.\right.$$

$$\left.\sqrt{(1.65\times1.75)\times(0.95\times1.05)}\right]+0.95\times1.05\times0.35-\frac{1}{3}\times(0.8-0.2)\times$$

$$\left.\left[0.4\times0.5+0.55\times0.65+\sqrt{(0.4\times0.5)\times(0.55\times0.65)}\right]\right\}\times27$$

$$=1.33\times27$$

$$=35.91\ (\text{m}^3)$$

8.8.2　现浇混凝土柱清单工程量计算

1. 构造柱清单工程量计算

（1）计算规则

构造柱按全高计算，嵌接墙体部分（马牙槎）并入柱体体积。

（2）计算公式

$$V=（构造柱断面积＋马牙槎断面积）\times柱高$$

构造柱示意见图 8-60、图 8-61。

构造柱在 240mm 墙厚中，断面有下列四种情况（见图 8-62）：

第一种，90°转角　$V=[0.24\times0.24+0.06\div2\times2\,边\times0.24]\times柱高$

$$=0.072\times柱高；$$

第二种，T 形接头　$V=[0.24\times0.24+0.06\div2\times3\,边\times0.24]\times柱高$

$$=0.0792\times柱高；$$

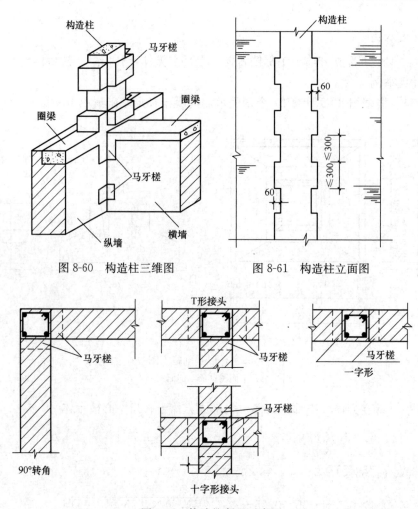

图 8-60 构造柱三维图 图 8-61 构造柱立面图

图 8-62 构造柱断面示意图

第三种，一字形接头 $V = [0.24 \times 0.24 + 0.06 \div 2 \times 2 \text{ 边} \times 0.24] \times$ 柱高
$= 0.072 \times$ 柱高；

第四种，十字形接头 $V = [0.24 \times 0.24 + 0.06 \div 2 \times 4 \text{ 边} \times 0.24] \times$ 柱高
$= 0.0864 \times$ 柱高。

（3）计算举例

[例 8-35] 某工程构造柱施工图尺寸如下，试计算构造柱清单工程量。

90°转角型，墙厚 240，柱高 12.0m；T 形接头，墙厚 240，柱高 15.0m；十字形接头，墙厚 365，柱高 18.0m；一字形接头，墙厚 240，柱高 9.5m。

解：1. 90°转角

$$V = 12.0 \times (0.24 \times 0.24 + 0.03 \times 0.24 \times 2)$$
$$= 0.864 \ (\text{m}^3)$$

2. T 形接头

$$V = 15.0 \times (0.24 \times 0.24 + 0.03 \times 0.24 \times 3)$$
$$= 1.188 \ (\text{m}^3)$$

3. 十字形接头

$$V = 18.0 \times (0.365 \times 0.365 + 0.03 \times 0.365 \times 4)$$
$$= 3.186 (\text{m}^3)$$

4. 一字形接头

$$V = 9.5 \times (0.24 \times 0.24 + 0.03 \times 0.24 \times 2)$$
$$= 0.684 (\text{m}^3)$$

构造柱清单工程量小计：$0.864 + 1.188 + 3.186 + 0.684 = 5.92 (\text{m}^3)$

2. 现浇混凝土柱清单工程量计算

（1）计算规则

按设计图示尺寸以体积计算。

（2）柱高规定

有梁板的柱高（图8-63），应自柱基上表面（或楼板上表面）至上一层楼板上表面的高度计算。

无梁板的柱高（图8-64），应自柱基上表面（或楼板上表面）至柱帽下表面之间的高度计算。

框架柱的柱高（图8-65），应自柱基上表面至柱顶高度计算。

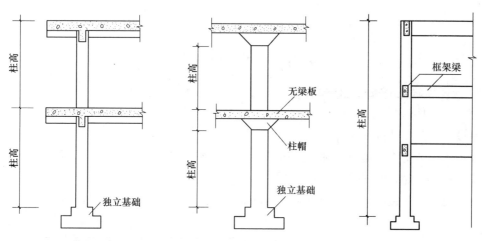

图8-63　有梁板的柱高示意图　　图8-64　无梁板的柱高示意图　　图8-65　框架柱高示意图

（3）计算举例

[例8-36] 某工程有 KZ1、KZ1a、KZ2、KZ2a、KZ3 框架柱共6根（见图8-66），柱高13.20m，根据该框架柱平法施工图，计算其清单工程量。

解： 1. KZ3 清单工程量

$$V = 0.45 \times 0.45 \times 13.20 \times 1 \text{根}$$
$$= 2.67 (\text{m}^3)$$

2. KZ1、KZ1a、KZ2、KZ2a 清单工程量

$$V = 0.40 \times 0.40 \times 13.20 \times 5 \text{根}$$
$$= 10.56 (\text{m}^3)$$

小计：13.23m³

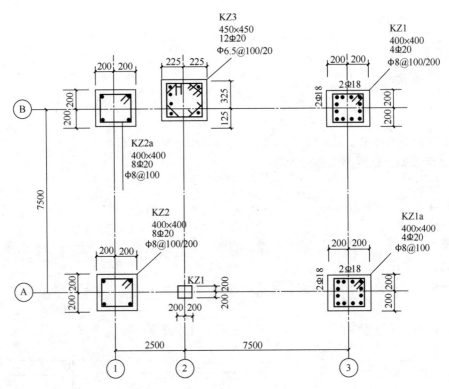

图 8-66　某工程框架柱平法图

3. 现浇混凝土梁清单工程量计算

（1）计算规则

按设计图示尺寸以体积计算。

伸入墙内的梁头、梁垫，并入梁体积计算，见图 8-67。

梁与柱连接时，梁长算至柱侧面。

主梁与次梁连接时，次梁长算至主梁侧面，见图 8-68。

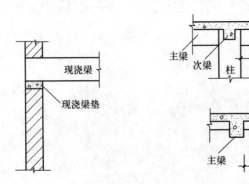

图 8-67　梁头、梁垫并入梁体积
　　　　　　示意图

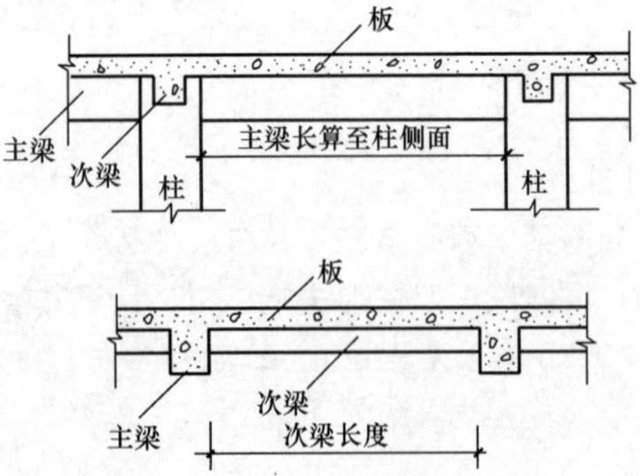

图 8-68　主、次梁计算长度示意图

（2）计算公式

$$V = \sum 梁断面积 \times 梁长$$

注："Σ"表示当梁有几个断面时，分别乘以长度，然后汇总工程量。

（3）计算举例

[**例 8-37**] 根据某工程屋面梁平法结构施工图（图 8-69、柱断面 400mm×400mm），计算①轴和②轴现浇矩形梁清单工程量。

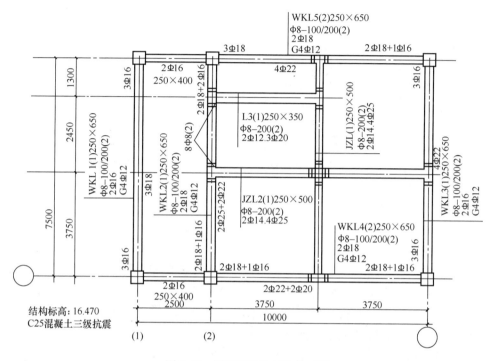

图 8-69　屋面梁平法结构施工图

解：①轴矩形梁清单工程量

$$V = 断面积×梁长$$
$$= 0.25×0.65×(7.50-0.40)$$
$$= 0.25×0.65×7.10$$
$$≈ 1.53（m^3）$$

②轴矩形梁清单工程量

$$V = 断面积×梁长$$
$$= 0.25×0.65×(7.50-0.40)$$
$$= 0.25×0.65×7.10$$
$$≈ 1.53（m^3）$$

矩形梁清单工程量小计：1.53+1.53=3.06（m³）

4. 现浇混凝土板清单工程量计算

（1）有关说明

现浇板包括有梁板、无梁板、平板、拱板、薄壳板等。

① 有梁板（图 8-70）是指梁（包括主、次梁）与板构成一体并至少有三边是以承重梁支承的现浇板。

② 无梁板（图 8-71）是指将板直接用柱帽支承，不设置梁的现浇板。

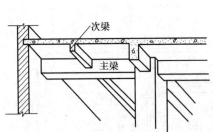
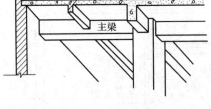

图 8-70　梁板现浇在一起的有梁板示意图　　图 8-71　柱帽支撑的无梁板梁板示意图

③ 平板是指无柱支撑、又不是现浇梁板结构，直接由墙（包括钢筋混凝土墙）支承的现浇钢筋混凝土板。其工程量按图示尺寸的体积计算。

（2）计算规则

现浇板清单工程量按设计图示尺寸以体积计算，不扣除单个面积≤0.3m² 的柱、垛以及孔洞所占体积。各类板伸入墙内的板头并入板体积计算。

有梁板（包括主次梁与板）量按梁、板体积之和计算。

无梁板按板和柱帽的体积之和计算。

（3）计算举例

［例 8-38］某工程现浇有梁板现浇板的施工图见图 8-72，现浇有梁板梁的施工图见图 8-73，根据上述施工图计算该有梁板清单工程量（板厚 100mm，柱断面 400mm×400mm，四边轴线均为梁中心线）。

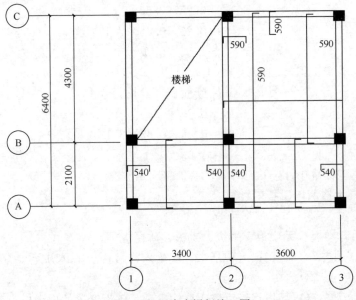

图 8-72　现浇有梁板施工图

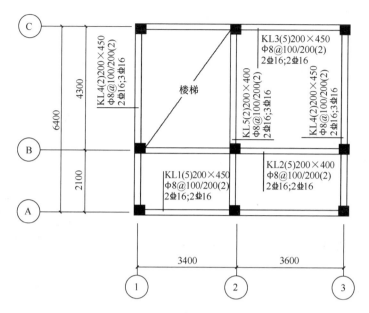

图 8-73 现浇有梁板施工图（续图）

解： 1. 现浇板清单工程量计算

$$V = (长 + 半个梁厚) \times (宽 + 半个梁厚) \times 板厚$$

$$= (3.40 + 3.60 + 0.10) \times (6.40 + 0.10) \times 0.10$$

$$= 7.10 \times 6.50 \times 0.10$$

$$= 4.62 \ (\text{m}^3)$$

2. 边上矩形梁清单工程量计算

$$V = 梁厚 \times (梁高 - 板厚) \times 梁长$$

$$= 0.20 \times (0.45 - 0.10) \times [(7.0 + 0.10 \times 2 - 0.40 \times 3) \times 2 \ 根$$

$$+ (6.40 + 0.10 \times 2 - 0.40 \times 3) \times 2 \ 根]$$

$$= 0.20 \times 0.35 \times (12.0 + 10.80)$$

$$= 0.20 \times 0.35 \times 22.80$$

$$= 1.60 (\text{m}^3)$$

3. 中间矩形梁清单工程量计算

$$V = 梁厚 \times (梁高 - 板厚) \times 梁长$$

$$= 0.20 \times (0.40 - 0.10) \times [(7.0 + 0.10 \times 2 - 0.40 \times 3) + (6.40 + 0.10 \times 2 - 0.40 \times 3)]$$

$$= 0.20 \times 0.30 \times (6.0 + 5.40)$$

$$= 0.20 \times 0.30 \times 11.40$$

$$= 0.68 \ (\text{m}^3)$$

$$有梁板清单工程量 = 4.62 + 1.60 + 0.68 = 6.90 \ (\text{m}^3)$$

5. 现浇混凝土楼梯清单工程量计算

（1）计算规则

当以平方米计量时，按设计图示尺寸以水平投影面积计算。不扣除宽度≤500mm 的楼梯井，伸入墙内部分不计算。

当以立方米计量时，按设计图示尺寸以体积计算。

整体楼梯（现浇）包括直形楼梯和弧形楼梯，水平投影面积包括休息平台、平台梁、斜梁和楼梯的连接梁。如整体楼梯和现浇楼板无梯梁连接时，以楼梯的最后一个踏步边缘加 300mm 为界。

（2）计算举例

[例 8-39] 某建筑物 4 层（3 层楼梯），以平方米为单位计算图 8-74 所示现浇钢筋混凝土楼梯（包括休息平台和平台梁）清单工程量。

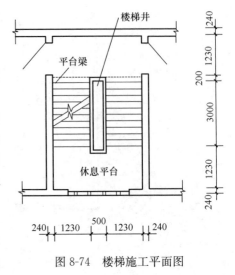

图 8-74　楼梯施工平面图

解：$S = (1.23 + 0.50 + 1.23) \times (1.23 + 3.00 + 0.20) \times 3$

$\qquad = 2.96 \times 4.43 \times 3$

$\qquad = 39.34 \ (\text{m}^2)$

8.9　混凝土及钢筋混凝土定额工程量计算

混凝土现浇构件定额工程量计算规则、计算方法与现浇构件清单工程量的基本相同，故不再赘述。

8.9.1　地面垫层定额工程量计算

上海市预算定额将地面垫层项目放在了"混凝土及钢筋混凝土工程"分部。

1. 计算规则

地面垫层按室内墙间净面积乘以厚度以体积计算。应扣除凸出地面的构筑物、设备基础、地沟等所占面积，不扣除柱、垛、间壁墙，附墙烟囱及面积≤0.3m² 的孔洞所占面积。

2. 计算规则解读

不扣除间壁墙是因为间壁墙是在地面完成后再做，所以不扣除；不扣除柱、垛及不增加门洞开口部分面积，是一种综合计算方法。

凸出地面的构筑物、设备基础等，是先做好后再做室内地面垫层，所以要扣除所占体积。

3. 计算公式

$$S = （建筑面积-墙结构面积）\times 垫层厚$$

4. 计算实例

[例 8-40] 某建筑做 100mm 厚混凝土底层，根据图 8-75 计算混凝土底层定额工程量。

解： 建筑面积＝$(9.0+0.24)\times$

$\qquad\qquad (6.0+0.24)$

$\qquad\quad =57.66$（m^2）

墙结构面积＝[外墙长$(9.0+6.0)\times$

$\qquad\qquad 2+$内墙长$(6.0-0.24+$

$\qquad\qquad 5.10-0.24)]\times 0.24$

$\qquad\quad =(30.0+10.62)\times 0.24$

$\qquad\quad =9.75$（m^2）

$S=$（建筑面积－墙结构面积）×垫层厚

$\quad =(57.66-9.75)\times 0.10$

$\quad =47.91\times 0.10$

$\quad =4.79$（m^2）

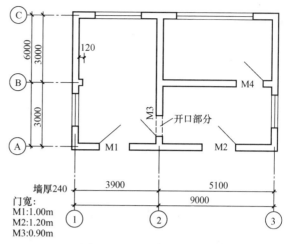

图 8-75 底层建筑施工图

8.9.2 混凝土散水定额工程量计算

1. 计算规则

散水按设计图示尺寸以水平投影面积计算，不扣除单个≤0.3m^2孔洞所占面积。

2. 计算公式

$$S=（外墙外边周长＋散水宽×4）×散水宽－坡道、台阶所占面积$$

3. 计算举例

[**例 8-41**] 根据图 8-76 所示尺寸，计算混凝土散水定额工程量。

解： 外墙外边周长＝$(12.0+0.24+6.0+0.24)\times 2=36.96$（m）

$\qquad\qquad\qquad$ 坡道长＝2.50（m）

$\qquad\qquad$ 台阶面积＝$1.50\times 0.60\times 2$处＝1.80（m^2）

$\qquad\qquad\qquad S=(36.96+4\times 0.80-坡道2.50)\times 0.80-1.80$

$\qquad\qquad\qquad\quad =37.66\times 0.80-1.80$

$\qquad\qquad\qquad\quad =28.33$（$m^2$）

8.9.3 混凝土明沟定额工程量计算

1. 计算规则

明沟按设计图示尺寸以延长米计算。

2. 计算公式

$$L=外墙外边周长＋散水宽×8＋明沟宽×4$$

3. 计算举例

[**例 8-42**] 根据图 8-76 所示尺寸，计算混凝土明沟定额工程量。

解： 外墙外边周长＝$(12.0+0.24+6.0+0.24)\times 2=36.96$(m)

$\qquad\qquad\qquad L=36.96+0.80\times 8+0.25\times 4$

$\qquad\qquad\qquad\quad =44.36$（m）

8.9.4　混凝土坡道定额工程量计算

1. 计算规则

坡道按设计图示尺寸以水平投影面积计算，不扣除单个≤0.3m² 孔洞所占面积。

2. 计算公式

$$S = 坡道长 \times 坡道宽$$

3. 计算实例

[**例 8-43**] 根据图 8-76 所示尺寸，计算混凝土坡道定额工程量。

解： $S = 2.50 \times 1.10 = 2.75（m^2）$

8.9.5　混凝土台阶定额工程量计算

1. 计算规则

台阶按设计图示尺寸以水平投影面积计算。台阶与平台连接时，以最上层踏步外沿加 300mm 计算。

2. 计算公式

$$S = \sum 台阶长 \times 台阶宽$$

3. 计算举例

[**例 8-44**] 某工程室内外高差 300mm，根据图 8-76 所示尺寸，计算混凝土台阶定额工程量。

解：
$$S = 1.50 \times 0.60 \times 2 处$$
$$= 1.80（m^2）$$

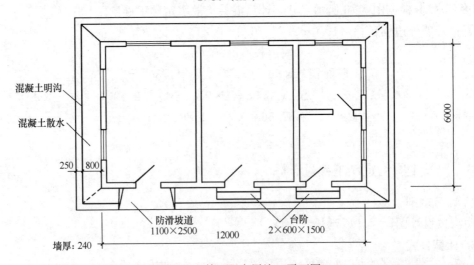

图 8-76　某工程底层施工平面图

8.10　混凝土后浇带清单工程量及定额工程量计算

混凝土清单工程量和定额工程量计算的计算规则和计算方法是相同的，故一并介绍其工程量计算内容。

8.10.1　PC墙的竖向接缝混凝土工程量计算

1. 计算规则

PC墙的竖向接缝后浇混凝土工程量，不扣除混凝土内钢筋、预埋件及单个面积小于0.3m² 的孔洞所占的体积。

竖向接缝无孔洞，且规整，不考虑剪力键混凝土的体积。

2. 计算方法一

PC墙的竖向接缝后浇混凝土体积＝墙厚×接缝宽度×接缝上下标高高差。计算公式可以表达为：

$$V = b_w \times l_E \times \Delta h_V$$

式中　b_w——PC墙厚度（m）；

l_E——接缝宽度（m）；

Δh_V——竖向接缝上下标高高差（m）。

3. 计算方法一举例

[例8-45] 某装配式建筑工程 PC 剪力墙厚200mm，抗震等级为3级，混凝土强度等级为 C35，剪力墙接头的标高范围为 ±0.000m～4.200m，根据图8-77，计算该剪力墙竖向接缝的后浇混凝土体积。

解：$V = b_w \times l_E \times \Delta h_V = 0.2 \times 0.4 \times (4.200 - 0.000) = 0.336m^3$

该 PC 剪力墙接竖向缝后浇混凝土体积为 0.336m³。

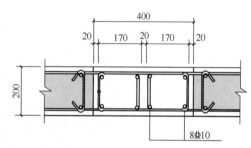

图 8-77　预制剪力墙的竖向接缝详图

4. 计算方法二

当接缝无孔洞，且规整和墙厚相同时，PC剪力墙后浇混凝土体积＝墙厚×接缝中线长×接缝上下标高高差，见以下计算公式。

$$V = b_w \times l_中 \times \Delta h_V$$

式中　b_w——预制墙厚度（m）；

$l_中$——接缝中线长度（m）；

Δh_V——竖向接缝上下标高高差（m）。

5. 计算方法二举例

[例8-46] 某装配式建筑工程 PC 剪力墙厚200mm，抗震等级为3级，混凝土强度等级为 C35，剪力墙在转角墙处的竖向接缝详图见图8-78，剪力墙接头的标高范围为±0.000m～4.200m，计算该剪力墙竖向接缝后的浇混凝土体积。

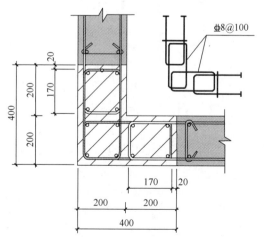

图 8-78　剪力墙在转角墙处的竖向接缝详图

解：

$$V = b_w \times l_{\text{中}} \times \Delta h_V = 0.2 \times (0.4 - 0.1) + (0.4 - 0.1) \times (4.200 - 0.000) = 0.504\text{m}^3$$

该竖向接缝的后浇混凝土体积为 0.504m^3。

8.10.2　水平接缝后浇带工程量计算

1. 水平接缝后浇带类型

（1）墙厚相同

水平接缝上下预制剪力墙厚度相同时（图 8-79），水平后浇混凝土的体积计算公式：$V=$墙厚×接缝上下墙宽×后浇段标高高差。

（2）墙厚不同

若接缝上下预制墙的厚度发生变化时（图 8-80），后浇混凝土的厚度为上下预制墙墙厚的大值。

（3）后浇段位于顶层

当后浇段位于顶层时（图 8-81），后浇段的墙厚无变化。

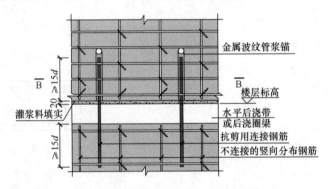

图 8-79　预制墙水平接缝墙厚无变化

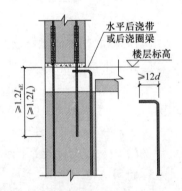

图 8-80　预制墙水平接缝墙厚有变化

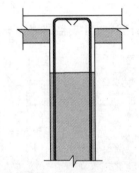

图 8-81　后浇段位于顶层时

2. 计算规则

按设计图示尺寸以体积计算。

3. 计算公式

水平后浇混凝土的体积计算方法墙厚（墙厚的大值）×接缝上下墙宽×后较段上下标

高高差，其计算公式如下。

$$V = b_w \times l_w \times \Delta h_H$$

式中　b_w——接缝上下预制墙厚度的大值（m），若相等则取墙厚；

　　　l_w——预制墙的宽度（m）；

　　　Δh_H——水平接缝上下标高高差（m）。

4. 计算举例

[**例 8-47**] 某装配式建筑工程剪力墙厚 200mm，接缝上下墙厚相同，预制墙的宽度为 2700mm，抗震等级为 3 级，混凝土强度等级为 C35，剪力墙在转角墙处的竖向接缝详图见图 8-82，剪力墙接头的标高范围为 4.000m～4.200m，计算该水平接缝的后浇段混凝土体积。

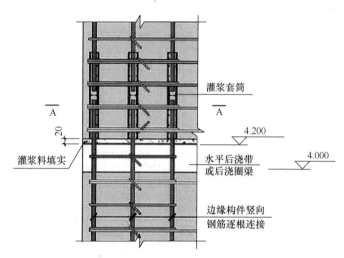

图 8-82　预制墙边缘构件的水平接缝构造大样（套筒灌浆连接）

解：剪力墙的水平接缝较为规整，且上下墙厚相同。

$$V = b_w \times l_w \times \Delta h_H = 0.200 \times 2.700 \times (4.200 - 4.000) = 0.108 (m^3)$$

水平后浇段混凝土的体积为 0.108m³。

8.11　预制混凝土构件清单工程量及定额工程量计算

预制混凝土构件清单工程量和定额工程量计算的计算规则和计算方法是相同的，故一并介绍其工程量计算内容。

8.11.1　预制混凝土空心板工程量计算

1. 计算规则

按设计图示尺寸以体积计算。

2. 计算公式

$$V = （空心板断面积－孔面积）\times 板长 \times 块数$$

3. 计算举例

[**例 8-48**] 根据图 8-83 计算 20 块混凝土预应力空心板工程量。

解： $V = $ 空心板净断面积 $\times$ 板长 $\times$ 块数

$= [0.12 \times (0.57 + 0.59) \times 0.5 - 0.7854 \times 0.0762 \times 6] \times 3.28 \times 20$

$= (0.0696 - 0.0272) \times 3.28 \times 20 = 0.0424 \times 3.28 \times 20$

$= 2.78 \; (m^3)$

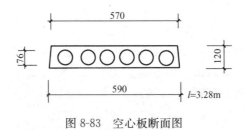

图 8-83　空心板断面图

8.11.2　预制混凝土天沟板工程量计算

1. 计算规则

按设计图示尺寸以体积计算。不扣除构件内钢筋、铁件及小于 300mm $\times$ 300mm 以内孔洞面积所占体积。

2. 计算公式

$V = $ 断面积 $\times$ 板长 $\times$ 块数

3. 计算举例

[例 8-49] 根据图 8-84 计算 18 块预制天沟板的工程量。

解： $V = $ 断面积 $\times$ 长度 $\times$ 块数

$= [(0.05 + 0.07) \times \dfrac{1}{2}$

$\times (0.25 - 0.04) + 0.60$

$\times 0.04 + (0.05 + 0.07)$

$\times \dfrac{1}{2} \times (0.13 - 0.04)]$

$\times 3.58 \times 18$

$= 0.150 \times 18 = 2.70 \; (m^3)$

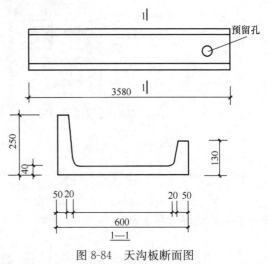

图 8-84　天沟板断面图

8.11.3　预制混凝土工字形柱工程量计算

1. 计算规则

按设计图示尺寸以体积计算。不扣除构件内钢筋、铁件及小于 300 mm $\times$ 300 mm 以内孔洞面积所占体积。

2. 计算举例

[例 8-50] 根据图 8-85 计算 6 根预制工字形柱的工程量。

解： $V = $ (上柱体积 $+$ 牛腿部分体积 $+$ 下柱外形体积 $-$ 工字形槽口体积) $\times$ 根数

$= \{(0.40 \times 0.40 \times 2.40) + [0.40 \times (1.0 + 0.80) \times \dfrac{1}{2} \times 0.20 + 0.40 \times 1.0 \times 0.40]$

$$+(10.8\times0.80\times0.40)-\frac{1}{2}\times(8.5\times0.50+8.45\times0.45)\times0.15\times2\,边\}\times6$$

$$=(0.384+0.232+3.456-1.208)\times6$$

$$=2.864\times6$$

$$=17.18\,(\text{m}^3)$$

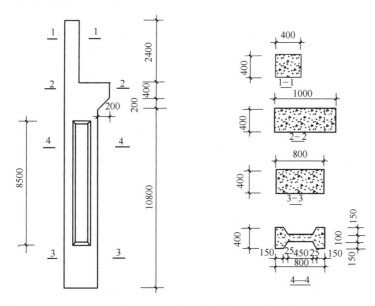

图 8-85　预制工字形柱施工图

8.12　钢筋与铁件工程量计算

8.12.1　钢筋工程量计算有关规定

1. 纵向钢筋弯钩长度计算

　　HPB300 级钢筋末端需要做 180°弯钩时，其圆弧弯曲直径 D 不应小于钢筋直径 d 的 2.5 倍，平直部分长度不宜小于钢筋直径 d 的 3 倍；HRB335 级、HRB400 级钢筋的弯弧内直径不应小于钢筋直径的 4 倍，弯钩的弯后平直部分应符合设计要求。

　　钢筋弯钩增加长度通用计算公式

$$L_{x}=\left(\frac{n}{2}d+\frac{d}{2}\right)\pi\times\frac{x}{180°}+zd-\left(\frac{n}{2}d+d\right)$$

式中　L——钢筋弯钩增加长度，mm；

　　　　n——弯钩弯心直径的倍数值；

　　　　d——钢筋直径，mm；

　　　　x——弯钩角度；

　　　　z——以 d 为基础的弯钩末端平直长度系数，mm。

2. 钢筋弯钩增加长度计算举例

　　（1）纵向钢筋 180°弯钩增加长度（当弯心直径=2.5d，z=3 时）的计算。根据图8-86

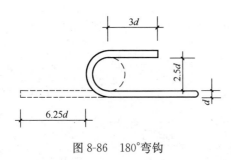

图 8-86　180°弯钩

和基本公式计算 180°弯钩增加长度。

$$L_{180°} = \left(\frac{2.5}{2}d + \frac{d}{2}\right)\pi \times \frac{180°}{180°} + 3d - \left(\frac{2.5}{2}d + d\right)$$

$$= 1.75d\pi \times 1 + 3d - 2.25d$$

$$= 5.498d + 0.75d$$

$$= 6.248d$$

取值为 6.25d。

（2）纵向钢筋 90°弯钩（当弯心直径 = 4d，z = 12 时）的计算。根据图 8-87（a）和基本公式计算 90°弯钩增加长度。

$$L_{90°} = \left(\frac{4}{2}d + \frac{d}{2}\right)\pi \times \frac{90°}{180°} + 12d - \left(\frac{4}{2}d + d\right)$$

$$= 2.5d\pi \times \frac{1}{2} + 12d - 3d$$

$$= 3.927d + 9d$$

$$= 12.927d$$

取值为 12.93d。

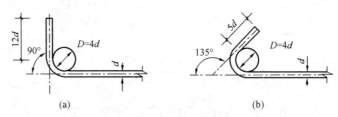

图 8-87　90°和 135°弯钩
（a）末端带 90°弯钩；（b）末端带 135°弯钩

（3）纵向钢筋 135°弯钩（当弯心直径 = 4d，z = 5 时）的计算。根据图 8-87（b）和基本公式计算 135°弯钩增加长度。

$$L_{135°} = \left(\frac{4}{2}d + \frac{d}{2}\right)\pi \times \frac{135°}{180°} + 5d - \left(\frac{4}{2}d + d\right)$$

$$= 2.5d\pi \times 0.75 + 5d - 3d$$

$$= 7.891d$$

取值为 7.89d。

3. 箍筋弯钩增加长度计算

箍筋的末端应作弯钩，弯钩形式应符合设计要求。当设计无具体要求时，用 HPB300 级钢筋或冷拔低碳钢丝制作的箍筋，其弯钩的弯曲直径应大于受力钢筋直径，且不小于箍筋直径的 2.5 倍。弯钩平直部分的长度，对一般结构不宜小于箍筋直径的 5 倍；对有抗震要求的结构，不应小于箍筋直径的 10 倍（图 8-88）。

（1）箍筋 135°弯钩（当弯心直径 = 2.5d，z = 5 时）的计算。根据图 8-88 和基本公式计算 135°弯钩增加长度。

$$L_{135°} = \left(\frac{2.5}{2}d + \frac{d}{2}\right)\pi \times \frac{135°}{180°} + 5d - \left(\frac{2.5}{2}d + d\right)$$
$$= 1.75d\pi \times 0.75 + 5d - 2.25d$$
$$= 4.123d + 2.75d$$
$$= 6.873d$$

取值为 $6.87d$。

（2）箍筋 135°弯钩（当弯心直径＝2.5d，z＝10 时）的计算。根据图 8-88 和基本公式计算 135°弯钩增加长度。

$$L_{135°} = \left(\frac{2.5}{2}d + \frac{d}{2}\right)\pi \times \frac{135°}{180°} + 10d - \left(\frac{2.5}{2}d + d\right)$$
$$= 1.75d\pi \times 0.75 + 10d - 2.25d$$
$$= 11.873d$$

取值为 $11.87d$。

4. 弯起钢筋增加长度

弯起钢筋的弯起角度，一般有 30°、45°、60°三种，其弯起增加值是指斜长与水平投影长度之间的差值，如图 8-89 所示。

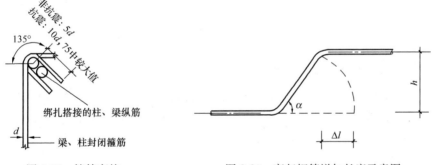

图 8-88　箍筋弯钩　　　　　　图 8-89　弯起钢筋增加长度示意图

弯起钢筋斜长及增加长度计算方法见表 8-14。

弯起钢筋斜长及增加长度计算表　　　　　　　　　　表 8-14

形状			
计算方法	斜边长 S	$2h$	$1.414h$	$1.155h$
	增加长度 $S-L=\Delta l$	$0.268h$	$0.414h$	$0.577h$

5. 保护层

钢筋的混凝土保护层，应符合设计要求；当设计无具体要求时，不应小于受力钢筋直径，并应符合表 8-15 的要求。

混凝土保护层的最小厚度（单位：mm）　　　　　　　　表 8-15

环境类别	板、墙	梁、柱
一	15	20
二 a	20	25
二 b	25	35
三 a	30	40
三 b	40	50

8.12.2　钢筋工程量计算

1. 计算规则

按设计图示钢筋长度乘以单位理论质量计算。

2. 计算公式

$$钢筋每米重 = 0.006165d^2 \text{kg/m}$$

d 为以 mm 为单位的钢筋直径。

3. 钢筋长度计算

钢筋长 L＝构件长－保护层厚度×2＋弯钩长×2＋弯起钢筋增加值（ΔL）×2

8.12.3　钢筋工程量计算综合例题

[**例 8-51**] 根据图 8-90 计算 8 根现浇 C20 钢筋混凝土矩形梁（抗震）的钢筋工程量，混凝土保护层厚度为 25mm（按混凝土保护层最小厚度确定为 20mm，当混凝土强度等级不大于 C25 时，增加 5mm，故为 25mm）。

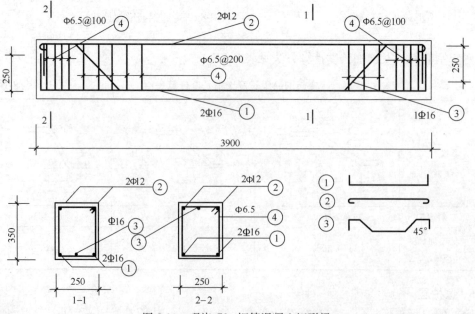

图 8-90　现浇 C20 钢筋混凝土矩形梁

解： 1. 计算一根矩形梁钢筋长度

① 号筋（Φ16）2 根

$$L = (3.90 - 0.025 \times 2 + 0.25 \times 2) \times 2 = 4.35 \times 2$$
$$= 8.70 \text{（m）}$$

② 号筋（Φ12）2 根

$$L = (3.90 - 0.025 \times 2 + 0.012 \times 6.25 \times 2) \times 2$$
$$= 4.0 \times 2 = 8.0 \text{(m)}$$

③ 号筋（Φ16）1 根

弯起增加值计算，见表 8-14（下同）。

$$L = 3.90 - 0.025 \times 2 + 0.25 \times 2 + (0.35 - 0.025 \times 2 - 0.016) \times 0.414 \times 2$$
$$= 4.35 + 0.284 \times 0.414 \times 2$$
$$= 4.59 \text{(m)}$$

④ 号筋（Φ6.5）

箍筋根数 $= (3.90 - 0.30 \times 2 - 0.025 \times 2) \div 0.20 + 1 + 6$（两端加密筋）$= 24$（根）

单根箍筋长 $= (0.35 - 0.025 \times 2 - 0.0065 + 0.25 - 0.025 \times 2 - 0.0065) \times 2 +$
$$11.89 \times 0.0065 \times 2$$
$$= 1.125 \text{（m）}$$

箍筋长 $= 1.125 \times 24 = 27.00$（m）

2. 计算 8 根矩形梁钢筋质量

$$\left. \begin{array}{l} \text{Φ16：}(8.7 + 4.59) \times 8 \times 1.58 = 167.99 \text{(kg)} \\ \text{Φ12：}8.0 \times 8 \times 0.888 = 56.83 \text{(kg)} \\ \text{Φ6.5：}27 \times 8 \times 0.26 = 56.16 \text{(kg)} \end{array} \right\} 280.98 \text{kg}$$

注：Φ16 钢筋每米重 $= 0.006165 \times 16^2 = 1.58$（kg/m）

Φ12 钢筋每米重 $= 0.006165 \times 12^2 = 0.888$（kg/m）

Φ6.5 钢筋每米重 $= 0.006165 \times 6.5^2 = 0.26$（kg/m）

8.12.4　铁件工程量计算

1. 计算规则

钢筋混凝土构件预埋铁件工程量按设计图示尺寸以质量计算。

2. 计算举例

[例 8-52] 根据图 8-91，计算 5 根预制柱的预埋铁件工程量。

解： 1. 每根柱预埋件工程量

M-1：钢板 $0.4 \times 0.4 \times 78.5 = 12.56$（kg）

Φ12：$2 \times (0.30 + 0.36 \times 2 + 12.5 \times 0.012) \times 0.888 = 2.08$（kg）

M-2：钢板 $0.3 \times 0.4 \times 78.5 = 9.42$（kg）

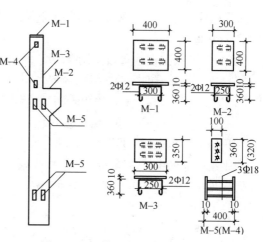

图 8-91　钢筋混凝土预制柱预埋件

Φ12：2×(0.25+0.36×2+12.5×0.012)×0.888=1.99（kg）

M-3：钢板 0.3×0.35×78.5=8.24（kg）

Φ12：2×(0.25+0.36×2+12.5×0.012)×0.888=1.99（kg）

M-4：钢板 2×0.1×0.32×2×78.5=10.05（kg）

Φ18：2×3×0.38×2.00=4.56（kg）

M-5：钢板 4×0.1×0.36×2×78.5=22.61（kg）

Φ18：4×3×0.38×2.00=9.12（kg）

小计：82.62kg

2. 5 根柱预埋铁件工程量

82.62×5=413.1（kg）=0.413（t）

8.13   金属结构工程量计算

8.13.1   清单工程量与定额工程量计算规则

1. 清单工程量计算规则

金属结构安装均按设计图示尺寸以质量计算，不扣除孔眼的质量，焊条、铆钉、螺栓等不另增加质量。

2. 金属结构安装定额工程量均按设计图示尺寸以质量计算。不扣除单个面积≤0.3m² 的孔洞质量，焊条、铆钉、螺栓等不另增加质量。

3. 计算规则解读

（1）两规则在不扣除孔眼（洞）上的描述有差异，其实质是基本一致的。

（2）金属结构制、运、安项目，预算定额的金属结构安装项目包含了制作的费用，运输是单列的分项工程项目。

8.13.2   金属结构安装工程量计算

1. 计算公式

金属构件工程量＝∑（型钢长×每米重量＋钢板面积×每平方米重量＋圆钢长×每米重量）

2. 计算举例

[例 8-53] 根据图 8-92 的图示尺寸，计算柱间支撑的制作工程量。

解：角钢每 m 质量=0.00795×厚×（长边＋短边－厚）

$$=0.00795×6×(75+50-6)$$

$$=5.68（kg/m）$$

钢板每 m² 质量=7.85×8=62.8（kg/m²）

角钢重=5.90m×2×5.68=67.02（kg）

钢板重=（0.205×0.21×4）×62.8

$$=0.172\ 2×62.80$$

$$=10.81（kg）$$

柱间支撑工程量小计：67.02+10.81=77.83（kg）

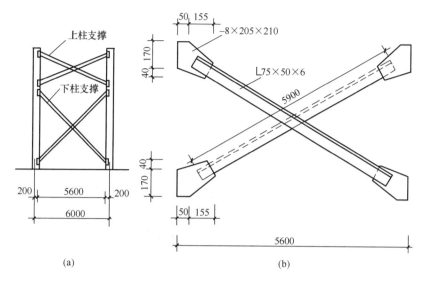

图 8-92 柱间钢支撑详图

（a）柱间支撑示意图；（b）上柱间支撑详图

8.14 木结构清单工程量和定额工程量计算

8.14.1 木屋架工程量计算

1. 木屋架清单工程量计算规则

分两种情况：

当以榀计量时，按设计图示数量计算；当以立方米计量时，按设计图示的规格尺寸以体积计算。

2. 木屋架定额工程量计算规则

木屋架工程量按设计图示的规格尺寸以体积计算。附属于木屋架上的木夹板、垫木、风撑、挑檐木等均包含在木屋架制品内，不另计算。

3. 计算规则解读

定额工程量计算规则的计算内容较详细明确；"不另计算"的规定也没有少算，该内容已经包含在定额消耗量内。

8.14.2 屋面木基层工程量计算

屋面木基层如图 8-93 所示。

1. 屋面木基层清单工程量计算规则

按设计图示尺寸以斜面积计算。不扣除房上烟囱、风帽底座、风道、小气窗、斜沟等所占面积，小气窗的出檐部分不增加面积。

2. 屋面木基层定额工程量计算规则

屋面板、椽子、挂瓦条、顺水条工程量按设计图示尺寸以屋面斜面积计算，不扣除屋面上烟囱、风帽底座、风道、小气窗、斜沟等所占面积，小气窗的出檐部分不增加面积。

3. 计算规则解读

两种工程量计算规则的规定基本一致，定额工程量计算规则较详细描述了屋面木基层包含的内容。

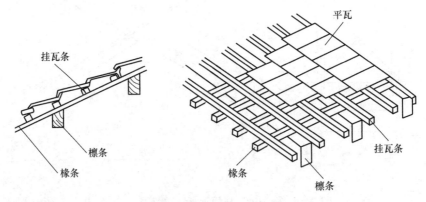

图 8-93　屋面木基层示意图

8.14.3　木门窗工程量计算

1. 木门窗清单工程量计算规则

分两种情况：

当以樘计量时，按设计图示数量计算；当以平方米计量时，按设计图示洞口尺寸以面积计算。

2. 木门（框）定额工程量计算规则

成品木门扇安装除纱门扇外，其余均按设计图示洞口尺寸以面积计算。木门框安装按设计图示框的中心线以长度计算。成品套装木门安装按设计图示数量以樘计算。

3. 计算规则解读

各种木门窗示意图见图 8-94。清单与定额的不同点：上海市预算定额已经没有木窗项目；定额将木门扇和木门框分为了两个项目。

8.14.4　卷闸（帘）门工程量计算

1. 卷闸（帘）门清单工程量计算规则

分两种情况：

当以樘计量时，按设计图示数量计算；当以平方米计量时，按设计图示洞口尺寸以面积计算，见图 8-95。

2. 卷帘门清单工程量计算举例

[例 8-54] 某工程金属卷帘门见图 8-95，根据该图尺寸计算卷帘门清单工程量。

解：S ＝门洞宽×门洞高

$\quad\quad$ ＝3.20×3.60

$\quad\quad$ ＝11.52（m²）

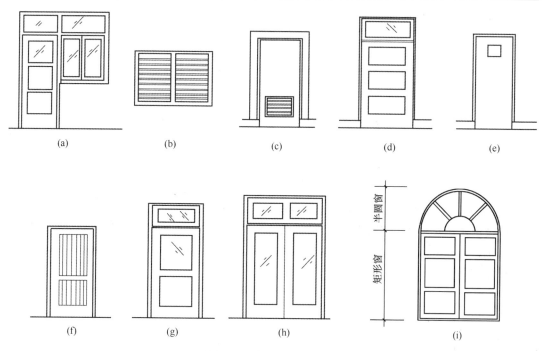

图 8-94　各种门窗示意图

(a) 门连窗；(b) 固定百叶窗；(c) 半截百叶门；(d) 带亮子镶板门；(e) 带观察窗胶合板门；

(f) 拼板门；(g) 半玻门；(h) 全玻门；(i) 带半圆窗

3. 卷闸（帘）门定额工程量计算规则

金属卷帘门安装按设计图示卷帘门宽度乘与卷帘门高度（包括卷帘箱高度）以面积计算，见图 8-95。

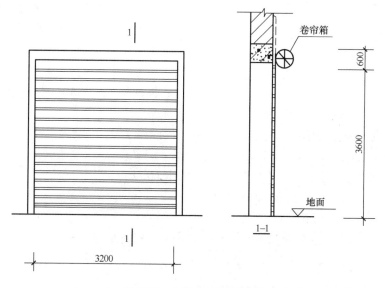

图 8-95　金属卷帘门示意图

4. 卷帘门定额工程量计算举例

[例 8-55] 某工程金属卷帘门见图 8-95，根据该图尺寸计算卷帘门定额工程量。

解： $S=$ 门洞宽$\times$（门洞高$+$卷帘箱高）

$\qquad =3.20\times(3.60+0.60)$

$\qquad =3.20\times4.20$

$\qquad =13.44（m^2）$

8.15　楼地面清单工程量和定额工程量计算

8.15.1　楼地面整体面层工程量计算

1. 楼地面整体面层清单工程量计算规则

按设计图示尺寸以面积计算。扣除凸出地面的构筑物、室内铁道、设备基础、地沟等所占面积，不扣除间壁墙及面积$\leqslant0.3m^2$柱、垛、附墙烟囱及孔洞所占面积。门洞、空圈、暖气包槽、壁龛的开口部分不增加面积。

2. 楼地面整体面层定额工程量计算规则

整体面层及找平层按设计图示尺寸以面积计算。扣除凸出地面的构筑物、设备基础、地沟等所占面积，不扣除柱、垛、间壁墙及面积$\leqslant0.3m^2$的孔洞所占面积。门洞、空圈、暖气包槽、壁龛的开口部分不增加面积。

3. 楼地面整体面层工程量计算举例

楼地面整体面层的清单工程量和定额工程量计算规则基本相同，所以两者工程量是一致的。

［例 8-56］ 某工程室内水泥砂浆整体面层厚 20mm，根据图 8-96 计算该水泥砂浆清单工程量和定额工程量。

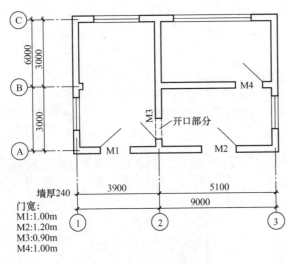

图 8-96　某工程底层平面图

解： 水泥砂浆整体面层 $S=$ 建筑面积$-$墙结构面积

建筑面积$=(9.0+0.24)\times(6.0+0.24)=57.66(m^2)$

墙结构面积$=[$外墙长$(9.0+6.0)\times2+$内墙长$(6.0-0.24+5.10-0.24)]\times0.24$

$\qquad\qquad =(30.0+10.62)\times0.24$

$\qquad\qquad =9.75(m^2)$

$\qquad\quad S=$ 建筑面积$-$墙结构面积$=57.66-9.75$

$\qquad\qquad =47.91（m^2）$

8.15.2　楼地面块料面层工程量计算

1. 楼地面块料面层清单工程量计算规则

按设计图示尺寸以面积计算。门洞、空圈、暖气包槽、壁龛的开口部分并入相应的工程量内。

2. 楼地面块料面层定额工程量计算规则

按设计图示尺寸以面积计算。门洞、空圈、暖气包槽、壁龛的开口部分并入相应的工程量内。

3. 楼地面块料面层工程量计算举例

楼地面块料面层的清单工程量和定额工程量计算规则是一致的，所以两者工程量也是一致的。

[**例 8-57**] 某工程室内铺地砖块料面层，根据图 8-96 计算该块料面层清单工程量和定额工程量。

解： 水泥砂浆整体面层 S ＝建筑面积－墙结构面积＋开口面积

建筑面积＝$(9.0＋0.24)×(6.0＋0.24)＝57.66$（m^2）

墙结构面积＝[外墙长$(9.0＋6.0)×2$＋内墙长$(6.0－0.24＋5.10－0.24)$]$×0.24$

$\qquad\qquad$ ＝$(30.0＋10.62)×0.24$

$\qquad\qquad$ ＝9.75（m^2）

开口面积＝$0.24×(1.0＋1.2＋0.9＋1.0)＝0.984$（m^2）

S＝建筑面积－墙结构面积＋开口面积

$\qquad$ ＝$57.66－9.75＋0.984$

$\qquad$ ＝$47.91＋0.984$

$\qquad$ ＝48.89（m^2）

8.15.3 台阶面层工程量计算

1. 台阶面层清单工程量计算规则

按设计图示尺寸以台阶（包括最上层台阶边沿加 300mm）水平投影面积计算。

2. 台阶面层定额工程量计算规则

台阶面层按设计图示尺寸以台阶（包括最上层台阶边沿加 300mm）水平投影面积计算。

3. 计算规则解读

按水平投影面积计算台阶工程量是套用对应的预算定额项目，该定额已经将台阶踏步立面的装饰材料折算到了定额消耗量内，没有少算装饰工程量。

4. 台阶面层工程量计算举例

台阶面层的清单工程量和定额工程量计算规则是一致的，所以两者工程量也是一致的。

[**例 8-58**] 某工程台阶贴花岗岩块料面层，根据图 8-97 计算该块料面层清单工程量和定额工程量。

解： 花岗岩台阶面层＝台阶长×台阶宽＝台阶中心线长×台阶宽

$\qquad\qquad\qquad$ ＝[$(0.30×2＋2.1)＋(0.30＋1.0)×2$]$×(0.30×2)$

$\qquad\qquad\qquad$ ＝$5.30×0.6$

$\qquad\qquad\qquad$ ＝3.18（m^2）

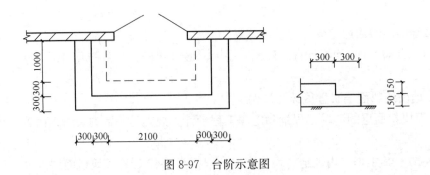

图 8-97　台阶示意图

8.15.4　踢脚线工程量计算

1. 踢脚线清单工程量计算规则

分两种情况：

当以平方米计量时，按设计图示长度乘高度以面积计算；当以米计量时，按延长米计算。

2. 踢脚线定额工程量计算规则

踢脚线按设计图示长度计算。

3. 计算举例

踢脚线的清单工程量和定额工程量计算规则是一致的，所以两者工程量也是一致的。

[**例 8-59**] 某工程贴花岗岩踢脚线 120mm 高，门洞宽均为 0.90m，根据图 8-98 计算该踢脚线清单工程量和定额工程量。

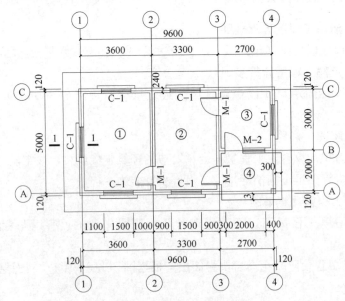

图 8-98　小平房建筑平面图

解： $L = \sum$（房间内墙边周长－门洞宽＋洞口墙厚×n 处）

$= ①(3.60 \times 2 - 0.24 + 5.0 \times 2 - 0.90 - 0.24 + 0.24 \times 2$ 处$) +$

②(3.30×2−0.24+5.0×2−0.90×3−0.24+0.24×4处)＋

③(2.70×2−0.24+3.0×2−0.90×2−0.24+0.24×2处)＋

④(2.70+2.00−0.90×2)

＝①16.30＋②14.38＋③9.60＋④3.90

＝44.18（m）

8.16　坡屋面与卷材屋面工程量计算

8.16.1　屋面坡度系数

利用屋面坡度系数来计算坡屋面工程量是一种简便有效的计算方法。坡度系数的计算式如下：

$$坡度系数=\frac{斜长}{水平长}=\sec\alpha$$

屋面坡度系数表见表 8-16，示意图如图 8-99 所示。

屋面坡度系数表　　　　表 8-16

坡　度			延尺系数 C (A=1)	隅延尺系数 D (A=1)
以高度 B 表示 （当 $A=1$ 时）	以高跨比表示 $(B/2A)$	以角度表示 (α)		
1	1/2	45°	1.4142	1.7321
0.75		36°52′	1.2500	1.6008
0.70		35°	1.2207	1.5779
0.666	1/3	33°40′	1.2015	1.5620
0.65		33°01′	1.1926	1.5564
0.60		30°58′	1.1662	1.5362
0.577		30°	1.1547	1.5270
0.55		28°49′	1.1413	1.5170
0.50	1/4	26°34′	1.1180	1.5000
0.45		24°14′	1.0966	1.4839
0.40	1/5	21°48′	1.0770	1.4697
0.35		19°17′	1.0594	1.4569
0.30		16°42′	1.0440	1.4457
0.25		14°02′	1.0308	1.4362
0.20	1/10	11°19′	1.0198	1.4283
0.15		8°32′	1.0112	1.4221
0.125		7°8′	1.0078	1.4191
1.100	1/20	5°42′	1.0050	1.4177
0.083		4°45′	1.0035	1.4166
0.066	1/30	3°49′	1.0022	1.4157

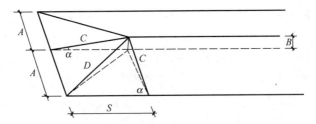

注：1. 两坡水排水屋面（当 α 角相等时，可以是任意坡水）面积为
　　　屋面水平投影面积乘以延尺系数 C。
　　2. 四坡水排水屋面斜脊长度＝$A \times D$（当 $S＝A$ 时）。
　　3. 沿山墙泛水长度＝$A \times C$。

图 8-99　放坡系数各字母含义示意图

8.16.2　坡屋面斜面积计算综合例题

[例 8-60] 根据图 8-100 的图示尺寸，计算四坡水屋面工程量。

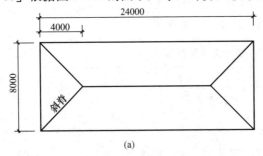

图 8-100　四坡水屋面示意图

（a）平面；（b）立面

解： $S＝$水平面积×坡度系数 C
　　　$＝8.0 \times 24.0 \times 1.118$（查表 8-16）
　　　$＝214.66$（m^2）

[例 8-61] 根据图 8-101 中的有关数据，计算四角斜脊的长度。

解： 屋面斜脊长＝跨长×0.5×隅延尺
　　　　系数 $D \times 4$
　　　$＝8.0 \times 0.5 \times 1.50$
　　　（查表 8-16）$\times 4$
　　　$＝24.0$（m）

[例 8-62] 根据图 8-101 的图示尺寸，计算六坡水（正六边形）屋面的斜面面积。

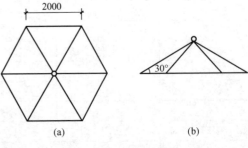

图 8-101　六坡水屋面示意图
（a）平面；（b）立面

解： 屋面斜面面积＝水平面积×延尺系数 C
　　　$＝\dfrac{3}{2} \times \sqrt{3} \times 2.0^2 \times 1.118$
　　　$＝10.39 \times 1.118＝11.62$（$m^2$）

8.16.3 卷材防水屋面工程量计算

1. 清单工程量计算规则

按设计图示尺寸以面积计算。斜屋顶（不包括平屋面找坡）按斜面积计算，平屋顶按水平投影面积计算。不扣除房上烟囱、风帽底座、风道、屋面小气窗和斜沟所占面积。屋面女儿墙、伸缩缝和天窗等处的弯起部分，并入屋面工程量内。

2. 定额工程量计算规则

斜屋顶（不包括平屋面找坡）按斜面积计算，平屋顶按水平投影面积计算。不扣除房上烟囱、风帽底座、风道、屋面小气窗和斜沟所占面积。屋面的女儿墙（图 8-102）、伸缩缝和天窗等处（图 8-103）的弯起部分，并入屋面工程量内。设计无规定时，伸缩缝、女儿墙和天窗弯起部分按 500mm 计算。

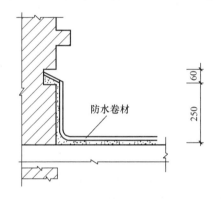

图 8-102　屋面女儿墙防水卷材弯起示意图

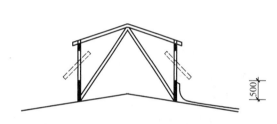

图 8-103　卷材屋面天窗弯起部分示意图

8.17　墙、柱面装饰工程量计算

8.17.1 墙面抹灰工程量计算

1. 清单工程量计算规则

按设计图示尺寸以面积计算。扣除墙裙、门窗洞口及单个 $>0.3m^2$ 的孔洞面积，不扣除踢脚线、挂镜线（图 8-104）和墙与构件交接处的面积，门窗洞口及孔洞的侧壁及顶面不增加面积。附墙柱、梁、垛、烟囱侧壁并入相应的墙面面积内。

2. 定额工程量计算规则

内墙面按设计图示主墙间净长乘以高度以面积计算，扣除墙裙、门窗洞口及单个 $>0.3m^2$ 的孔洞所占面积，不扣除踢脚线、挂镜线和墙与构件交接处（图 8-105）的面积，门窗洞口及孔洞的侧壁及顶面不增加面积。附墙柱、梁、垛的侧面并入相应墙面、墙裙抹灰工程量内计算。

无墙裙者，高度按室内地面或楼面至顶棚底面之间距离计算。有墙裙者，规定按墙裙顶至天棚底面计算。如墙裙与墙面抹灰种类相同者，工程量合并计算。

有吊顶天棚者，高度算至天棚底面。

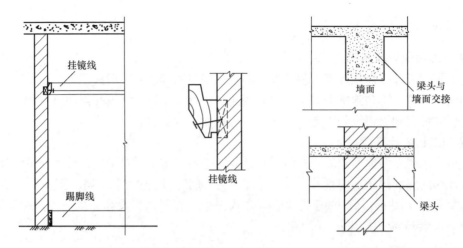

图 8-104 挂镜线、踢脚线示意图　　　　图 8-105 墙与构件交接处面积示意图

外墙抹灰面按垂直投影面积计算,扣除门窗洞口和单个>0.3m² 的孔洞所占面积,不扣除≤0.3m² 孔洞所占面积,门窗洞口及孔洞的侧壁面积亦不增加。附墙柱、梁、垛侧壁抹灰面积并入相应墙面、墙裙工程量内计算。

3. 计算规则解读

定额工程量计算规则比清单工程量计算规则的规定详细,且可以列出工程量计算式。

4. 计算公式

内墙抹灰定额工程量 S ＝主墙间净长×墙高－墙裙、门窗洞口及单个>0.3m² 的孔洞面积
＋附墙柱、梁、垛侧面面积

外墙抹灰定额工程量 S ＝垂直投影面积－门窗洞口和单个>0.3m² 的孔洞面积
＋附墙柱、梁、垛侧面面积

8.17.2 柱面抹灰工程量计算

1. 清单工程量计算规则

按设计图示柱断面周长乘以高度以面积计算。

2. 定额工程量计算规则

按设计图示柱断面周长乘以高度以面积计算。

3. 计算公式

清单与定额工程量计算规则完全一样。

柱面抹灰工程量 $S＝\sum$（柱断面周长×柱高）

8.17.3 顶棚抹灰工程量计算

1. 清单工程量计算规则

按设计图示尺寸以水平投影面积计算。不扣除间壁墙、柱、垛、附墙烟囱、检查口和管道所占面积,带梁天棚的梁两侧抹灰面积并入天棚抹灰面积内,板式楼梯底面抹灰按斜面积计算,锯齿形楼梯底面抹灰按展开面积计算。

2. 定额工程量计算规则

按设计图示尺寸以水平投影面积计算。不扣除间壁墙、柱、垛、附墙烟囱、检查口和管道所占面积，带梁天棚的梁两侧抹灰面积并入天棚抹灰面积内计算，板式楼梯底面抹灰按斜面积计算，锯齿形楼梯底面抹灰按展开面积计算。

8.17.4 吊顶天棚工程量计算

1. 清单工程量计算规则

按设计图示尺寸以水平投影面积计算。天棚中的灯槽及跌级、锯齿形、吊挂式、藻井式天棚面积不展开计算，扣除单个>0.3m² 的孔洞、独立柱及与天棚相连是窗帘盒所占面积。

2. 定额工程量计算规则不扣除间壁墙、柱、垛、附墙烟囱、检查口和管道所占面积

天棚龙骨（图 8-106）按主墙间水平投影面积计算，不扣除间壁墙、柱、垛、附墙烟囱、检查口和管道所占面积，扣除单个>0.3m² 的孔洞、独立柱及与天棚相连是窗帘盒所占面积。斜面龙骨按斜面计算。

天棚吊顶的基层与装饰面层（图 8-107、图 8-108）按设计图示尺寸以展开面积计算，不扣除间壁墙、柱、垛、附墙烟囱、检查口和管道所占面积，扣除单个>0.3m² 的孔洞、独立柱及与天棚相连是窗帘盒所占面积。

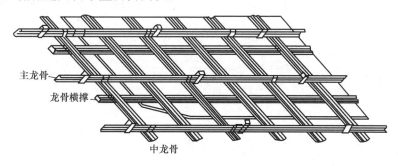

图 8-106 天棚龙骨示意图

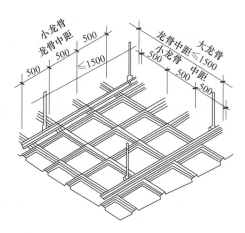

图 8-107 嵌入式铝合金方板天棚

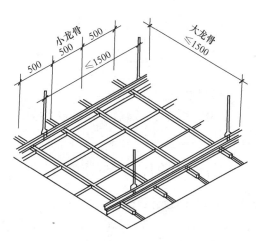

图 8-108 浮搁式铝合金方板天棚

3. 计算规则解读

从工程量计算规则可以看出,定额工程量将吊顶天棚划分为龙骨和面层两类项目,要分别计算工程量;清单工程量项目中已经包含了上述的工作内容。也就是吊顶分部分项工程综合单价包含了两个定额项目的内容。

8.18　油漆、涂料、裱糊工程量计算

8.18.1　门油漆工程量计算

1. 清单工程量计算规则

有两种方式:当以樘计量时,按设计图示数量计算;当以平方米计量时,按设计图示洞口尺寸以面积计算。

2. 定额工程量计算规则

执行木门油漆的子目,其工程量计算规则及相应系数见表8-17。

工程量计算规则及系数表

表8-17

	项目	系数	工程量计算规则(设计图示尺寸)
1	单层木门	1.00	门洞口面积
2	单层半玻门	0.85	
3	单层全玻门	0.75	
4	半截百叶木门	1.50	
5	全百叶门	1.70	
6	厂库房大门	1.10	
7	纱门扇	0.80	
8	特种门(包括冷藏门)	1.00	
9	装饰门扇	0.90	扇外围尺寸面积
10	间壁、隔断	1.00	单面外围面积
11	玻璃间壁露明墙筋	0.80	

注:多面涂刷按单面计算工程量。

3. 计算规则解读

上表中各种门可以通过工程量乘系数的方式,套用单层木门定额油漆子目,从而简化了定额子目。

8.18.2　墙面喷涂料工程量计算

1. 清单工程量计算规则

墙面喷刷涂料,按设计图示尺寸以面积计算。

2. 定额工程量计算规则

抹灰面涂料,按设计图示尺寸以面积计算。

8.19 本章复习题及解析

1. 根据《房屋建筑与装饰工程工程量计算规范》GB 50854—2013，屋面及防水工程量计算，正确的说法是（   ）。

A. 屋面刚性防水按设计图示尺寸以面积计算

B. 瓦屋面、型材屋面按设计图示尺寸的水平投影面积计算

C. 地面砂浆防水按设计图示面积乘以厚度以体积计算

D. 屋面天沟、檐沟按设计图示尺寸以长度计算

正确答案：A

分析：本题考查工程量计算规则（防水、保温、装饰装修及其他工程。屋面刚性防水按设计图示尺寸以面积计算，不扣除房上烟囱、风帽底座、风道等所占的面积。瓦屋面、型材屋面按设计图示尺寸以斜面积计算。地面砂浆防水按设计图示面积计算。屋面天沟、檐沟，按设计图示尺寸以面积计算。铁皮和卷材天沟按展开面积计算。

2. 根据《房屋建筑与装饰工程工程量计算规范》GB 50854—2013，关于涂膜防水屋面工程量计算方法正确的是（   ）。

A. 平屋顶找坡按斜面积计算

B. 应扣除房上烟囱、屋面小气窗及 $0.3m^2$ 以上的孔洞面积

C. 女儿墙、伸缩缝处弯起部分并入屋面工程量计算

D. 接缝、收头部分并入屋面工程量计算

正确答案：C

分析：本题考查工程量计算规则（防水、保温、装饰装修及其他工程。选项 A，屋面防水按设计图示尺寸以面积计算。其中，平屋顶按水平投影面积计算。选项 B，不扣除房上烟囱、风帽底座、风道、屋面小气窗和斜沟所占面积。选项 C，屋面的女儿墙、伸缩缝等处弯起部分并入屋面工程量计算。选项 D，接缝、收头部分应考虑在报价内，不能并入屋面工程量计算。

3. 根据《房屋建筑与装饰工程工程量计算规范》GB 50854—2013，有关楼地面防水防潮工程量计算，说法正确的是（   ）。

A. 按设计图示尺寸以长度计算

B. 反边高度≤300mm 部分不计算

C. 反边高度＞300mm 按墙面防水法防水计算

D. 按主墙间净面积计算，搭接和反边部分不计

正确答案：C

分析：本题考查工程量计算规则（防水、保温、装饰装修及其他工程。楼地面防水防潮工程量按设计图示尺寸以面积计算，楼（地）面防水反边高度≤300mm 算作地面防水，反边高度＞300mm 按墙面防水计算。

4. 根据《房屋建筑与装饰工程工程量计算规范》GB 50854—2013，膜结构屋面工程量计算规则为（   ）。

A. 按照设计图示尺寸，以水平投影面积计算

B. 按照设计图示尺寸，以覆盖所需的水平投影面积计算

C. 按照设计图示尺寸，按照斜面积计算

D. 按照设计图示尺寸，按照净面积计算

正确答案：B

分析：本题考查工程量计算规则（防水、保温、装饰装修及其他工程。膜结构屋面，按照设计图示尺寸，以覆盖所需的水平投影面积计算。

5. 根据《房屋建筑与装饰工程工程量计算规范》GB 50854—2013，砌筑沥青浸渍砖，按设计图示尺寸以（　　）计算。

A. 长度　　　　　　　　　　　　B. 面积

C. 高度　　　　　　　　　　　　D. 体积

正确答案：D

分析：本题考查工程量计算规则（防水、保温、装饰装修及其他工程。砌筑沥青浸渍砖按设计图示尺寸以体积计算。

6. 根据《房屋建筑与装饰工程工程量计算规范》GB 50854—2013，保温柱的工程量计算，正确的是（　　）。

A. 按设计图示尺寸以体积计算

B. 按设计图示尺寸以保温层外边线展开长度乘以其高度计算

C. 按图示尺寸以柱面积计算

D. 按设计图示尺寸以保温层中心线展开长度乘以其高度计算

正确答案：D

分析：本题考查工程量计算规则（防水、保温、装饰装修及其他工程）。保温柱，按设计图示以保温层中心线展开长度乘以保温层高度以面积计算。

7. 根据《房屋建筑与装饰工程工程量计算规范》GB 50854—2013，关于柱保温的工程量计算，下列说法正确的是（　　）。

A. 按柱外围周长乘保温层高度及厚度

B. 按保温层外围周长乘保温层高度及厚度

C. 按保温层中心线展开长度乘保温层高度以面积计算

D. 按柱表面积乘保温层厚度

正确答案：C

分析：本题考查工程量计算规则（防水、保温、装饰装修及其他工程）。柱按设计图示柱断面保温层中心线展开长度乘保温层高度以面积计算。

8. 根据《房屋建筑与装饰工程工程量计算规范》GB 50854—2013，按面积计算油漆、涂料工程量的是（　　）。

A. 木栏杆（带扶手）油漆　　　　B. 线条刷涂料

C. 挂衣板油漆　　　　　　　　　D. 窗帘盒油漆

正确答案：A

分析：本题考查工程量计算规则（防水、保温、装饰装修及其他工程）。木栏杆（带扶手）油漆按设计图示尺寸以单面外围面积计算。

9. 根据《房屋建筑与装饰工程工程量计算规范》GB 50854—2013，下列按数量计算

工程量的是(　　)。

  A. 镜面玻璃   B. 箱式招牌

  C. 石材装饰线   D. 金属旗杆

  正确答案：D

  分析：本题考查工程量计算规则（防水、保温、装饰装修及其他工程）。金属旗杆按设计图示数量计算。选项 AB，按面积计算；选项 C，以长度计算。

  10. 根据《房屋建筑与装饰工程工程量计算规范》GB 50854—2013，扶手，栏杆装饰工程量计算应按(　　)。

  A. 设计图示尺寸以扶手中心线的长度（不包括弯头长度）计算

  B. 设计图示尺寸以扶手中心线的长度（包括弯头长度）计算

  C. 设计图示尺寸扶手以中心线长度计算，栏杆以垂直投影面积计算

  D. 设计图示尺寸扶手以中心线长度计算，栏杆以单面面积计算

  正确答案：B

  分析：本题考查工程量计算规则（防水、保温、装饰装修及其他工程）。扶手、栏杆、栏板装饰包括金属扶手带栏杆、栏板；硬木扶手带栏杆、栏板；塑料扶手带栏杆、栏板；金属靠墙扶手；硬木靠墙扶手；塑料靠墙扶手：按设计图示扶手中心线以长度（包括弯头长度）计算。

  11. 根据《房屋建筑与装饰工程工程量计量规范》GB 50854—2013，膜结构屋面的工程量应(　　)。

  A. 按设计图示尺寸以斜面面积计算

  B. 按设计图示尺寸以长度计算

  C. 按设计图示尺寸以需要覆盖的水平面积计算

  D. 按设计图示尺寸以面积计算

  正确答案：C

  分析：本题考查工程量计算规则（防水、保温、装饰装修及其他工程）。膜结构屋面，按设计图示尺寸以需要覆盖的水平投影面积计算。

  12. 根据《房屋建筑与装饰工程工程量计量规范》GB 50854—2013，防腐、隔热、保温工程中保温隔热墙面的工程量应(　　)。

  A. 按设计图示尺寸以体积计算

  B. 按设计图示以墙体中心线长度计算

  C. 按设计图示以墙体高度计算

  D. 按设计图示尺寸以面积计算

  正确答案：D

  分析：本题考查工程量计算规则（防水、保温、装饰装修及其他工程）。保温隔热墙面：按设计图示尺寸以面积计算，扣除门窗洞口以及面积$>0.3m^2$梁、孔洞所占面积；门窗洞口侧壁以及与墙相连的柱，并入保温墙体工程量。

  13. 地面防水层工程量，应扣除地面的(　　)所占面积。

  A. $0.3m^2$孔洞   B. 间壁墙

  C. 设备基础   D. 构筑物

E. <0.3m² 的垛、柱

正确答案：C、D

分析：本题考查工程量计算规则（防水、保温、装饰装修及其他工程）。地面防水：按主墙间净空面积计算，扣除凸出地面的构筑物、设备基础等所占面积，不扣除间壁墙及单个≤0.3m² 的柱、垛、烟囱和孔洞所占面积。

14. 根据《房屋建筑与装修工程工程量清单计算规范》GB 50854—2013，以下说法正确的有(　　)。

　　A. 瓦屋面按设计尺寸以斜面积计算

　　B. 屋面刚性防水按设计图示尺寸以面积计算，不扣除房上烟风道所占面积

　　C. 膜结构屋面按设计图示尺寸以需覆盖的水平投影面积计算

　　D. 涂膜防水按设计图示尺寸以面积计算

　　E. 屋面排水管以檐口至设计室外地坪之间垂直距离计算

正确答案：A、B、C、D

分析：本题考查屋面及防水工程。瓦屋面、型材屋面按设计图示尺寸以斜面积计算。屋面卷材防水、屋面涂膜防水按设计图示尺寸以面积计算。斜屋顶（不包括平屋顶找坡）按斜面积计算；平屋顶按水平投影面积计算。屋面刚性防水按设计图示尺寸以面积计算。膜结构屋面按设计图示尺寸以需要覆盖的水平面积计算。屋面排水管按设计图示尺寸以长度计算。

15. 根据《房屋建筑与装饰工程工程量计算规范》GB 50854—2013，墙面防水工程量计算正确的有(　　)。

　　A. 墙面涂膜防水按设计图示尺寸以质量计算

　　B. 墙面砂浆防水按设计图示尺寸以体积计算

　　C. 墙面变形缝按设计图示尺寸以长度计算

　　D. 墙面卷材防水按设计图示尺寸以面积计算

　　E. 墙面防水搭接用量按设计图示尺寸以面积计算

正确答案：C、D

分析：本题考查工程量计算规则（防水、保温、装饰装修及其他工程）。选项 A、B，墙面卷材防水、墙面涂膜防水、墙面砂浆防水（潮），按设计图示尺寸以面积计算；选项 E，墙面防水搭接及附加层用量不另行计算，在综合单价中考虑。

16. 根据《房屋建筑与装饰工程工程量计算规范》GB 50854—2013，装饰装修工程中的油漆工程，其工程量计算规则正确的有(　　)。

　　A. 门、窗按设计图示洞口尺寸以面积计算

　　B. 木地板按设计图示尺寸以面积计算

　　C. 金属面按展开面积计算

　　D. 抹灰面油漆按设计图示尺寸以面积计算

　　E. 木扶手及板条按设计图示尺寸以面积计算

正确答案：A、B、C、D

分析：本题考查工程量计算规则（防水、保温、装饰装修及其他工程）。木扶手及板条按设计图示尺寸以长度计算。

17. 根据《房屋建筑与装饰工程工程量计算规范》GB 50854—2013，关于油漆工程量计算的说法，正确的有（　　）。

A. 金属窗油漆按设计图示洞口尺寸以面积计算

B. 顺水板油漆按设计图示尺寸以面积计算

C. 筒子板油漆按设计图示尺寸以面积计算

D. 木间壁油漆按设计图示尺寸以单面外围面积计算

E. 窗帘盒油漆按设计图示尺寸以面积计算

正确答案：A、C、D

分析：本题考查工程量计算规则（防水、保温、装饰装修及其他工程）。顺水板、窗帘盒按图示尺寸以长度计算。

18. 根据《房屋建筑与装饰工程工程量计算规范》GB 50854—2013，下列按图示尺寸以面积计算工程量的是（　　）。

A. 木扶手油漆　　　　　　　　B. 天棚刷喷涂料

C. 抹灰面油漆　　　　　　　　D. 裱糊

E. 踢脚线油漆

正确答案：B、C、D、E

分析：本题考查工程量计算规则（防水、保温、装饰装修及其他工程）。木扶手及其他板条线条油漆，包括木扶手油漆，窗帘盒油漆，封檐板、顺水板油漆，挂衣板、黑板框油漆，挂镜线、窗帘棍、单独木线油漆，按设计图示尺寸以长度计算。

9 土建工程工程量清单编制

【知识导学】

工程量清单是在招标文件发布之前，招标人委托有资质的工程造价咨询人编制。

工程量清单是招标文件的主要组成部分。包括分部分项工程量清单，措施项目清单，其他项目清单，规范清单和税金清单。

工程量清单依据施工图、《建设工程工程量清单计价规范》和《××工程工程量计算规范》编制。

工程量清单除了暂列金额和暂估价外，不包含货币量。

工程量清单是投标人编制投标报价最重要的依据，报价时不允许改变任何文字和数据。否则，作废标处理。

9.1 工程量清单编制

工程量清单是载明建设工程分部分项工程项目、措施项目、其他项目的名称和相应数量以及规费、税金项目等内容的明细清单。招标工程量清单是指招标人依据国家标准、招标文件、设计文件以及施工现场实际情况编制。

工程量清单编制内容如图 9-1 所示。

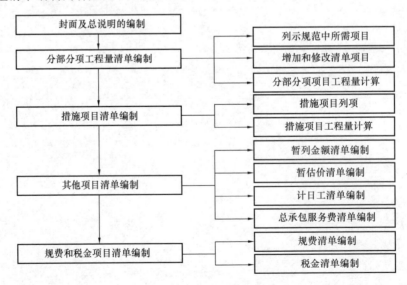

图 9-1　工程量清单的编制内容

招标工程量清单（简称工程量清单）是工程量清单计价的基础，是编制招标控制价、投标报价、计算或调整工程量、索赔等工作的重要依据之一。招标工程量清单应由具有编制能力的招标人或受其委托、具有相应资质的工程造价咨询人编制。

依据《建设工程工程量清单计价规范》GB 50500—2013 和《房屋建筑与装饰工程工程量计算规范》GB 50845—2013 等工程量计算规范编制。工程量清单编制工作可分为分部分项工程量清单编制、措施项目清单编制、其他项目清单编制及规费、税金项目清单编制五部分内容。

9.1.1 工程量清单封面及总说明的编制

工程量清单封面按《建设工程工程量清单计价规范》GB 50500—2013 规定的封面填写，招标人及法定代表人应盖章，造价咨询人应盖单位资质章及法人代表章，编制人应盖造价人员资质章并签字，复核人应盖注册造价工程师资格章并签字。

工程量清单总说明的编制在编制工程量清单总说明时应包括以下内容：

1. 工程概况

工程概况中要对建设规模、工程特征、计划工期、施工现场实际情况自然地理条件、环境保护要求等做出描述。其中建设规模是指建筑面积；工程特征应说明基础及结构类型、建筑层数、高度、门窗类型及各部位装饰、装修做法；计划工期是指按工期定额计算的施工天数；施工现场实际情况是指施工场地的地表状况；自然地理条件，是指建筑场地所处地理位置的气候及交通运输条件；环境保护要求，是针对施工噪声及材料运输可能对周围环境造成的影响和污染，提出的防护要求。

2. 工程招标及分包范围

招标范围是指单位工程的招标范围，如建筑工程招标范围为"全部建筑工程"，装饰装修工程招标范围为"全部装饰装修工程"等。工程分包是指特殊工程项目的分包，如招标人自行采购安装"铝合金门窗"等。

3. 工程量清单编制依据

包括招标文件、建设工程工程量清单计价规范、工程量计算规范、施工图（包括配套的标准图集）、施工组织设计等。

4. 工程质量、材料、施工等的特殊要求

工程质量的要求，是指招标人要求拟建工程的质量应达到合格或优良标准；对材料的要求，是指招标人根据工程的重要性、使用功能及装饰装修标准提出，诸如对水泥的品牌、钢材的生产厂家、大理石（花岗石）的出产地、品牌等的要求；施工要求，一般是指建设项目中对单项工程的施工顺序等的要求。

5. 其他

工程中如果有部分材料由招标人自行采购，应将所采购材料的名称、规格型号、数量予以说明。应说明暂列金额及自行采购材料的金额及其他需要说明的事项。

9.1.2 分部分项工程量清单的编制

1. 分部分项工程列项

工程量清单编制人员在详细查阅图纸，熟悉项目的整体情况后，根据《房屋建筑与装饰工程工程量计算规范》GB 50854—2013 进行列项。

（1）项目编码

分部分项工程量清单项目编码以五级编码设置，用12位阿拉伯数字表示，1～9位应

按照《房屋建筑与装饰工程工程量计算规范》GB 50854—2013 附录规定设置，10～12 位由编制人确定，同一招标工程的分项工程项目编码不得有重码。

（2）项目名称

分部分项工程量清单的项目名称应按《房屋建筑与装饰工程工程量计算规范》GB 50854—2013 附录和《上海市建设工程工程量清单计价应用规则》的项目名称结合拟建工程的实际情况确定。

（3）项目特征描述

项目特征是确定清单项目综合单价不可缺少的重要依据。分部分项工程量清单特征描述应根据《房屋建筑与装饰工程工程量计算规范》GB 50854—2013 附录中规定的项目特征并结合拟建工程的实际情况进行描述。可以分为必须描述的内容、可不描述的内容、可不详细描述的内容等。举例说明如表 9-1 所示：

项目特征描述规则　　　　　　　　　　　　　　　　　　表 9-1

描述类型	内容	示例
必须描述的内容	涉及正确计量的内容	门窗洞口尺寸或框外围尺寸
	涉及结构要求的内容	混凝土构件的混凝土的强度等级
	涉及材质要求的内容	油漆的品种、管材的材质等
	涉及安装方式的内容	管道工程中的钢管的连接方式
可不描述的内容	对计量计价没有实质影响的内容	现浇混凝土柱的高度、断面大小等特征
	应由投标人根据施工方案确定的内容	石方的预裂爆破的单孔深度及装药量的特征规定
	应由投标人根据当地材料和施工要求的内容	混凝土构件中的混凝土拌合料使用的石子种类及粒径、砂的种类的特征规定
	应由施工措施解决的内容	对现浇混凝土板、梁的标高的特征规定
可不详细描述的内容	无法准确描述的内容	土壤类别，可考虑将土壤类别描述为综合，注明由投标人根据地勘资料自行确定土壤类别，决定报价
	施工图纸、标准图集标注明确的	这些项目可描述为见××图集××页号及节点大样等
	清单编制人在项目特征描述中应注明由投标人自定的内容	土方工程中的"取土运距""弃土运距"等

（4）计量单位

《房屋建筑与装饰工程工程量计算规范》GB 50854—2013 规定：工程计量时每一项目汇总的有效位数应遵守下列规定：

1）以"t"为单位，应保留小数点后三位小数，第四位小数四舍五入；

2）以"m""m²""m³""kg"为单位，应保留小数点后两位小数，第三位小数四舍五入；

3）以"个""件""根""组"、"系统"为单位，应取整数。《房屋建筑与装饰工程工程量计算规范》GB 50854—2013 规定：有两个或两个以上计量单位的，应结合拟建工程项目的实际情况，确定其中一个为计量单位。同一工程项目的计量单位应一致。

2. 分部分项工程量计算

清单项目的工程量计算应严格按照工程量计算规范规定的工程量计算规则计算，不能采用消耗量定额的工程量规则。

9.1.3 措施项目清单的编制

措施项目分为两种情况：第一种是需要计算工程量的项目，例如现浇钢筋混凝土结构的模板项目以平方米计算措施项目工程量；第二种情况是费用定额规定了计算基数和费率的项目，例如安全文明施工费以定额人工费乘以规定费率计算措施项目费。

措施项目清单应根据拟建工程的实际情况按照《房屋建筑与装饰工程工程量计算规范》GB 50854—2013 进行列项。专业工程措施项目可按附录中规定的项目选择列项。若出现清单规范中未列的项目，可根据工程实际情况进行补充。项目清单的设置应按照以下要求：

（1）参考拟建工程的施工组织设计，以确定环境保护、安全文明施工、材料的二次搬运等项目。

（2）参阅施工技术方案，以确定夜间施工、大型机械设备进出场及安拆、混凝土模板与支架、脚手架、施工排水、施工降水、垂直运输机械等项目。

（3）参阅相关的施工规范与工程验收规范，以确定施工技术方案没有表述的，但是为了实现施工规范与工程验收规范要求而必须发生的技术措施。

（4）确定招标文件中提出的某些必须通过一定的技术措施才能实现的要求。

（5）确定设计文件中一些不足以写进技术方案的，但是要通过一定的技术措施才能实现的内容。措施项目清单及具体列项条件如表 9-2 所示。

措施项目清单及其列项条件   表 9-2

序号	措施项目名称	措施项目发生条件
房屋建筑与装饰工程		
1.1	脚手架工程	一般情况下需要发生
1.2	混凝土模板及支架（撑）	拟建工程中有混凝土及钢筋混凝土工程
1.3	垂直运输	施工方案中有垂直运输机械的内容，室外地坪至檐口标高 3.6m 以上的建筑物
1.4	超高施工增加	施工方案中有垂直运输机械的内容、施工高度超过 20m，多层建筑物超过 6 层的工程
1.5	大型机械设备进出场及安拆	施工方案中有大型机械设备的使用方案，拟建工程必须使用大型机械设备
1.6	施工排水、降水	依据水文地质资料，拟建工程的地下施工深度低于地下水位
1.7	安全文明施工及其他措施项目	一般情况下需要发生

9.1.4 其他项目清单的编制

其他项目清单应根据拟建工程的实际情况进行编制。其他项目清单是指分部分项工程量清单、措施项目清单所包含的内容以外，因招标人的特殊要求而发生的与拟建工程有关的其他费用项目和相应数量的清单。其他项目清单应按照暂列金额、暂估价、计日工和总承包服务费进行列项。

1. 暂列金额

暂列金额是指招标人暂定并包括在合同中的一笔款项，用于施工合同签订时尚未确定或者不可预见的所需材料、设备、服务的采购，施工中可能发生的工程变更、合同约定调整因素出现时的工程价款以及发生的索赔、现场签证确认等的费用。此部分费用由招标人支配，实际发生了才给予支付，一般可以按分部分项工程费和措施项目费之和的 10%～15%参考，不同专业预留的暂列金额应可以分开列项。

暂列金额由招标人填写，列出项目名称、计量单位、暂定金额等，如不能详列，也可只列暂定金额总额，投标人再将暂列金额计入投标总价中。

2. 暂估价

暂估价是指招标阶段直至签订合同协议时，招标人在招标文件中提供的用于支付必然要发生但暂时不能确定价格的材料以及专业工程的金额，包括材料暂估价、专业工程暂估价；暂估价类似于 FIDIC 合同条款中的 Prime Cost Items，在招标阶段预见肯定要发生，只是因为标准不明确或者需要由专业承包人完成，暂时无法确定的价格。

以总价计价的专业工程暂估价一般应是综合暂估价，应当包括除规费、税金以外的管理费、利润等。

3. 计日工

计日工是在施工过程中，承包人完成发包人提出的工程合同范围以外的零星项目用工或工作，按合同中约定的单价法计价的一种方式。所谓零星工作一般是指合同约定之外的或者因变更而产生的、工程量清单中没有相应项目的额外工作，尤其是那些时间不允许事先商定价格的额外工作。

4. 总承包服务费

总承包服务费是指总承包人为配合协调发包人进行的专业工程发包，对发包人自行采购的材料、工程设备等进行保管以及施工现场管理、竣工资料汇总整理等服务所需的费用。

总承包服务费应列出服务项目及其内容等，费率可按地区规定，也可参考以下标准：

（1）招标人仅要求对分包的专业工程进行总承包管理和协调时，按分包的专业工程估算造价的 1.5%计算；

（2）招标人要求对分包的专业工程进行总承包管理和协调，并同时要求提供配合服务时，根据招标文件列出的配合服务内容和提出的要求，按分包的专业工程估算造价的3%～5%计算；

（3）招标人自行供应材料的，按招标人供应材料价值的1%计算。

5. 规费、税金项目清单的编制

（1）规费

规费项目清单应按照下列内容列项：社会保险费（包括养老保险费、失业保险金、医疗保险费、工伤保险费、生育保险费）；住房公积金。出现未包含在上述规范中的项目，应根据上海市建设行政主管部门有关规定列项。

（2）税金

税金是指增值税，增值税税率为9%。

9.2　本章复习题及解析

1. 根据《建设工程工程量清单计价规范》GB 50500—2013，关于分部分项工程项目清单的编制，下列说法中正确的有（　　）。

A. 项目编码应按照计算规范附录给定的编码

B. 项目名称应按照计算规范附录给定的名称

C. 项目特征描述应满足确定综合单价的需要

D. 补充项目应有两个或两个以上的计量单位

E. 工程量计算应按一定顺序依次进行

正确答案：C、E

分析：本题考查招标工程量清单编制。选项 A，项目编码应根据拟建工程的工程项目清单项目名称设置，前四级全国统一，第五级由招标人编制，不得有重码；选项 B，项目名称应按专业工程量计算规范附录的项目名称结合拟建工程的实际确定；选项 D，补充项目应有一个计量单位。

2. 关于招标工程量清单中分部分项工程量清单的编制，下列说法正确的是（　　）。

A. 所列项目应该是施工过程中以其本身构成工程实体的分项工程或可以精确计量的措施分项项目

B. 拟建施工图纸有体现，但专业工程量计算规范附录中没有相对应项目的，则必须编制这些分项工程的补充项目

C. 补充项目的工程量计算规则，应符合"计算规则要具有可计算性"且"计算结果要具有唯一性"的原则

D. 采用标准图集的分项工程，其特征描述应直接采用"详见×图集"方式

正确答案：C

分析：本题考查招标工程量清单编制。选项 A，在分部分项工程项目清单中所列出的项目，应是在单位工程的施工过程中以其本身构成该单位工程实体的分项工程；选项 B，当在拟建工程的施工图纸中有体现，但在专业工程量计算规范附录中没有相对应的项目，并且在附录项目的"项目特征"或"工程内容"中也没有提示时，则必须编制针对这些分项工程的补充项目；选项 D，若采用标准图集或施工图纸能够全部或部分满足项目特征描述的要求，项目特征描述可直接采用"详见××图集"或"××图号"的方式。

3. 根据《建设工程工程量清单计价规范》GB 50500—2013，关于招标工程量清单中暂列金额的编制，下列说法正确的是（　　）。

A. 应详列其项目名称、计量单位，不列明金额

B. 应列明暂定金额总额，不详列项目名称

C. 不同专业预留的暂列金额应分别列项

D. 没有特殊要求一般不列暂列金额

正确答案：C

分析：本题考查招标工程量清单的编制。暂列金额由招标人填写其项目名称、计量单位、暂定金额等，若不能详列，也可只列暂定金额总额。不同专业预留的暂列金额应分别

列项。

4. 下列费用中，属于招标工程量清单中其他项目清单编制内容的是(　　)。

A. 暂列金额

B. 暂估价

C. 计日工

D. 总承包服务费

E. 措施费

正确答案：A、B、C、D

分析：本题考查招标工程量清单编制。其他项目清单的编制包括：暂列金额、暂估价、计日工、总承包服务费。

5. 关于工程量清单编制总说明的内容，下列说法中正确的是(　　)。

A. 建设规模是指工程投资总额

B. 工程特征是指结构类型及主要施工方案

C. 环境保护要求包括避免材料运输影响周边环境的防护要求

D. 施工现场实际情况是指自然地理条件

正确答案：C

分析：本题考查招标工程量清单编制。选项A，建设规模是指建筑面积；选项B，工程特征应说明基础及结构类型、建筑层数、高度、门窗类型及各部位装饰、装修做法；选项D，施工现场实际情况是指施工场地的地表状况。

6. 关于建设工程招标工程量清单的编制，下列说法正确的是(　　)。

A. 总承包服务费应计列在暂列金额项下

B. 分部分项工程项目清单中所列工程量应按专业工程量计算规范规定的工程计算规则计算

C. 措施项目清单的编制不用考虑施工技术方案

D. 在专业工程量计算规范中没有列项的分部分项工程，不得编制补充项目

正确答案：B

分析：本题考查招标工程量清单编制。选项A，项目清单的编制包括：暂列金额、暂估价、计日工、总承包服务费；选项C，措施项目清单的设置要考虑拟建工程的施工组织设计，施工技术方案，相关的施工规范与施工验收规范；选项D，在专业工程量计算规范附录中没有相对应的项目，并且在附录项目的"项目特征"或"工程内容"中也没有提示时，则必须编制针对这些分项工程的补充项目，在清单中单独列项并在清单的编制说明中注明。

7. 关于招标工程量清单中其他项目清单的编制，下列说法中正确的是(　　)。

A. 投标人情况、发包人对工程管理要求对其内容会有直接影响

B. 暂列金额可以只列总额，但不同专业预留的暂列金额应分别列项

C. 专业工程暂估价应包括利润、规费和税金

D. 计日工的暂定数量可以由投标人填写

正确答案：B

分析：本题考查招标工程量清单编制。选项A，发包人对工程管理要求对其内容会有直接影响；选项B，以"项"为计量单位给出的专业工程暂估价一般应是综合暂估价，即应当包括除规费、税金以外的管理费、利润等；选项D，计日工的暂定数量可以由招标人

填写。

8. 下列措施项目中，应按分部分项工程量清单编制方式编制的是(   )。

A. 脚手架   B. 安全文明施工费

C. 二次搬运费   D. 夜间施工增加费

正确答案：A

分析：本题考查招标工程量清单编制 。对于可以计算工程量的措施项目，如钢筋混凝土模板及支架、脚手架等，应按照单价措施项目清单计价，即完全按照分部分项工程量清单的方式，套用计价定额，按规定进行人工、材料的调整，按规则进行定额换算，最后得出清单综合单价，再乘以对应的单价措施项目工程量，完成了单价措施项目清单计价。

10 计算机辅助工程量计算

【知识导学】

工程量计算是编制工程计价的基础工作，具有工作量大、烦琐、费时、细致等特点，约占工程计价工作量的50%~70%，计算的精确度和速度也直接影响着工程计价文件的质量。

工程计量经历了算盘、计算器、EXCEL电子表格之后，出现了CAD二维设计图纸建模算量和BIM技术搭建三维模型算量，如图10-1所示。本章简要介绍计算机辅助算量相关内容。

图 10-1　工程量计算发展

10.1　计算机辅助工程量计算传统模式

随着电子信息技术等相关产业的飞速发展，计算机作为一种现代化管理工具，已广泛应用于工程项目全过程各阶段造价文件的编制。软件公司开发出可以直接导入CAD图纸后由人工手动建模或计算机识别建模的算量软件平台，通过分析构件扣减关系，按照软件内置的工程量计算规则，计算机会自动算出工程量；通过给工程量挂接清单和定额，软件也可以自动组价并算出造价。

在传统算量平台上，各专业根据各自的CAD图纸在指定的专业软件中进行建模，运算速度快，准确率高。但是，传统算量平台模型功能单一，量价均为静态数据，不能满足项目动态管理的需要。

10.2　计算机辅助工程量计算 BIM 全过程应用模式

国内主流的三维算量软件大都是基于CAD进行的二次开发，以工程设计图为核心，通过绘制或者导入图形，定义构件属性并绘制构件，生成三维算量模型，进行工程量的自动统计、扣减计算。软件内置各省市定额库及全国工程量清单计量规范，造价人员通过建模的方式，选择合适的清单项目和定额子目，最后汇总计算输出工程量，将建立的钢筋工程量模型通过导入计价软件中进行工程造价的确定。

由于三维设计模型输出的构件实体工程量与预算工程量差别较大，需要利用插件把构件实体工程量通过 ifc 或者是 xml 文件格式转化为传统算量软件内置的计算规则（国标清单计算规则及各省市定额计算规则）可以识别的量才能汇总计算。为了出量准确，很多造价从业人员还是选择使用传统算量平台建模出量。

目前，BIM 建筑信息模型已经在全球范围内得到业界的广泛认可。它可以帮助实现建筑信息模型的集成，支持建筑环境、经济、能耗、安全等多方面的分析和模拟。从建筑的设计、施工、运行直至终结的建筑全生命周期，支持设计、施工以及管理的一体化，各种信息始终整合于一个三维模型信息数据库中，设计团队、施工单位、设施运营部门和业主等各方人员可以基于 BIM 进行协同工作，提高工作效率、节省资源、降低成本，能够促进建设行业的工业化发展。

BIM 是以建筑工程项目的各项相关信息数据为基础建立的数字化建筑模型，具有可视化、协调性、模拟性、优化性和可出图性五大特点，给工程建设信息化带来重大变革。

现代建设工程将更加注重分工的专业化、精细化和协作。一是由于建筑单体的体量大、复杂度高，其三维信息量非常巨大，在自动计算工程量时会消耗巨大的计算机资源，计算效率低；二是智能建筑、节能设施等各类专业工程越来越复杂，其技术更新越来越快，可以通过协作来高速完成复杂工程的精细计量，如可以通过云技术将钢筋计量、装饰工程计量、电气工程计量、智能工程计量、幕墙工程计量等分别放入"云端"，进行多方配合，协作来完成。将工程计量放入"云端"进行计算，协作完成，不仅可保证计量质量，提高计算速度，也能减少对本地资源的需求，显著提高计算的效率，降低成本。

10.3 本章复习题及解析

1. 下列不属于 BIM 特点的是（   ）。

A. 可视化　　　　　B. 模拟性　　　　　C. 协调性　　　　　D. 不可出图性

正确答案：D

分析：本题考查计算机辅助工程量计算。BIM 具有可视化、协调性、模拟性、优化性、可出图性五大特点。

2. BIM 技术可以支持（   ）。

A. 建筑环境的分析和模拟　　　　　B. 设计、施工以及管理的一体化

C. 经济的分析和模拟　　　　　　　D. 能耗的分析和模拟

E. 建筑全施工期的信息共享

正确答案：A、B、C、D

分析：本题考查计算机辅助工程量计算。BIM 技术可以支持建筑环境、经济、能耗、安全等多方面的分析和模拟，可以支持设计、施工以及管理的一体化，能够促进建设行业的工业化发展。

3. BIM 对工程项目的应用，说法正确的是（   ）。

A. 使项目的大多参与方能够协同工作　　B. 实现了建筑全施工过程的信息共享

C. 实现工程项目的精细化管理　　　　　D. 能够促进建设行业的全面发展

正确答案：B

分析：本题考查计算机辅助工程量计算。BIM 的应用实现了建筑全生命期的信息共享，使项目的所有参与方能够协同工作，实现工程项目的精细化管理，能够促进建设行业的工业化发展。

第3篇 工 程 计 价

【本篇导学】

本篇为考试内容第三部分，如图Ⅲ-1所示。

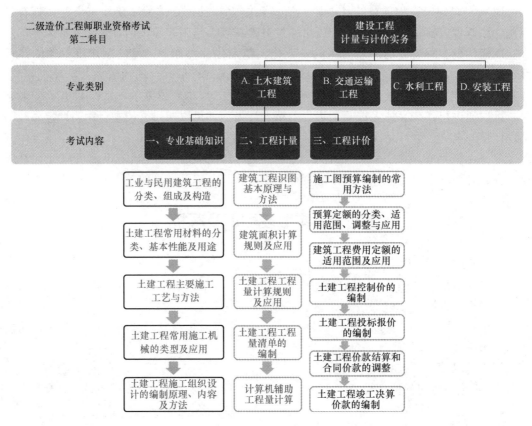

图Ⅲ-1 本篇主要内容

工程计价贯穿于建设项目决策阶段、设计阶段、发承包阶段、实施阶段和竣工阶段等全过程，主要表现为投资估算、设计概算、施工图预算、最高投标限价、投标报价、合同价、竣工结算、竣工决算等计价形式，如图Ⅲ-2所示。签订合同前的计价内容主要是指从立项的投资估算到发包之前的最高投标限价，本质上是对建设项目前期造价的估算与预测。签订合同后的计价内容主要是指对合同价款的调整、结算与支付以及竣工后的决算等。

工程计价的基本思路是将建设项目细分至最基本的构造单元，选取适当的计量单位及当时当地的工程单价，采取一定的计价方法，进行分部组合汇总，计算出相应工程造价。其基本原理是项目的分解与组合。

各省市依据工程量清单计价办法的思路和规定，制定了符合当地建筑市场的消耗量定

图Ⅲ-2　各阶段工程造价计价形式

额、计价定额、预算定额或计价标准。在全国统一工程量计算规则的前提下，可以方便地完成各地的工程计价工作。所以，在进行工程计价时，一定要依照或参照国家和各地制定的与《建设工程工程量清单计价规范》GB 50500—2013 配套使用的消耗量定额、计价定额、预算定额、计价依据或计价标准。

11　施工图预算编制

【知识导学】

施工图预算是在设计阶段以施工图设计文件为依据,在建设项目施工前对建设项目所需资金进行预测,作出较精确计算。施工图预算是设计阶段工程造价计价形式之一,如图Ⅲ-2所示。

11.1　概　　述

11.1.1　施工图预算的概念

施工图预算即单位工程预算书,是在施工图设计完成后,根据已批准的施工图纸,在施工方案或施工组织设计已确定的前提下,按照国家或省市颁发的现行预算(计价)定额、费用标准(定额)、材料(指导)价格等有关规定,进行逐项计算工程量、套用相应定额、进行工料分析、计算分部分项工程费(直接费、管理费、利润)、措施项目费、其他项目费、规费和税金等费用,确定单位工程造价的技术经济文件。

11.1.2　施工图预算的分类

施工图预算是建筑工程预算和设备及安装工程预算的总称。

建筑工程预算又可分为一般土建工程预算、给排水工程预算、暖通工程预算、电气照明工程预算、构筑物工程预算及工业管道、电力、电信工程预算;设备及安装工程预算又可分为机械设备及安装工程预算和电气设备及安装工程预算。

11.1.3　施工图预算的作用

(1) 施工图预算是设计阶段控制工程造价的重要依据。

(2) 施工图预算是确定招标工程控制价的依据。

(3) 当以施工图预算作为合同价时,是确定合同价款、拨付工程进度款及办理工程结算的依据。

(4) 施工图预算是施工企业投标报价的依据。

(5) 施工图预算是施工企业编制成本控制计划、施工进度计划、材料采购与供应计划、劳动力计划、施工机械台班计划等计划的依据。

(6) 施工图预算是统计完成建安工作量、进行经济核算和考核经营成果的依据。

11.1.4　建设工程施工图预算的组成

建设工程施工图预算由建设项目总(概)预算、单项工程综合预算和单位工程预算组成。若干个单位工程预算组成了一个单项工程综合预算,若干个单项工程综合预算组成了一个建设项目总（概）预算。

11.1.5 施工图预算编制依据

1. 施工图

是指经过会审的施工图，包括所附的文字说明、有关的通用图集和标准图集及施工图纸会审记录。

2. 预算（计价）定额

现行的建筑安装工程预算（计价）定额。包括消耗量定额、地区单位估价表、预算定额、计价定额等。

3. 施工组织设计或施工方案

经过上级主管部门批准的施工组织设计或施工方案。

4. 取费标准（费用定额）

所在地区取费标准或费用定额。

5. 人工工日、材料、设备、施工机具台班（指导）价格

地区发布的人工费调整系数或人工工日（指导）价格；地区发布的材料（指导）价格；地区发布的施工机具台班（指导）价格。

6. 工程的承包合同（或协议书）以及工程项目招标文件

11.2 施工图预算编制方法

11.2.1 单价法

1. 概念

单价法亦称单位估价法、工料单价法。由于施工图预算工程造价的费用必须依据《建筑安装工程费用项目组成》建标〔2013〕44 号文规定计算，所以用单价法编制施工图预算，需要计算出施工图预算的分部分项工程费、措施项目费、其他项目费、规费和税金。

2. 施工图预算编制步骤与方法

第一步，列项。根据施工图和地区预算定额列出全部分项工程项目。

第二步，计算工程量。根据施工图、预算定额、工程量计算规则，分别计算分项工程量。

第三步，计算分部分项工程费。分别用分项工程项目工程量乘以对应定额项目的基价，得出定额直接费，再根据费用定额和定额人工费，计算各分项工程项目的企业管理费和利润后求和，汇总为单位工程分部分项工程费。

第四步，工料分析。分别用分部分项工程项目和单价措施项目工程量乘以对应预算定额项目中的人工工日、材料用量、机械台班用量，汇总为单位工程定额人工费、定额材料费和定额机械台班费。

第五步，人工费调整和材料价差调整。根据地区规定、定额人工费调整系数、材料指导价和定额人工费、定额材料用量与单价，计算人工费调整额和材料价差调整费，并计入分部分项工程费中。

第六步，计算单价措施项目费。分别用单价措施项目工程量乘以对应定额措施项目的基价，得出措施项目费，再根据费用定额计算单价措施项目的企业管理费和利润后求和，得出单价措施项目的分部分项工程费。

第七步，计算总价措施项目费。根据地区费用定额和有关规定以及单位工程定额人工费之和，计算二次搬运费等总价措施项目费，并与单价措施项目费汇总为单位工程措施项目费。

第八步，计算其他项目费。根据地区费用定额和有关规定以及单位工程定额人工费之和，计算总承包服务费等总价措施项目费。

第九步，计算规费。根据地区费用定额和有关规定以及单位工程定额人工费之和，计算社会保险费等规费。

第十步，计算税金。根据增值税税率和有关规定以及上述不含进项税的分部分项工程费、措施项目费、其他项目费和规费、材料价差与调整的人工费等这些费用之和，计算增值税税金。

第十一步，汇总施工图预算工程造价。将分部分项工程费、单价措施项目费、总价措施项目费、其他项目费、规费和税金汇总为施工图预算工程造价。

单价法编制施工图预算的主要步骤见图 11-1。

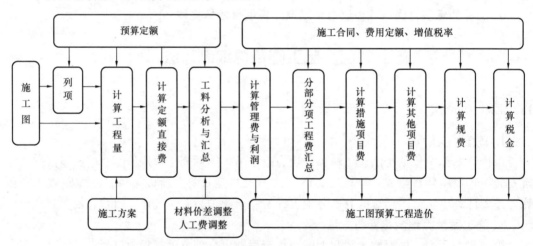

图 11-1 单价法编制施工图预算的主要步骤示意图

3. 施工图预算数学模型

根据上述单价法施工图预算编制方法与步骤的描述，单价法编制施工图预算的数学模型为：

预算造价 ＝ 分部分项工程费＋措施项目费（单价与总价）＋其他项目费＋规费＋税金

其中：分部分项工程费 $= \sum_{i=1}^{n} \left(\begin{array}{c} \text{分项工程量} \times \text{预算定额基价} \\ + \text{分项工程量} \times \text{定额人工费} \times \text{管理费率和利润率} \end{array} \right)_i$

措施项目费 $= \sum_{j=1}^{n} \left(\begin{array}{c} \text{措施项目工程量} \times \\ \text{对应预算定额基价} \\ + \text{管理费和利润} \end{array} \right)_j \sum_{k=1}^{n} \left(\begin{array}{c} \text{定额人工费} \\ \times \text{总价措施项目费率} \end{array} \right)_k$

$$其他项目费 = \sum_{i=1}^{n}(定额人工费 \times 其他项目费率)_i$$

$$规费 = \sum_{i=1}^{n}(定额人工费 \times 规费项目费率)_i$$

$$税金 = \left(\begin{array}{c}不含进项税的4项费用：\\ 分部分项工程费 + 措施项目费 + 其他项目费 + 规费\end{array}\right) \times 增值税税率$$

4. 施工图预算编制实例

（1）编制依据

1）现浇 C25 混凝土独立基础施工图见图 11-2、图 11-3。

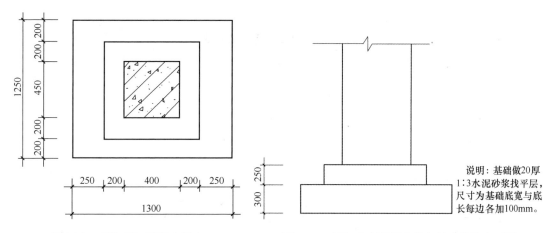

图 11-2　现浇 C25 混凝土独立
基础柱基平面图

图 11-3　现浇 C25 混凝土独立基础柱基立面图

2）预算定额摘录见表 11-1。

某地区预算定额摘录　　　　　　　　　　　　　　　　表 11-1

工程内容：1. 混凝土水平运输。

　　　　　2. 混凝土搅拌、捣固、养护。

定额编号					5-396	9-153
项目		单位	单价（元）		C25 混凝土独立基础（10 m³）	1：3 水泥砂浆找平层（100m²）
基价		元			4006.04	1678.14
其中	人工费	元			1587.00	1245.00
	材料费	元			2292.73	424.27
	机械费	元			126.31	8.87
人工	综合用工	工日	150.00		10.58	8.30
材料	C25 混凝土	m³	221.60		10.15	
	1：3 水泥砂浆	m²	203.12			2.07
	草袋子	m²	8.20		3.26	
	水	m³	1.80		9.31	2.12

说明：基础做20厚
1：3水泥砂浆找平层，
尺寸为基础底宽与底
长每边各加100mm。

续表

定额编号				5-396	9-153
项目		单位	单价（元）	C25 混凝土独立基础（10 m³）	1∶3 水泥砂浆找平层（100m²）
机械	400L 混凝土搅拌机	台班	119.06	0.39	
	200L 砂浆搅拌机	台班	25.34		0.35
	插入式混凝土振捣器	台班	12.68	0.77	
	1t 机动翻斗车	台班	89.89	0.78	

3）材料指导价与人工费调整系数见表 11-2。

材料指导价与人工费调整系数表表 11-2

项目名称	单位	材料指导价	调整系数
C25 混凝土	元/m³	337.56	
1∶3 水泥砂浆	元/m³	298.02	
人工费调整系数	％		113.00

4）费用定额摘录见表 11-3。

上海市房屋建筑和装饰工程施工费用定额摘录表 11-3

费用项目名称	取费基数	费率（％）
企业管理费、利润	人工费	20.78～30.98
安全文明施工费（多层居住建筑）	直接费＋企业管理费和利润	3.3～3.8
社会保险费	分项工程定额人工费＋单价措施项目定额人工费	32.60
住房公积金费	分项工程定额人工费＋单价措施项目定额人工费	1.96
增值税	不含进项税的税前造价	9

（2）编制要求

根据预算定额、费用定额、材料价差和人工费调整系数等有关规定，计算混凝土基础和水泥砂浆找平层工程量，套用预算定额，工料分析与汇总，计算定额直接费，计算管理费与利润，调整材料价差与人工费，汇总分部分项工程费，计算总价措施项目费，计算安全文明施工费，二次搬运费、计算社会保险费和住房公积金，计算增值税，汇总施工图预算造价。

（3）计算工程量

根据某工程独立基础施工图、预算定额和相应的工程量计算规则计算工程量。

由于混凝土独立基础 5-396 定额号的计量单位为 m³，所以按体积计算工程量，计算式见表 11-4。

由于水泥砂浆基础找平层 9-153 定额号的计量单位为 m²，所以按面积计算工程量，计算式见表 11-4。

某工程独立基础工程量计算表   表 11-4

序号	定额编号	分项工程名称	单位	工程量	计算式
1	5-396	现浇 C25 混凝土独立基础	m³	0.658	$V = (1.30 \times 1.25) \times 0.30 + (1.30 - 0.25 \times 2)$ $\quad \times (1.25 - 0.20 \times 2) \times 0.25$ $= 0.4875 + 0.80 \times 0.85 \times 0.25$ $= 0.4875 + 0.170$ $= 0.658 (m^3)$
2	9-153	1：3 水泥砂浆基础找平层	m²	2.175	$S = (1.30 + 0.10 \times 2) \times (1.25 + 0.10 \times 2)$ $= 1.50 \times 1.45$ $= 2.175 (m^2)$

（4）套用预算定额计算定额直接费

现浇混凝土独立基础应套用表 11-5 中的 5-396 号定额计算定额直接费，1：3 水泥砂浆基础找平层应套用表 11-1 中的 9-153 号定额计算定额直接费，见表 11-5。

某工程直接费计算表   表 11-5

单位：元

序号	定额号	分项工程名称	单位	工程量	定额基价	材料费	机械费	直接费小计
1	5-396	现浇 C25 混凝土独立基础	m³	0.658	400.60	229.27 150.86	12.63 8.31	263.59
2	9-153	1：3 水泥砂浆基础找平层	m²	2.175	16.78	4.24 9.22	0.09 0.20	36.50
		合计				160.08	8.51	300.09

说明：材料费和机械费分析栏的分子数值为定额金额数，分母为计算金额数。

（5）计算企业管理费和利润

根据某地区预算定额（见表 11-1）、费用定额（见表 11-3）的约定费率 26%、独立基础和砂浆找平层定额人工费，计算企业管理费和利润，见表 11-6。

定额人工费 ＝独立基础定额人工费＋水泥砂浆找平层定额人工费

$\quad$ ＝0.658×1.058×150.00 + 2.175×0.083×150.00

$\quad$ ＝104.42＋27.08

$\quad$ ＝131.50（元）

某工程管理费、利润计算表   表 11-6

序号	分项工程名称	定额人工费（元）	管理费（元） 费率 26%	利润（元） 费率 26%	小计（元）
1	现浇 C25 混凝土独立基础	104.42	27.15	27.15	54.30
2	1：3 水泥砂浆基础找平层	27.08	7.04	7.04	14.08
	合计	131.50	34.19	34.19	68.38

（6）工料分析与汇总

根据工程量和预算定额进行的工料分析见表 11-7。

某工程工料分析汇总表　　　　　　　　　　　　　　　　　　表 11-7

序号	定额编号	分项工程名称	单位	工程量	定额消耗量/工程消耗量			
					人工 （工日）	C25 混凝土 （m³）	草袋子 （m²）	1：3 水泥砂浆 （m³）
1	5-396	现浇 C25 混凝土 独立基础	m³	0.658	1.058 / 0.696	1.015 / 0.691	0.326 / 0.215	
2	9-153	1：3 水泥砂浆 基础找平层	m²	2.175	0.083 / 0.181			0.0207 / 0.045
小计					0.877	0.691	0.215	0.045

注：表格中斜线分数的分子数值为定额用量，分母数值为分子数值乘以工程量的用量。

（7）材料价差和人工费调整

根据表 11-2 的指导价与人工费调整系数、表 11-7 计算出的工料汇总数量，进行材料价差和人工费调整，见表 11-8。

材料价差和人工费调整表　　　　　　　　　　　　　　　表 11-8

项目名称	单位	数量	指导价（系数）	定额价（元）	差额（元）	调整（元）
C25 混凝土	m³	0.668	337.56 元/m³	221.60 元/m³	115.96 元/m³	77.46
1：3 水泥砂浆	m³	0.045	298.02 元/m³	203.12 元/m³	94.90 元/m³	4.27
材料价差小计						81.73
人工费调整系数	元	131.50	1.13		0.13	17.10
调整小计						98.83

（8）汇总分部分项工程费

根据上述计算结果，某工程分部分项工程费小计见表 11-9。

某工程分部分项工程费汇总　　　　　　　　　　　　　　表 11-9

序号	费用名称	金额（元）	备注
1	定额直接费	300.09	
	其中：定额人工费	131.50	
	定额材料费	160.08	
	定额机械费	8.51	
2	管理费	34.19	
3	利润	34.19	
4	材料价差	81.73	
5	人工费调整	17.10	
小计		467.30	

（9）计算施工图预算工程造价费用

根据某地区费用定额（见表 11-3）及上述计算结果，计算该工程施工图预算工程造价的各项费用（见表 11-10）。

单价法施工图预算工程造价计算表　　　　　　　　　　　　　　表 11-10

序号	费用名称		计算式（基数）	费率（%）	金额（元）	合计（元）
1	分部分项工程费	定额人工费	∑（工程量×定额基价中人工费单价）		131.50	467.29
		定额材料费	∑（工程量×定额基价中材料费单价）		160.08	
		定额机械费	∑（工程量×定额基价中机械费单价）		8.51	
		管理费、利润	定额人工费×约定费率		34.19	
					34.19	
		材料价差	∑（材料量×材料价差）		81.72	
		人工费调整	定额人工费×（系数－1）		17.10	
		人工费小计	131.50＋17.10＝148.6 元			
		分部分项直接费小计	467.29－34.19×2＝398.91 元			
2	措施项目费	安全文明施工费	分部分项直接费×约定费率	3.5	13.96	13.96
3	规费	社会保险费	人工费×费率	32.6	48.44	51.35
		住房公积金	人工费×费率	1.96	2.91	
4	税金		不含进项税的（序1＋序2＋序3＋序4）之和（532.60）×增值税率	9.0	47.53	47.93
5	施工图预算工程造价		（序1＋序2＋序3＋序4＋序5）			580.53

11.2.2　实物法

1. 概念

实物法亦称实物金额法、实物量法。

实物法是按照工程量乘以定额实物消耗量，再乘以对应人、材、机单价，再以人工费为基数和费用定额项目对应费率计算各项费用，以及增值税金，最后汇总为施工图预算造价的方法。

2. 施工图预算编制步骤与方法

第一步，列项。根据施工图和地区预算定额列出全部分项工程项目。

第二步，计算全部工程量。根据施工图、预算定额、工程量计算规则，分别计算分项工程工程量（含措施项目）。

第三步，计算人、材、机消耗量即工料分析。分项工程项目套用对应消耗量（预算）定额项目后，分别用工程量乘以定额人工、材料、机械台班消耗量，然后汇总为单位工程定额人工、材料、机械台班消耗量。

第四步，计算人、材、机费用。用单位工程定额人工、材料、机械台班消耗量分别乘以对应的工程造价主管部门颁发的人工、材料、机械台班指导价，然后汇总为单位工程直接费。

第五步，计算企业管理费和利润。用约定价计算出的单位工程人工费分别乘以费用定额的管理费率和利润率，计算出单位工程企业管理费和利润。

第六步，汇总单位工程分部分项工程费。将单位工程直接费与单位工程企业管理费和利润汇总为单位工程分部分项工程费。

第七步，计算措施项目费。根据地区费用定额和有关规定以及单位工程人工费之和，计算二次搬运费等措施项目费，并汇总为单位工程措施项目费。

第八步，计算其他项目费。根据地区费用定额和有关规定以及单位工程人工费之和，计算总承包服务费等总价措施项目费。

第九步，计算规费。根据地区费用定额和有关规定以及单位工程人工费之和，计算社会保险费等规费。

第十步，计算税金。根据增值税税率和有关规定以及上述不含进项税的分部分项工程费、措施项目费、其他项目费和规费等这些费用之和，计算增值税税金。

第十一步，汇总施工图预算工程造价。将分部分项工程费、措施项目费、其他项目费、规费和税金，汇总为施工图预算工程造价。

实物法编制施工图预算的主要步骤见图11-4。

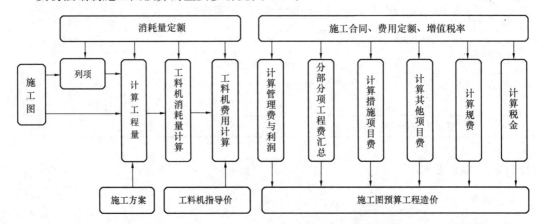

图 11-4　实物法编制施工图预算的主要步骤示意图

3. 施工图预算数学模型

根据上述实物法编制施工图预算方法与步骤的描述，实物法编制施工图预算的数学模型如式（11-1）～式（11-6）。

$$预算造价 = 分部分项工程费 + 措施项目费 + 其他项目费 + 规费 + 税金 \quad (11-1)$$

$$
分部分项工程费 = \sum_{i=1}^{n} \left[\left(\begin{array}{c} 分项工程量 \\ \times 定额人工消耗量 \\ \times 人工指导价 \end{array} \right) \times \left(\begin{array}{c} 1 + 管理费率 \\ + 利润率 \end{array} \right) \right]_i
$$

$$
+ \sum_{j=1}^{n} \left[\begin{array}{c} 分项工程量 \times \\ 定额材料消耗量 \times \\ 材料指导价 \end{array} \right]_j + \sum_{k=1}^{n} \left[\begin{array}{c} 分项工程量 \times \\ 定额机械台班消耗量 \times \\ 台班指导价 \end{array} \right]_k \quad (11-2)
$$

$$
措施项目费 = \sum_{j=1}^{n} \left[\begin{array}{c} 措施项目工程量 \\ \times 对应预算定额基价 \\ + 管理费和利润 \end{array} \right]_j + \sum_{k=1}^{n} \left(\begin{array}{c} 指导人工费 \\ \times 总价措施项目费率 \end{array} \right)_k \quad (11-3)
$$

$$其他项目费 = \sum_{i=1}^{n} (指导人工费 \times 其他项目费率)_i \tag{11-4}$$

$$规费 = \sum_{i=1}^{n} (指导人工费 \times 规费项目费率)_i \tag{11-5}$$

$$税金 = \left(\begin{array}{c} 不含进项税的4项费用之和: \\ 分部分项工程费 + 措施项目费 + 其他项目费 + 规费 \end{array} \right) \times 增值税税率$$

$$\tag{11-6}$$

4. 施工图预算编制实例

（1）编制依据

1）现浇 C25 混凝土独立基础施工图见图 11-2、图 11-3。

2）消耗量定额摘录见表 11-11。

某地区消耗量定额摘录　　　　　　　　　　　　表 **11-11**

工程内容：1. 混凝土水平运输。

　　　　　　2. 混凝土搅拌、捣固、养护。

定额编号			5-396	9-153
项目		单位	C25 混凝土独立基础（10m³）	1：3 水泥砂浆找平层（100m²）
人工	综合用工	工日	10.58	8.30
材料	C25 混凝土	m³	10.15	
	1：3 水泥砂浆	m²		2.07
	草袋子	m²	3.26	
	水	m³	9.31	2.12
机械	400L 混凝土搅拌机	台班	0.39	
	200L 砂浆搅拌机	台班		0.35
	插入式混凝土振捣器	台班	0.77	
	1t 机动翻斗车	台班	0.78	

3）工料机约定价见表 11-12。

工料机约定价格表　　　　　　　　　　　　表 **11-12**

序号	名称	单位	约定价（元）
1	人工	工日	169.50
2	C25 混凝土	m³	337.56
3	1：3 水泥砂浆	m³	298.02
4	草袋子	m²	8.20
5	水	m³	1.80
6	400L 混凝土搅拌机	台班	119.06
7	200L 砂浆搅拌机	台班	25.34
8	插入式混凝土振捣器	台班	12.68
9	1t 机动翻斗车	台班	89.89

4）费用定额摘录见表 11-13。

上海市房屋建筑和装饰工程施工费用定额摘录　　表 11-13

费用项目名称	取费基数	费率（%）
企业管理费、利润	人工费	20.78～30.98
安全文明施工费（多层居住建筑）	直接费＋企业管理费和利润	3.3～3.8
社会保险费	分项工程定额人工费＋单价措施项目定额人工费	32.60
住房公积金费	分项工程定额人工费＋单价措施项目定额人工费	1.96
增值税	不含进项税的税前造价	9

（2）编制要求

根据消耗量定额（见表 11-11）、费用定额（见表 11-3）、工料机约定价（见表 11-12）等有关规定，计算混凝土基础和水泥砂浆找平层工程量，套用消耗量定额，工料分析与汇总，计算工料机费用、计算管理费与利润、汇总分部分项工程费，根据人工费和对应费率计算措施项目费、计算安全文明施工费、二次搬运费、计算社会保险费和住房公积金，计算增值税，汇总施工图预算造价。

（3）计算工程量

现浇 C25 混凝土独立基础工程量计算、1∶3 水泥砂浆基础找平层工程量计算见表 11-4。

（4）计算工料机消耗量

根据分项工程量项目和对应的消耗量定额项目，计算工料机消耗量（见表 11-14）。

某工程工料机消耗量分析表　　表 11-14

序号	定额编号	分项工程名称	单位	工程量	定额消耗量/工程消耗量								
					人工（工日）	C25混凝土（m³）	草袋子（m²）	1∶3水泥砂浆（m³）	水（m³）	400L混凝土搅拌机（台班）	200L砂浆搅拌机（台班）	插入式混凝土振捣器（台班）	1t机动翻斗车（台班）
1	5-396	现浇C25混凝土独立基础	m³	0.658	1.058 / 0.696164	1.015 / 0.66787	0.326 / 0.215	/	0.931 / 0.613	0.039 / 0.02566	/	0.077 / 0.051	0.078 / 0.051
2	9-153	1∶3水泥砂浆基础找平层	m²	2.175	0.083 / 0.180525	/	/	0.0207 / 0.045	0.0212 / 0.046	/	0.0035 / 0.0076	/	/
		小计			0.876689	0.66787	0.215	0.045	0.659	0.02566	0.0076	0.051	0.051

（5）计算工料机费用

将表 11-14 计算出的工料机消耗量乘以表 11-15 工料机指导价格后汇总为工程直接费，工料机费用计算表见表 11-15。

工料机费用计算表　　　　　　　　　　　　表 11-15

序号	名称	单位	数量	指导价单价	小计（元）
1	人工	工日	0.876689	169.50	148.60
2	C25 混凝土	m³	0.66787	337.56	225.45
3	草袋子	m²	0.215	8.20	1.76
4	1：3 水泥砂浆	m³	0.045	298.02	13.41
5	水	m³	0.659	1.80	1.19
6	400L 混凝土搅拌机	台班	0.02566	119.06	3.06
7	200L 砂浆搅拌机	台班	0.008	25.34	0.20
8	插入式混凝土振捣器	台班	0.051	12.68	0.65
9	1t 机动翻斗车	台班	0.051	89.89	4.58
	合计				398.94

（6）计算管理费和利润

根据约定费率 23% 计算管理费和利润。

管理费和利润＝指导人工费×管理费率＋指导人工费×利润率

　　＝148.65×23%＋148.65×23%＝34.19＋34.19＝68.38（元）

（7）分部分项工程费汇总

分部分项工程费汇总表见表 11-16。

分部分项工程费汇总表　　　　　　　　表 11-16

序号	费用名称	单位	小计（元）
1	指导人工费	元	148.60
2	材料费	元	241.81
3	机械费	元	8.49
4	管理费	元	32.88
5	利润	元	35.50
	合计		467.28

（8）计算施工图预算工程造价

根据某地区费用定额（见表 11-3）中的安全文明施工费约定费率 3.5%、社会保险费约定费率 32.6%、住房公积金约定费率 1.98%，以及上述计算结果，计算该工程施工图预算工程造价的各项费用。

实物法施工图预算造价费用计算见表 11-17。

实物法施工图预算造价费用计算表　　　　　　　表 11-17

序号	费用名称		计算式（基数）	费率（%）	金额（元）	合计（元）
1	分部分项工程费	人工费	∑（工程量×定额中人工消耗量×指导价）	见表 11-16	148.60	467.28
		材料费	∑（工程量×定额中材料消耗量×指导价）	见表 11-16	241.81	
		机械费	∑（工程量×定额中机械台班消耗量×指导价）	见表 11-16	8.49	
		管理费	定额人工费×管理费率	见表 11-16	34.19	
		利润	定额人工费×利润率	见表 11-16	34.19	
		分部分项直接费小计	467.28－34.19×2＝398.90			

续表

序号	费用名称		计算式（基数）	费率（%）	金额（元）	合计（元）
2	措施项目费	安全文明施工费	分部分项直接费×约定费率	3.50	13.96	13.96
3	规费	社会保险费	人工费×约定费率	32.6	48.44	51.35
		住房公积金	人工费×约定费率	1.96	2.91	
4	税金		不含进项税的（序1+序2+序3+序4）之和（532.59）×增值税率	9.0		47.93
5	施工图预算工程造价		（序1+序2+序3+序4+序5）			580.52

说明：单价法计算出的施工图预算造价与实物法计算出的施工图预算造价是一致的（0.01元是小数点的误差），这说明两种方法是相通的，其本质是一样的。

11.3　本章复习题及解析

已知某工程人工消耗量为 200 工日，综合单价为 90 元/工日，甲材料消耗量为 10m³，综合单价为 3000 元/m³，乙材料消耗量为 200m²，综合单价为 40 元/m²，丙材料消耗量为 5t，综合单价为 4000 元/t；机械消耗量为 20 台班，综合单价为 400 元/台班。企业管理费和利润分别按照分部分项工程的（人工费+机械费）20%，12%费率计取，措施费按照（人工费+机械费）作为基础，其中安全文明措施费率为 10%，其他措施费率为 6%；规费以人工费计取社保及公积金等费率综合为 18%，增值税率为 9%。计算该工程施工图预算工程造价。

解： 人工费合计 = 人工消耗量×人工综合工日单价 = 200×90 = 18000（元）

材料费合计 = Σ（材料消耗量×材料单价）= 10×3000+200×40+5×4000 = 58000（元）

机械费合计 = Σ（机械消耗量×机械单价）= 20×400 = 8000（元）

直接工程费 = 18000+58000+8000 = 84000（元）

编制单价法施工图预算工程造价计算表，如表 11-18 所示。

单价法施工图预算工程造价计算表　　　　　　表 11-18

序号	费用名称	公式	计算式	金额（元）
1	直接工程费	人+材+机	18000+58000+8000	84000
2	其中:人+机	人+机	18000+8000	26000
3	企业管理费	（人+机）×费率	26000×20%	5200
4	利润	（人+机）×费率	26000×12%	3120
5	项目措施费	（人+机）×费率+安全文明施工费	26000×10%+26000×6%	4160
6	其中:安全文明措施费	（人+机）×费率	26000×10%	2600

序号	费用名称	公式	计算式	金额(元)
7	规费	人工费×费率	18000×18%	3240
8	税金	([1]+[3]+[4]+[5]+[7])×费率	(84000+5200+3120+4160+3240)×9%	8974.8
9	工程造价(含税价)	[1]+[3]+[4]+[5]+[7]+[8]	84000+5200+3120+4160+3240+8974.8	108694.8

12 预算定额的分类、适用范围、调整与应用

【知识导学】

预算定额是施工图设计阶段采用的定额，是为了满足编制施工图预算的要求，为确定和控制基本建设投资额，编制施工组织计划，对结构的设计方案进行技术经济比较提供计算依据，同时也是编制概算定额的基础。

12.1 概　　述

12.1.1 预算定额的概念

预算定额是指在正常施工条件下，完成单位合格产品（分项工程或结构构件）所需消耗的人工、材料、施工机具台班数量及其费用标准。

12.1.2 预算定额的编制原则

1. 平均水平原则

平均水平也称社会平均水平，是指编制预算定额时应遵循价值规律的要求，即按生产该产品的社会必要劳动量来确定其人工、材料、机械台班消耗量。这就是说，在正常施工条件，以平均的劳动强度、平均的技术熟练程度、平均的技术装备条件，完成单位合格建筑产品所需的劳动和生产资料消耗量来确定预算定额的消耗量水平。这种以社会必要劳动量来确定定额水平的原则，就称为平均水平原则。

2. 简明适用原则

简明是指预算定额简单明了，定额项目、说明和计算规则相对要少；适用是指预算定额比较详细，定额项目多、说明详细、计算规则详细，编制一般工程项目的预算都可以找到对应的定额项目，不要用换算定额用量。

定额的简明与适用是统一体中的一对矛盾。如果只强调简明，适用性就差；如果单纯追求适用，简明性就差。因此，预算定额应在适用的基础上力求简明。

12.2 预算定额的分类

12.2.1 按生产要素划分

可分为劳动定额、材料消耗定额和机械台班定额等。

12.2.2 按费用性质划分

可划分为建筑工程定额、设备安装工程定额、建筑安装工程费用定额、工器具定额、

工程建设其他费用定额等。

12.2.3 按管理权限和执行范围划分

可分为全国统一定额、行业统一定额和地区统一定额等。

12.2.4 按用途划分

可分为施工定额、预算定额、概算定额、概算指标、投资估算指标等。

12.2.5 按定额项目内容划分

可以分为单位估价表、消耗量定额两类。含有定额基价的预算定额称为单位估价表，即每个定额项目除了有工料机消耗量外，还有定额单位的基本价格，例如《浙江省房屋建筑与装饰工程预算定额》（2018 版）（见表 12-1）；预算定额项目中只有工料机消耗量，没有基价的预算定额称为消耗量定额，例如全国《房屋建筑与装饰工程消耗量定额》TY01-31—2015（见表 12-2）和《上海市建筑和装饰工程预算定额》SH 01-31—2016（见表 12-3）。

浙江省房屋建筑与装饰工程预算定额（2018 年版）摘录　　　　表 12-1

(1) 基础

工作内容：混凝土浇捣、看护、养护等。　　　　　　　　　　　　　　　　计量单位：10m³

定额编号			5-1	5-2	5-3	5-4
项目			垫层	基础		满堂基础、地下室底板
				毛石混凝土	混凝土	
基价（元）			4503.40	4351.90	4916.53	4892.69
其中	人工费（元）		408.78	232.47	240.44	216.41
	材料费（元）		4087.85	4117.52	4673.58	4673.77
	机械费（元）		6.77	1.91	2.51	2.51
名称		单位	单价（元）	消耗量		
人工	二类人工	工日	135.00	3.028	1.722	1.781	1.603
材料	非泵送商品混凝土 C15	m³	399.00	10.100	—	—	—
	泵送商品混凝土 C30	m³	461.00	—	8.282	10.100	—
	泵送防水商品混凝土 C30/P8	m³	460.00	—	—	—	10.100
	块石 200～500	m³	77.67	—	3.654	—	—
	塑料薄膜	m²	0.86	47.775	13.246	14.815	25.195
	水	m³	4.27	3.950	1.011	1.111	1.430
机械	混凝土振捣器　插入式	台班	4.65	—	0.410	0.540	0.540
	混凝土振捣器　平板式	台班	12.54	0.540	—	—	—

说明：1. 杯形基础每 10m³ 增加 DM5.0 预拌砂浆 0.068t。

　　　2. 垫层按非泵送商品混凝土编制，实际采用泵送商品混凝土时，除混凝土价格换算外，人工乘以系数 0.67，其余不变。

全国《房屋建筑与装饰工程消耗量定额》摘录　　　　　表 12-2

工作内容：浇筑、振捣、养护等。　　　　　　　　　　　　计量单位：10m³

定额编号				5-4	5-5	5-6
项目				独立基础		杯形基础
				毛石混凝土	混凝土	
名称			单位	消耗量		
人工	合计工日		工日	3.462	2.801	2.864
	其中	普工	工日	1.039	0.840	0.860
		一般技工	工日	2.077	1.681	1.718
		高级技工	工日	0.346	0.280	0.286
材料	预拌混凝土 C20		m³	8.673	10.100	10.100
	塑料薄膜		m²	14.480	15.927	15.927
	水		m³	1.091	1.125	1.200
	毛石（综合）		m³	2.752	—	—
	电		kW·h	1.980	2.310	2.310

上海市房屋建筑和装饰工程预算定额摘录　　　　　表 12-3

工作内容：混凝土浇捣、抹平、看护、浇水养护等全部操作过程。

定额编号			01-5-1-1	01-5-1-2	01-5-1-3
名称		单位	消耗量		
			垫层	带形基础	独立基础、杯形基础
			m³	m³	m³
人工	00030121	混凝土工	工日	0.3554	0.2980	0.2250
	00030153	其他工	工日	0.1228	0.0307	0.0270
		人工工日	工日	0.4782	0.3287	0.2520
材料	80210401	预拌混凝土（泵送型）	m³	1.0100	1.0100	1.0100
	02090101	塑料薄膜	m²		0.7243	0.7177
	34110101	水	m³	0.3209	0.0754	0.0758
机械	99050920	混凝土振捣器	台班	0.0615	0.0615	0.0615

12.3　预算定额的特性、编制依据与适用范围

12.3.1　编制依据与量价分离特性

《上海市建筑和装饰工程预算定额》（以下简称本定额）是根据沪建交（2012）第1057号文《关于修编本市建设工程预算定额的批复》及其有关规定，在《上海市建筑和

装饰工程预算定额》（2000）及《房屋建筑与装饰工程消耗量定额》TY01-31—2015 的基础上，按国家标准的建设工程计价、计量规范，包括项目划分、项目名称、计量单位、工程量计算规则等与本市建设工程实际相衔接，并结合多年来"新技术、新工艺、新材料、新设备"和节能、环保等绿色建筑的推广应用而编制的量价完全分离的预算定额。

12.3.2　预算定额的作用和适用范围

本定额是完成规定计量单位分部分项工程所需的人工、材料、施工机械台班的消耗量标准，是编制施工图预算、最高投标限价的依据，是确定合同价、结算价、调解工程价款争议的基础；也是编制本市建设工程概算定额、估算指标与技术经济指标的基础以及作为工程投标报价或编制企业定额的参考依据。

本定额适用于本市行政区域范围内的工业与民用建筑的新建、扩建、改建工程。

12.3.3　定额水平

本定额是按正常施工条件、多数施工企业采用的施工方法、装备设备和合理的劳动组织及工期为基础编制的，反映了上海地区的社会平均消耗量水平。

12.4　预算定额的作用

1. 编制施工图预算的依据

编制施工图预算时，是计算分部分项工程费、单价措施项目费、工料机消耗量分析与汇总的依据；据此计算出的定额人工费是计算企业管理费、利润、总价措施项目费、其他项目费、规费等的依据。

2. 编制招标控制价与投标报价的依据

编制招标控制价和投标报价时，是计算分部分项工程费的综合单价、单价措施项目费的综合单价的依据；据此计算出的定额人工费是计算企业管理费、利润、总价措施项目费、其他项目费、规费等的依据。

3. 编制施工组织计划确定人工、材料、机械台班消耗量的依据

编制施工组织计划与施工进度表时，据预算定额计算出来的实物工程量、用工量、机械台班量是安排劳动力计划、机械进场计划、工期计划的重要依据。

4. 施工企业编制材料采购与供应计划的依据

分部分项工程量乘以定额材料消耗量分析出来单位工程全部材料用量，是施工企业编制建筑材料采购与供应计划的重要依据。

5. 编制工程结算的依据

编制工程结算时，预算定额是核定完工工程量和变更工程量工料机消耗量以及定额直接费、企业管理费、利润的重要依据。

6. 编制概算定额的基础

一般情况下概算定额项目由一个或几个预算定额项目综合而成，所以预算定额是编制概算定额的基础。

12.5 预算定额的应用

12.5.1 预算定额的内容

单位估价表类型的预算定额包括总说明，分章节说明，工程量计算规则，分项工程项目的工料机消耗量、工料机单价、人工费、材料费、机械费和定额基价，附录等内容。

消耗量定额类型的预算定额包括总说明、分章节说明、工程量计算规则、分项工程项目的工料机消耗量、附录等内容。

12.5.2 分项工程定额基价

分项工程定额基价亦称分项工程单价，是确定单位分项工程人工费、材料费和机械使用费的标准。该基价是根据预算消耗量定额项目的工料机消耗量，分别乘以某地区对应的人工单价、材料单价、机械台班单价后，汇总为定额基价。计算公式如式（12-1）：

$$定额基价 = 定额人工费 + 定额材料费 + 定额机械使用费 \qquad (12-1)$$

式中，定额人工费＝Σ（定额工日×人工单价），定额材料费＝Σ（材料数量×材料单价），定额机械使用费＝Σ（机械台班数量×台班单价）。

[**例12-1**] 浙江省房屋建筑与装饰工程预算定额中的"5-1"定额项目编制基价的计算过程见表12-4。

浙江省房屋建筑与装饰工程预算定额基价（单位估价表） 　　表 12-4

工作内容：混凝土浇捣、看护、养护等。

定额编号				5-1	基价计算式
项目				垫层	
基价（元）				4503.40	基价＝408.78＋4087.85＋6.77 ＝4503.40（元）
其中	人工费（元）			408.78	人工费： 3.028 工日×135.00 元/工日＝408.78 元 材料费： C15 混凝土：10.10 m³×399 元/m³ ＝4029.90 元 塑料薄膜：47.775 m³×0.86 元/m² ＝41.08 元 水：3.95 m³×4.27 元/m³ ＝16.87 元 材料费小计：4087.85 元 机械费： 振捣器：0.54 台班×12.54 元/台班 ＝6.77 元
	材料费（元）			4087.85	
	机械费（元）			6.77	
	名称	单位	单价（元）	消耗量	
人工	二类人工	工日	135.00	3.028	
材料	非泵送商品混凝土 C15	m³	399.00	10.100	
	泵送商品混凝土 C30	m³	461.00	—	
	泵送防水商品混凝土 C30/P8	m³	460.00	—	
	块石 200～500	1	77.67	—	
	塑料薄膜	m²	0.86	47.775	
	水	m²	4.27	3.950	
机械	混凝土振捣器　插入式	台班	4.65	—	
	混凝土振捣器　平板式	台班	12.54	0.540	

12.5.3 预算定额的套用

当施工图的设计要求的分项工程项目与预算定额的项目内容一致时，可直接套用预算定额。

直接套用定额指直接使用定额项目中的基价、人工费、机械费、材料费、各种材料用量及各种机械台班耗用量。

[例12-2] 某新建工程的施工图要求现浇C25混凝土基础梁和现浇C30混凝土异形梁时，就可以分别套用《上海市建筑和装饰工程预算定额》（2016）的01-5-3-1定额项目和01-5-3-3定额项目，计算这两个项目的工料机消耗量定额项目见表12-5。

上海市房屋建筑和装饰工程预算定额摘录 表12-5

工程内容：混凝土浇捣、抹平、看护、浇水养护等全部操作过程。

定额编号				01-5-3-1	01-5-3-2	01-5-3-3
项目			单位	预拌混凝土（泵送）		
				基础梁	矩形梁	异形梁
				m³	m³	m³
人工	00030121	混凝土工	工日	0.1720	0.2750	0.2750
	00030153	其他工	工日	0.0244	0.0295	0.0295
		人工工日	工日	0.1964	0.3045	0.3045
材料	80210401	预拌混凝土（泵送型）	m³	1.0100	1.0100	1.0100
	02090101	塑料薄膜	m²	2.2000	1.8333	1.2941
	34110101	水	m³	0.0900	0.0817	0.0595
机械	99050920	混凝土振捣器	台班	0.1000	0.1000	0.1000

[例12-3] 当某维修工程的施工图要求新砌一砖厚标准灰砂砖砖墙和新砌一砖厚烧结多孔砖砖墙时，就可以分别套用《上海市房屋建筑工程养护维修预算定额》（2016）的20-3-1-23定额和20-3-1-25定额项目，计算这两个项目的工料机消耗量的预算定额项目见表12-6。

上海市房屋建筑工程养护维修预算定额摘录 表12-6

工作内容：1.2.3. 运料、拌砂浆、砌砖、安放木砖（包括留槎）、出垃圾。

4.5.6. 运料、拌砂浆、拆旧、削砖、砌砖、安放木砖（包括挖塞头）、出垃圾。

定额编号				20-3-1-23	20-3-1-24	20-3-1-25	20-3-1-26	20-3-1-27	20-3-1-28
项目			单位	新砌一砖墙（混水）			拆砌一砖墙（混水）		
				标准砖	八五砖	多孔砖	标准砖	八五砖	多孔砖
				m²	m²	m²	m²	m²	m²
人工	FR0007.4	砖瓦工	工日	0.310	0.370	0.191	0.448	0.532	0.277
材料	04131714	蒸压灰砂砖 240×115×53	块	129.9771			51.9908		
	04131712	蒸压灰砂砖 220×105×43	块		167.9360			67.1744	

续表

定额编号			20-3-1-23	20-3-1-24	20-3-1-25	20-3-1-26	20-3-1-27	20-3-1-28
项目		单位	新砌一砖墙（混水）			拆砌一砖墙（混水）		
			标准砖	八五砖	多孔砖	标准砖	八五砖	多孔砖
			m²	m²	m²	m²	m²	m²
材料	FC003.1	烧结多孔砖 240×115×90	块			81.8856			32.7542
	80060111	干混砌筑砂浆 DM M5.0	m³	0.0555	0.0573	0.0550	0.0555	0.0573	0.0550
		水	t	0.00156	0.0160	0.0154	0.0156	0.0160	0.0154

在编制单位工程施工图预算的过程中，大多数分项工程项目可以直接套用预算定额。套用预算定额时应注意以下几点：

（1）根据施工图、设计说明、标准图作法说明的项目名称，对应选择预算定额项目。

（2）应从工程内容、技术特征和施工方法上仔细核对，才能较准确地确定与施工图相对应的预算定额项目。

（3）施工图中分项工程的名称、内容和计量单位要与预算定额项目相一致。

12.5.4　预算定额的换算

编制预算时，当施工图中的分项工程项目不能直接套用预算定额项目时，就产生了定额换算的内容。

1. 预算定额的换算原则

如施工图设计的分项工程项目中砂浆、混凝土强度等级与定额对应项目不同时，允许换算。

定额中的抹灰项目已考虑了常用厚度，各层砂浆的厚度一般不作调整。如果设计有特殊要求时，定额中工、料可以按规定换算。

是否可以换算、怎样换算，必须按预算定额中的各项规定执行。

2. 抹灰砂浆换算

《上海市房屋建筑工程养护维修预算定额》（2016）说明：

整体面层和块料面层砂浆平均厚度见附表，如刮糙层超过规定厚度，可参照"各类粉刷平均厚度和超厚递加表"（见表 12-7）进行换算。

各类粉刷平均厚度和超厚递加表

表 12-7

粉刷种类	平均厚度			底层每超过1cm增加人工、材料						
	底层	面层	合计	抹灰工	纸筋砂浆	石灰砂浆		混合砂浆		水泥砂浆	
					1:3	1:2.5	1:3	DP M10	DP M5	DP M20	DP M15
				工日	m³	m³	m³	m³	m³	m³	m³
黄砂石灰底石膏面粉刷	1.41	0.61	2.02	0.0332		0.0103					
黄砂石灰底纸筋面粉刷	1.82	0.21	2.03	0.0166			0.0103				
黄砂纸筋底纸筋面粉刷	1.82	0.21	2.03	0.0166	0.0103						

粉刷种类	平均厚度			底层每超过1cm增加人工、材料							
				抹灰工	纸筋砂浆	石灰砂浆		混合砂浆		水泥砂浆	
	底层	面层	合计		1:3	1:2.5	1:3	DP M10	DP M5	DP M20	DP M15
				工日	m³	m³	m³	m³	m³	m³	m³
水泥砂浆粉刷	1.44	0.62	2.06	0.0332							0.0103
拉毛水泥粉刷	1.65	0.41	2.06	0.0332				0.0103			
混合砂浆 DP M10 粉刷	1.44	0.66	2.1	0.0332				0.0103			
混合砂浆 DP M5 粉刷	1.44	0.66	2.1	0.0332					0.0103		
水刷石粉刷	1.6	1	2.6	0.0332							0.0103
磨石子粉刷	1.44	1.13	2.57	0.0332						0.0103	
斩假石粉刷	1.44	1	2.6	0.0332							0.0103
瓷砖粉刷	1.4	0.6	2	0.0332							0.0103
锦砖粉刷	1.7	0.5	2.2	0.0332						0.0103	
面砖粉刷	1.55	0.7	2.25	0.0332							0.0103
花岗石、大理石粉刷	3	0	3	0.0133						0.0103	

表 12-7 中粉刷厚度分析：

表中第 2 行的黄砂石灰底纸筋面粉刷的砂浆定额用量为 2.03m³/100m²，其中 2m³ 是净用量，故抹灰厚度为 2cm（2.0 m³÷100 m²＝2cm），0.03m³ 是损耗量。其中底层砂浆 1.82m³ 定额用量中 0.02m³ 是损耗量，故底层厚 1.8cm；0.21cm 是面层砂浆定额用量，其 0.01cm 是损耗量，故面层 0.2cm 厚。

[例 12-4] 某建筑维修工程的墙面采用黄砂石灰底（2.8cm 厚）、石膏灰浆面（0.2cm 厚）抹灰，由于底层厚度增加了 1cm，按照上海市房屋建筑和装饰工程预算定额规定，套用 20-9-1-116 定额（见表 12-8）进行换算。

上海市房屋建筑工程养护维修预算定额摘录   表 12-8

工作内容：1.2. 拌料、运料（去旧）、刮糙（出柱头二度刮糙）、粉面（出垃圾）。

3.4. 拌料、运料（去旧）、刮糙、粉面（出垃圾）。

定额编号				20-9-1-116	20-9-1-117	20-9-1-118	20-9-1-119
项目			单位	墙柱面粉刷			
				混合砂浆底石膏面		赤脚纸筋	
				新粉	修粉	新粉	修粉
				m²	m²	m²	m²
人工		抹灰工	工日	0.196	0.288	0.062	0.076
材料	JP0616.1	干混抹灰砂浆 DP M10.0	m³	0.0182	0.0182		
	80030211	石灰石膏浆 1:4	m³	0.0021	0.0021		
		纸筋石灰浆	m³			0.0069	0.0069
		水	t	0.0051	0.0051		

换算分析：20-9-1-116 定额底层砂浆用量为 $0.0182\text{m}^3/\text{m}^2$，除去损耗量 0.0002m^3，故底层砂浆厚度为 1.8cm，施工图要求厚度为 2.8cm，增加了 1cm 的厚度，故需要换算。换算过程见表 12-9。

干混抹灰砂浆换算表　　　　　　　　　　　　　表 12-9

定额编号			20-9-1-116 换	换算计算式
项目		单位	柱墙面粉刷 混合砂浆底石膏面 新粉 m^2	
人工	抹灰工	工日	0.2116	0.195＋0.0166
材料	干混抹灰砂浆 DP M10	m^3	0.0285	0.0182＋0.0103
	石灰石膏浆 1∶4	m^3	0.0021	
	水	m^3	0.0051	

3. 乘系数换算

乘系数换算是指在使用某些预算定额项目时，定额的一部分或全部乘以规定的系数。例如，《上海市房屋建筑和装饰工程预算定额》（2016）中楼地面装饰工程分部规定："细石混凝土找平层或面层定额子目，如采用非泵送混凝土时，按相应泵送混凝土子目的人工乘以系数 1.10，机械乘以系数 1.05。"

[例 12-5] 某房屋建筑工程的混凝土地面垫层 40mm 厚（采用非泵送混凝土），按照上海市房屋建筑和装饰工程预算定额规定，根据表 12-10 中 01-11-1-7 定额换算人工工日与机械台班量，计算过程见表 12-11。

上海市房屋建筑和装饰工程预算定额摘录　　　　　　　　　　表 12-10

工作内容：1.2. 清理基层、混凝土浇捣、抹灰、压光、养护等全部操作过程。

3. 抹面、压光等全部操作过程。

定额编号				01-11-1-7	01-11-1-8	01-11-1-9
项目			单位	预拌细石混凝土（泵送）楼地面		混凝土面层加浆随捣随光
				40mm 厚	每增减 10mm	
				m^2	m^2	m^2
人工	00030127	一般抹灰工	工日	0.0489	0.0030	0.0361
	00030153	其他工	工日	0.0129	0.0001	0.0146
		人工工日	工日	0.0619	0.0032	0.0507
材料	80210401	预拌混凝土（泵送型）	m^3	0.0404	0.0101	
	80060312	干混地面砂浆 DS M20.0	m^3	0.0051		0.0051
	34110101	水	m^3	0.0520		0.0320
		其他材料费	%	0.3300		1.3700
机械	99050920	混凝土振捣器	台班	0.0078	0.0005	

混凝土地面垫层采用非泵送混凝土换算表　　　　表 12-11

定额编号			01-11-1-7 换	换算计算式
项目		单位	柱墙面粉刷 预拌细石混凝土 （非泵送）楼地面 40mm 厚 m²	
人工	一般抹灰工	工日	0.0538	0.0489×1.10＝0.0538
	其他工	工日	0.0142	0.0129×1.10＝0.0142
	人工工日	工日	0.0681	0.0619×1.10＝0.0681
材料	预拌混凝土（非泵送）	m³	0.0404	
	干混地面砂浆 DS M20.0	m³	0.0051	
	水	m³	0.0520	
	其他材料费	%	0.3300	
机械	混凝土振捣器	台班	0.0078	0.0078×1.05＝0.0082

4. 按比例换算

按比例换算是指预算定额规定，某种定额项目的材料消耗量可以按比例换算的类型。

例如，上海市房屋建筑和装饰工程预算定额规定，定额中的变形缝断面尺寸为 30mm ×20mm，若设计要求与预算定额项目不同时，用料可以调整，但人工不变，调整值按式 （12-2）计算：

$$变形缝调整值 ＝ 定额消耗量 × （设计缝口断面面积 ÷ 定额缝口断面面积） \qquad (12-2)$$

[例 12-6] 某工程的屋面建筑油膏变形缝设计断面尺寸为 35mm×25mm，按照上海市房屋建筑和装饰工程预算定额规定和定额 01-9-2-23（见表 12-12）按比例换算，换算后见表 12-13。

上海市房屋建筑和装饰工程预算定额摘录　　　　表 12-12

工作内容：1. 清缝、嵌油膏等全部操作过程。
　　　　　2. 清缝、干混砂浆勾缝、灌聚氯乙烯胶泥等全部操作过程。

定额编号			01-9-2-23	01-9-2-24
项目		单位	屋面变形缝	
			建筑油膏	聚氯乙烯胶泥
			m	m
人工	00030133　防水工	工日	0.0353	0.0353
	00030153　其他工	工日	0.0071	0.0021
	人工工日	工日	0.0424	0.0374
材料	13350401　建筑油膏	kg	0.8777	
	80151801　聚氯乙烯胶泥	kg		0.8253
	80060312　干混地面砂浆 DS M20.0	m³		0.0006
	其他材料费	%		5.000

屋面变形缝建筑油膏用量换算表　　　　　　　　　　　表 12-13

定额编号			01-11-1-7 换	换算计算式
项目		单位	屋面变形缝 建筑油膏 m	
人工	防水工	工日	0.0353	
	其他工	工日	0.0071	
	人工工日	工日	0.0424	
材料	建筑油膏	kg	1.280	调整值 = $0.8777 \times (0.35 \times 0.25 \div 0.30 \times 0.20)$
	其他材料费	%		$= 0.8777 \times 1.458 = 1.280 \mathrm{kg}$

5. 消耗量换算

消耗量换算是指当施工图设计的分项工程项目，应该按照定额规定增加消耗量的换算类型。例如，上海市房屋建筑和装饰工程预算定额规定，定额中的混凝土为非泵送预拌混凝土，如现场搅拌混凝土，增加混凝土搅拌人工 0.5613 工/m³。

[例 12-7] 某工程的混凝土垫层为现场搅拌，按上海市房屋建筑和装饰工程预算定额规定，采用表 12-14 中 20-4-3-1 定额增加用工的换算。换算过程见表 12-15。

上海市房屋建筑和装饰工程预算定额摘录　　　　　　　表 12-14

工作内容：运原材料、砂石筛洗、搅拌；混凝土装卸、运输、振捣、抹平、养护。

定额编号				20-4-3-1	20-4-3-2	20-4-3-3	20-4-3-4
项目			单位	混凝土 垫层	混凝土基础		
					带型	独立	设备
				m³	m³	m³	m³
人工	FR0003.3	混凝土工	工日	0.763	0.858	0.642	0.618
材料	80210515	预拌混凝土（非泵送型）C20 粒径 5-40	m³	1.0150	1.0149	1.0149	1.0149
	02330201	草袋	m²	1.5500	0.2600	0.3300	0.5300
		其他材料费	%		1.4280		

混凝土垫层增加用工用量换算表　　　　　　　　　　　表 12-15

定额编号			20-4-3-1 换	换算计算式
项目		单位	混凝土垫层 m³	
人工	混凝土工	工日	1.333	调整值 $= 0.763 + (1.0150 \times 0.5613)$ $= 0.763 + 0.5697$ $= 1.333$（工日）
材料	预拌混凝土（现场）C20 粒径 5-40	m³	1.0150	
	草袋	m²	1.5500	
	其他材料费	%		

12.6　本章复习题及解析

1. 预算定额的编制原则是（　　）。

A. 平均先进水平原则　　　　　　　　B. 简明适用原则

C. 公平公正原则　　　　　　　　　　D. 法定原则

正确答案：B

分析：本题考查预算定额的编制原则。预算定额的编制原则包括平均水平原则和简明适用原则。

2. 按生产要素划分，预算定额可分为（　　）。

A. 建筑工程定额　　　　　　　　　　B. 劳动定额

C. 全国统一定额　　　　　　　　　　D. 材料消耗定额

E. 机械台班定额

正确答案：B、D、E

分析：本题考查预算定额的分类。预算定额按生产要素划分，可分为劳动定额、材料消耗定额和机械台班定额等；按费用性质划分，可分为建筑工程定额、设备安装工程定额、建筑安装工程费用定额、工器具定额、工程建设其他费用定额等；按管理权限和执行范围划分，可分为全国统一定额、行业统一定额和地区统一定额等。

3. 按用途划分，预算定额可分为（　　）。

A. 行业统一定额　　　　　　　　　　B. 施工定额

C. 概算定额　　　　　　　　　　　　D. 单位估价表

E. 消耗量定额

正确答案：B、C

分析：本题考查预算定额的分类。预算定额按用途划分，可分为施工定额、预算定额、概算定额、概算指标、投资估算指标等；按定额项目内容划分，可分为单位估价表、消耗量定额两类。

13 建筑工程费用定额的适用范围及应用

【知识导学】

建筑工程费用定额以预算定额为基础，确定预算定额以外的费用标准或费率。费用定额一般与预算定额配套使用。

13.1 建筑工程费用定额的适用范围

13.1.1 建筑工程费用定额

建筑工程费用定额是指计算除直接费以外的，符合《建筑安装工程费用项目组成》（建标〔2013〕44 号）建设安装工程费用项目费用的计算方法、程序与标准。

13.1.2 建设工程费用定额的要素构成

建设工程费用定额一般由费用项目名称、计算基础和费率三大要素构成。

13.1.3 建设工程费用定额制定与颁发

各地区建设工程费用定额的基本内容主要是根据住房城乡建设部、财政部《关于印发〈建筑安装工程费用项目组成〉的通知》（建标〔2013〕44 号）文件的费用内容确定，并由各省市自治区工程造价行政主管部门（例如建委、建设厅等）根据地区情况制定与颁发。

13.1.4 建设工程费用定额的内容与费用计算程序

上海市建设工程费用定额的主要内容与计算程序（顺序）是由《上海市建设工程施工费用计算规则》SHT0-33—2016 规定的。

1. 建设工程施工费用的要素内容及计算方法

建设工程施工费用要素由直接费、企业管理费和利润、措施费、规费和增值税等诸要素内容组成。

（1）直接费的内容及计算方法

直接费是指施工过程中的耗费，构成工程实体和部分有助于工程形成的各项费用。包括人工费、材料费和施工机具使用费。

1）人工费的内容及计算方法。人工费是指在单位工作日内，支付给直接从事建筑安装工程施工作业的生产工人和附属生产单位工人的各项费用。由发承包双方按人工单价包括的内容为基础约定的单价，或者根据建设工程具体特点及市场情况，或参照建筑劳务市场人工价格约定人工单价，并乘以定额工日耗量计算人工费。

2）材料费的内容及计算方法。材料费是指材料供货地价格和从供货地运至工地仓库耗费的所有费用之和。一般包括材料的原价（供应价）、市内运输费、运输损耗等，不包含增值税可抵扣进项税额。由发承包双方按材料单价包括的内容为基础，根据建设工程具体特点及市场情况，采用工程造价管理机构发布的建设工程材料价格信息，或参照建筑、建材市场材料价格，约定材料单价，并乘以定额材料耗量计算材料费。

3）施工机具使用费的内容及计算方法。施工机具使用费由工程施工作业所发生的施工机械、仪器仪表使用费或其租赁费组成，不包含增值税可抵扣进项税额，如式（13-1）。

$$施工机械使用费 = 施工机械台班消耗量 \times 施工机械摊销台班单价 \quad (13-1)$$

（2）企业管理费和利润的内容及计算方法

企业管理费是指建筑安装企业组织施工生产和经营管理所需的费用。利润是指施工企业完成所承包工程获得的盈利。

企业管理费和利润以人工费为基数，由发承包双方按企业管理费和利润包括的内容为基础，根据建设工程具体特点及市场情况，参照工程造价管理部门发布的企业管理费和利润费率，约定企业管理费和利润的费率，并乘以人工费计算企业管理费和利润。

（3）措施费的内容及计算方法

措施费是指为完成工程项目施工，发生于该工程施工前和施工过程中的技术、生活、安全和环境保护等方面的费用（不包括已列定额子目和企业管理费所包括的费用），不包含增值税可抵扣进项税额。一般包括安全文明施工费、夜间施工增加费、二次搬运费和冬雨季施工增加费等。由发承包双方遵照政府颁布的有关法律、法令、规章及各主管部门的有关规定，招标文件和批准的施工组织设计所指定的施工方案等所发生的措施费用，根据建设工程具体特点及市场情况，参照工程造价管理机构发布的市场信息价格，以报价的方法在合同中约定价格。

（4）规费的内容及计算方法

规费是指政府和有关权力部门规定必须缴纳的费用，主要包括社会保险费、住房公积金。

社会保险费是指企业按规定标准为职工缴纳的各项社会保险费，一般包括养老保险费、失业保险费、医疗保险费、生育保险费、工伤保险费；住房公积金是指企业按规定标准为职工缴纳的住房公积金。社会保险费和住房公积金的计算是以人工费为基数，由发承包双方根据国家规定的计算方法计算费用。

（5）增值税的内容及计算方法

增值税是指当期销项税额。增值税按国家规定的计算方法计算，列入工程造价。

2. 建设工程费用计算程序

建设工程费用计算程序是指计算各项费用有规律的步骤，包括按规定确定计算基数和费率、按顺序计算各项费用等。

《上海市建设工程施工费用计算规则》（SHT0-33—2016）中，规定了建设工程施工费用计算顺序（程序），见表13-1。

建设工程施工费用计算顺序表　　　　　　　　　　　　　　表 13-1

序号	项目		计算式	备注
一	直接费		按定额子目规定计算	包括说明
其中	人工费		按定额工日耗量×约定单价	
	材料费		按定额材料耗量×约定单价	不包含增值税可抵扣进项税额
	施工机具使用费		按定额台班耗量×约定单价	不包含增值税可抵扣进项税额
二	企业管理费和利润		∑人工费×约定费率	不包含增值税可抵扣进项税额
三	措施费	安全防护、文明施工措施费	（直接费＋企业管理费和利润）×约定费率	不包含增值税可抵扣进项税额
		施工措施费	报价方式计取	由双方合同约定，不包含增值税可抵扣进项税额
四	人工、材料、施工机具差价		结算期信息价－[中标期信息价×（1＋风险系数）]	由双方合同约定，材料、施工机具使用费中不含增值税可抵扣进项税额
五	规费	社会保险费	按国家规定计取	
		住房公积金	按国家规定计取	
六	小计		（一）＋（二）＋（三）＋（四）＋（五）	
七	增值税		（六）×增值税税率	按国家规定计取
八	合计		（六）＋（七）	

13.1.5　建设工程费用定额的各项费用费率

1. 企业管理费和利润率

《关于实施建筑业营业税改增值税调整本市建设工程计价依据的通知》沪建市管〔2016〕42 号文件规定了上海市各专业工程企业管理费和利润费率，见表 13-2。

上海市各专业工程企业管理费和利润费率表摘录　　　　　　表 13-2

工程专业		计算基础	费率（%）
房屋建筑与装饰工程		人工费	20.78~30.98
通用安装工程			32.33~36.20
市政工程	建筑		28.29~32.93
	安装		32.33~36.20

2. 安全防护、文明施工费率

上海市建设和交通委员会关于印发《上海市建设工程安全防护、文明施工措施费用管理暂行规定》的通知沪建交〔2006〕445 号文件规定了上海市房屋建筑工程安全防护、文明施工措施费率，见表 13-3。

上海市房屋建筑工程安全防护、文明施工措施费率表　　　表 13-3

项目类别			费率（%）	备注
工业建筑	厂房	单层	2.8～3.2	
		多层	3.2～3.6	
	仓库	单层	2.0～2.3	
		多层	3.0～3.4	
民用建筑	居住建筑	低层	3.0～3.4	
		多层	3.3～3.8	
		中高层及高层	3.0～3.4	
	公共建筑及综合性建筑		3.3～3.8	
独立设备安装工程			1.0～1.15	

3. 社会保险费

《关于调整本市建设工程造价中社会保险费率的通知》沪建市管〔2019〕24 号文件规定了上海市建设工程造价中社会保险费率，见表 13-4。

上海市社会保险费费率表摘录　　　表 13-4

工程类别		计算基础	计算费率		
			管理人员	生产工人	合计
房屋建筑与装饰工程		人工费	4.56%	28.04%	32.60%
通用安装工程				28.04%	32.60%
市政工程	土建			30.05%	34.61%
	安装			28.04%	32.60%
城市轨道交通工程	土建			30.05%	34.61%
	安装			28.04%	32.60%
园林绿化工程	种植			28.88%	33.44%
仿古建筑工程（含小品）				28.04%	32.60%
房屋修缮工程				28.04%	32.60%
民防工程				28.04%	32.60%
市政管网工程（燃气管道工程）				29.40%	33.96%
市政养护	土建			31.56%	36.12%
	机电设备			30.38%	34.94%
绿地养护				31.56%	36.12%

4. 住房公积金

《关于调整本市建设工程造价中社会保险费率的通知》沪建市管〔2019〕24 号文件规定了上海市建设工程造价中住房公积金费率，见表 13-5。

上海市住房公积金费率表摘录　　　　　　　　　　　　　　表 13-5

工程类别		计算基数	费率
房屋建筑与装饰工程		人工费	1.96%
通用安装工程			1.59%
市政工程	土建		1.96%
	安装		1.59%
城市轨道交通工程	土建		1.96%
	安装		1.59%
园林绿化工程	种植		1.59%

13.1.6　建设工程费用定额适用范围

适用范围是指该定额适用于什么范围、有何用。

上海市建筑工程费用定额适用于本市行政区域范围内的建筑和装饰、安装、市政、城市轨道交通、园林、燃气、民防、水务、房屋修缮等建设工程预算定额计价方式。

13.2　建筑工程费用定额应用举例

13.2.1　工程简况

曙光写字楼建筑工程地点在上海市，该工程是多层框架结构，建筑面积 $2500m^2$。

13.2.2　计算依据

1. 直接费

根据施工图、施工合同、有关约定单价和《上海市建筑和装饰工程预算定额》SH-01-31—2016 计算出的工程直接费如下：

工程直接费：5001011 元

其中，人工费：750151 元

材料费：3799770 元

机械费：451090 元

2. 各项费用及费率

按照"建设工程施工费用计算顺序表"（表 13-1）的要求，应计算"企业管理费和利润""安全防护、文明施工措施费""施工措施费""人工、材料、施工机具差价""社会保险费""住房公积金"和"增值税"。

根据该工程投标报价以及签订的施工合同、上海市有关规定，约定的各项费用费率见表 13-6。

曙光写字楼工程各项费用费率表　　　　表 13-6

序号	费用名称	费率	计算基础	说明
1	企业管理费和利润费	30%	人工费	依据表 13-2
2	安全防护、文明施工措施费	3.5%	直接费＋企业管理费和利润	依据表 13-3
3	施工措施费	35094 元		按报价方式计取
4	人工、材料、施工机具差价	按规定计算		本工程不发生
5	社会保险费	32.60%	人工费	依据表 13-4
6	住房公积金	1.96%	人工费	依据表 13-5

13.2.3　建筑工程费用计算实例

根据上述"曙光写字楼工程"计算施工图预算工程造价的有关数据和费率，按照上海市的规定，计算的建设工程施工费用（造价），见表 13-7。

建设工程施工费用（造价）计算表　　　　表 13-7

序号		项目	计算基础与方法	费率（%）	金额（元）
一		直接费	按定额子目规定计算		5001011.00
其中		人工费	按定额工日耗量×约定单价		750151.00
		材料费	按定额材料耗量×约定单价		3799770.00
		施工机具使用费	按定额台班耗量×约定单价		451090.00
二		企业管理费和利润	人工费	30.00	225045.30
三	措施费	安全防护、文明施工措施费	（直接费＋企业管理费和利润）×约定费率	3.50	182911.97
		施工措施费	报价方式计取		35094.00
四		人工、材料、施工机具差价	本工程无		无
五	规费	社会保险费	人工费	32.60	244549.23
		住房公积金	人工费	1.96	14702.96
六		小计	（一）＋（二）＋（三）＋（四）＋（五）		5703314.46
七		增值税	（六）×9%		513298.30
八		合计	（六）＋（七）		6216612.76

说明：表中（一）＋（二）＋（三）＋（四）＋（五）金额均不含进项税。

13.3　本章复习题及解析

1. 建设工程费用定额的要素构成是（　　　）。

A. 费用项目名称　　　　　　　　B. 项目编码

C. 项目特征　　　　　　　　　　D. 计算基础

E. 费率

正确答案：A、D、E

分析：本题考查建设工程费用定额的要素构成。建设工程费用定额一般由费用项目名称、计算基础和费率三大要素构成。

2. 直接费的构成是（   ）。

A. 人工费   B. 企业管理费

C. 材料费   D. 施工机具使用费

E. 社会保险费

正确答案：A、C、D

分析：本题考查直接费。直接费是指施工过程中的耗费，构成工程实体和部分有助于工程形成的各项费用。包括人工费、材料费和施工机具使用费。

3. 规费的构成是（   ）。

A. 企业管理费   B. 社会保险费

C. 住房公积金   D. 施工机具使用费

E. 税费

正确答案：B、C

分析：本题考查规费。规费是指政府和有关权力部门规定必须缴纳的费用，主要包括社会保险费、住房公积金。

14 土建工程控制价编制

【知识导学】

依据《建设工程工程量清单计价规范》GB 50500—2013，招标控制价是招标人根据国家或省级、行业建设主管部门颁发的有关计价依据和办法，以及拟定的招标文件和招标工程量清单，结合工程具体情况编制的招标工程的最高投标限价。招标控制价是发承包阶段工程造价计价形式之一。

本章首先介绍工程量清单的相关内容，再介绍控制价的编制。

14.1　土建工程控制价编制

14.1.1　控制价的概念

控制价是指招标人根据国家或省级、行业建设主管部门颁发的有关计价依据和办法，以及拟定的招标文件和招标工程量清单，结合工程具体情况编制的招标工程控制价。

土建工程控制价是指依据《上海市建设工程工程量清单计价应用规则》、《建设工程工程量清单计价规范》和《房屋和装饰工程工程量计算规范》的规定编制的，投标人投标报价不能超越的价格，它是招标文件的组成部分。一般情况下，投标报价超过控制价，视为废标。

14.1.2　控制价的内容

土建工程控制价的内容包括分部分项工程费、措施项目费、其他项目费、规费和税金。

14.1.3　控制价的编制特点

一般土建工程控制价按照规定的正常程序、正常的工程量清单项目、正常的费用项目、正常的取费基础和费率等，计算出正常（平均）水平的工程量清单报价，然后在这个基础上进行适当调整后确定控制价。一般情况下，招标文件规定，投标报价不能低于控制价的85%，否则视为废标。

14.1.4　控制价的编制规定

（1）国有资金投资的建设工程招标，招标人必须编制控制价。

（2）控制价应由具有编制能力的招标人或受其委托具有相应资质的工程造价咨询人、招标代理机构编制和复核。

（3）工程造价咨询人、招标代理机构接受招标人委托编制控制价，不得再就同一工程接受投标人委托编制投标报价。

（4）控制价按照《上海市建设工程工程量清单计价应用规则》第 5.2.1 条的规定编制，不应上调或下浮。

（5）当控制价超过批准的概算时，招标人应将其报原概算审批部门审核。

14.1.5　控制价的编制依据

（1）《上海市建设工程工程量清单计价应用规则》；

（2）国家标准《建设工程工程量清单计价规范》GB 50500—2013 和相关工程的国家计量规范；

（3）国家、行业或本市建设行政管理部门颁发的工程定额和计价办法；

（4）建设工程设计文件及相关资料；

（5）拟定的招标文件及招标工程量清单；

（6）与建设项目相关的标准、规范、技术资料；

（7）施工现场情况、工程特点及常规施工方案；

（8）上海市建筑建材业工程造价信息平台所公布的建设工程造价信息；

（9）当工程造价信息没有发布的，参照市场价。

14.1.6　控制价的编制程序与方法

1. 控制价的编制程序

控制价的编制程序见图 14-1。

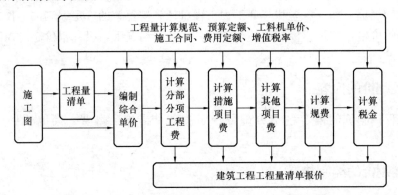

图 14-1　控制价的编制程序示意图

2. 控制价的编制程序与方法步骤

第一步，根据工程量清单、预算定额、工料机单价、施工合同、费用定额和建设工程工程量清单计价规范，编制分部分项工程项目、措施项目的综合单价；

第二步，用分部分项工程量乘以对应的综合单价，计算出分部分项工程费；

第三步，用措施项目工程量乘以对应的综合单价，计算出单价措施项目费；

第四步，根据总价措施项目费计算基础（人工费）和费率，计算安全文明施工费等总价措施项目费；

第五步，根据施工图和有关规定，计算暂定工程项目的暂估价；

第六步，根据费用定额规定的计算基数（人工费）和费率，计算社会保险费和住房公积金等规费；

第七步，根据上述不含进项税的分部分项工程费、措施项目费、其他项目费、规费之和以及增值税税率计算增值税金；

第八步，将上述五项费用汇总为建设工程控制价。

14.1.7 控制价的特性

根据正常的企业资质条件、施工方案、预算定额、费用定额、工料机单价等编制出的控制价，反映了施工企业正常的社会生产力水平（平均水平）。按照社会主义市场经济的规律和一系列计价规范、依据等确定的控制价具有权威性。

14.1.8 控制价编制举例

由于控制价的编制方法与投标报价的编制方法基本相同，此处就不举具体例子，具体见投标报价编制实例。

14.2 本章复习题及解析

1. 某单位工程分部分项工程费为185000.00元，单价措施项目费为25000.00元；总价措施项目仅考虑安全文明施工费，安全文明施工费按分部分项工程费的4.5%计取；其他项目费为零；人工费占分部分项工程及措施项目费的8%，规费按人工费的24%计取；增值税税率按9%计取，按《建设工程工程量清单计价规范》GB 50500—2013的要求，列式计算安全文明施工费、措施项目费、规费、增值税，编制该单位工程招标控制价。上述各项费用均不包含增值税可抵扣进项税额，计算结果保留两位小数。

解：（1）安全文明施工费＝185000×4.5%＝8325.00（元）

（2）措施项目费＝25000＋8325＝33325.00（元）

（3）规费＝（185000＋33325）×8%×24%＝4191.84（元）

（4）增值税＝（185000＋33325＋4191.84）×9%＝20026.52（元）

编制单位工程招标控制价汇总表，如表14-1所示。

单位工程招标控制价汇总表　　　　　　　　　　　　表 14-1

序号	项目名称	金额（元）
1	分部分项工程费	185000.00
2	措施项目费	33325.00
2.1	其中：安全文明施工费	8325.00
3	其他项目费	0.00
4	规费	4191.84
5	税金	20026.52
	招标控制价	242543.36

2. 假定某整体烟囱分部分项工程费为2000000.00元；单价措施项目费为150000.00元，总价措施项目仅考虑安全文明施工费，安全文明施工费按分部分项工程费的3.5%计

取；其他项目考虑基础基坑开挖的土方、护坡、降水专业工程暂估价为110000.00元（另计5%总承包服务费）；人工费占比分别为分部分项工程费的8%、措施项目费的15%；规费按照人工费的21%计取，增值税税率按9%计取。按《建设工程工程量清单计价规范》GB 50500—2013的要求，列式计算安全文明施工费、措施项目费、人工费、总承包服务费、规费、增值税；并填写单位工程最高投标限价汇总表。上述各项费用均按不包含增值税可抵扣进项税额。计算结果均保留两位小数。

解：（1）安全文明施工费=2000000.00×3.5%=70000.00（元）

（2）措施项目费=150000.00+70000.00=220000.00（元）

（3）人工费=2000000.00×8%+220000.00×15%=193000.00（元）

（4）总承包服务费=110000.00×5%=5500.00（元）

（5）规费=193000.00×21%=40530.00（元）

（6）增值税=（2000000.00+220000.00+110000.00+5500.00+40530.00）×9%
=213842.70（元）

编制单位工程最高投标限价汇总表，如表14-2所示。

单位工程最高投标限价汇总表　　　　　　　　　　　　　　表14-2

序号	汇总内容	金额（元）	其中暂估价（元）
1	分部分项工程费	2000000.00	
2	措施项目费	220000.00	
2.1	其中：安全文明措施费	70000.00	
3	其他项目费	115500.00	
3.1	其中：专业工程暂估价	110000.00	110000.00
3.2	其中：总承包服务费	5500.00	
4	规费（人工费21%）	40530.00	
5	增值税10%	213842.70	
最高投标限价总价合计=1+2+3+4+5		2589872.70	

15　土建工程投标报价编制

【知识导学】

投标报价是发承包阶段工程造价计价形式之一。

15.1　概　　述

15.1.1　投标报价的概念

投标价是投标人投标时响应招标文件要求所报出的对已标价工程量清单汇总后标明的总价。

建设工程投标报价是投标人根据招标文件、工程量清单计价规范、预算定额、施工合同、工料机价格、费用定额等依据编制的承担该招标工程的期望工程造价。

15.1.2　有关投标报价的规定

（1）投标价应由投标人或受其委托具有相应资质的工程造价咨询人编制。

（2）投标人应依据规定自主确定投标报价，但不得违反《上海市建设工程工程量清单计价应用规划》的强制性条文规定。

（3）投标报价不得低于工程成本。

（4）投标人必须按招标工程量清单填报价格。项目编码、项目名称、项目特征、计量单位、工程量必须与招标工程量清单一致。

（5）投标人的投标报价高于控制价的应否决其投标。

15.1.3　投标报价的内容

建设工程投标报价的内容包括分部分项工程费、措施项目费、其他项目费、规费和税金。

15.1.4　土建工程投标报价的编制特点

一般建设工程投标报价按照规定的正常程序、正常的工程量清单项目、正常的费用项目、正常的取费基础和费率等，计算出正常（平均）水平的工程量清单报价后，根据本企业生产力水平、经营管理水平，按照报价策略适当调整后，能够接受的工程量清单报价。一般情况下，该报价低于正常条件下计算的造价且符合招标文件规定的工程报价。

15.2　土建工程投标报价的编制

15.2.1　投标报价编制规定

《上海市建设工程工程量清单计价应用规则》规定：

(1) 投标价应由投标人或受其委托具有相应资质的工程造价咨询人编制。

(2) 投标人应依据《上海市建设工程工程量清单计价应用规则》的规定自主确定投标报价。

(3) 投标报价不得低于工程成本。

(4) 投标人必须按招标工程量清单填报价格。项目编码、项目名称、项目特征、计量单位、工程量必须与招标工程量清单一致。

(5) 投标人的投标报价高于控制价的应否决其投标。

15.2.2　投标报价编制依据

《上海市建设工程工程量清单计价应用规则》规定投标报价的编制依据包括以下内容：

(1) 本应用规则；

(2) 国家或本市建设或其他行业主管部门颁发的计价办法；

(3) 企业定额，国家、行业或本市建设行政管理部门颁发的工程定额和计价办法；

(4) 招标文件、招标工程量清单及其补充通知、答疑纪要；

(5) 建设工程设计文件及相关资料；

(6) 施工现场情况、工程特点及投标时拟定的施工组织设计或施工方案；

(7) 与建设项目相关的标准、规范等技术资料；

(8) 市场价格信息或本市建筑业工程造价信息平台所公布的建设工程造价信息。

15.2.3　投标报价编制程序与方法

1. 投标报价编制程序

投标报价的编制程序与控制价的编制程序是基本一样的，见图 15-1。

2. 投标报价编制步骤与方法

第一步，根据工程量清单、预算定额、工料机单价、施工合同、费用定额和建设工程

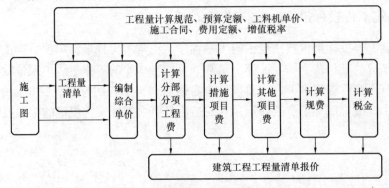

图 15-1　投标报价的编制程序示意图

工程量清单计价规范，编制分部分项工程项目、措施项目的综合单价；

第二步，用分部分项工程量乘以对应的综合单价，计算出分部分项工程费；

第三步，用措施项目工程量乘以对应的综合单价，计算出单价措施项目费；

第四步，根据总价措施项目费计算基础（人工费）和费率，计算安全文明施工费等总价措施项目费；

第五步，根据施工图和有关规定，计算暂定工程项目的暂估价；

第六步，根据费用定额规定的计算基数（人工费）和费率，计算社会保险费和住房公积金等规费；

第七步，根据上述不含进项税的分部分项工程费、措施项目费、其他项目费、规费之和以及增值税税率计算增值税税金；

第八步，将上述分部分项工程费、措施项目费、其他项目费、规费和税金五项费用汇总为建设工程投标报价。

15.3 投标报价编制举例

开发区写字楼工程。

15.3.1 工程量清单

招标文件发布的开发区写字楼工程工程量清单摘录见表 15-1。

分部分项工程量清单与计价表　　　　　表 15-1

工程名称：开发区写字楼　　　　标段：C02　　　　　第×页　共×页

序号	项目编码	项目名称	项目特征描述	工程内容	计量单位	工程量	综合单价	合价	人工费	材料暂估价
							金额（元）		其中	
1	010503002001	现浇矩形梁	1. 混凝土种类：预拌混凝土（泵送型） 2. 强度等级：C30混凝土 3. 粒径：5～25	1. 板及支（撑）架制作、安装、拆除、堆放、运输等 2. 混凝土制作、运输、浇筑、振捣、养护	m³	416.64				
2	010503005001	现浇过梁	1. 混凝土种类：预拌混凝土（泵送型） 2. 强度等级：C30混凝土 3. 粒径：5～25	1. 板及支（撑）架制作、安装、拆除、堆放、运输等 2. 混凝土制作、运输、浇筑、振捣、养护	m³	4.22				

续表

序号	项目编码	项目名称	项目特征描述	工程内容	计量单位	工程量	综合单价	合价	人工费	材料暂估价
								金额（元）		
									其中	
3	010516002001	预埋铁件	1. 钢材种类：钢板、钢筋 2. 规格：10厚、φ16 3. 铁件尺寸：300×450	1. 螺栓、铁件制作、运输 2. 螺栓、铁件安装	t	3.25				
4	011105001001	水泥砂浆踢脚100高	1. 踢脚线高：100 2. 底层砂浆：界面处理剂 3. 面层砂浆：干混抹灰砂浆DP M20.0	1. 清理基层 2. 底层和面层抹灰 3. 材料运输	m	807				
				本页小计						

15.3.2　工程量清单摘录所需预算定额

开发区写字楼工程工程量清单摘录所需预算定额见表15-2～表15-6。

1. 现浇混凝土矩形梁预算定额

上海市房屋建筑和装饰工程预算定额，混凝土矩形梁预算定额项目摘录见表15-2。

现浇混凝土矩形梁　　　　　　　　　　表15-2

工作内容：混凝土浇捣、抹平、看护、浇水养护等全部操作过程。

定额编号			单位	01-5-3-1	01-5-3-2	01-5-3-3
项目				预拌混凝土（泵送）		
				基础梁	矩形梁	异形梁
				m³	m³	m³
人工	00030121	混凝土工	工日	0.1720	0.2750	0.2750
	00030153	其他工	工日	0.0244	0.0295	0.0295
		人工工日	工日	0.1964	0.3045	0.3045
材料	80210401	预拌混凝土（泵送型）	m³	1.0100	1.0100	1.0100
	02090101	塑料薄膜	m³	2.2000	1.8333	1.2941
	34110101	水	m³	0.0900	0.0817	0.0595
机械	99050920	混凝土振捣器	台班	0.1000	0.1000	0.1000

2. 现浇混凝土过梁预算定额

上海市房屋建筑和装饰工程预算定额，混凝土过梁预算定额项目摘录见表15-3。

现浇混凝土过梁 表 15-3

工作内容：混凝土浇捣、抹平、看护、浇水养护等全部操作过程。

定额编号				01-5-3-4	01-5-3-5	01-5-3-6
项目			单位	预拌混凝土（泵送）		
				圈梁	过梁	弧形梁、拱形梁
				m³	m³	m³
人工	00030121	混凝土工	工日	0.7120	0.3750	0.4935
	00030153	其他工	工日	0.0515	0.1544	0.0405
		人工工日	工日	0.7635	0.5294	0.5340
材料	80210401	预拌混凝土（泵送型）	m³	1.0100	1.0100	1.0100
	02090101	塑料薄膜	m²	5.5000	5.5000	1.8333
	34110101	水	m³	0.1417	0.1604	0.0817
机械	99050920	混凝土振捣器	台班	0.1000	0.1000	0.1000

3. 铁件制作安装预算定额

上海市房屋建筑和装饰工程预算定额，铁件制作安装预算定额项目摘录见表 15-4。

螺栓、铁件 表 15-4

工作内容：1. 螺栓定位、预埋、安装、电焊固定等全部操作过程。
　　　　　2. 安装埋设、焊接固定等全部操作过程。

定额编号				01-5-12-1	01-5-12-2
项目			单位	预埋螺栓	预埋铁件
				t	t
人工	00030117	模板工	工日	14.4771	12.6042
	00030153	其他工	工日	0.7239	0.8759
		人工工日	工日	15.2010	13.4802
材料	03013101	六角螺栓	kg	1010.0000	
	33330811	预埋铁件	t		1.0000
	03130115	电焊条 J422t4.0	kg	52.6800	30.0000
机械	99250020	交流弧焊机 32kVA	台班	4.3900	4.2000

4. 踢脚线抹灰预算定额

上海市房屋建筑和装饰工程预算定额，踢脚线、墙柱面界面处理剂预算定额项目摘录见表 15-5、表 15-6。

踢脚线

表 15-5

工作内容：清理基层、调运砂浆、刷素水泥浆、底层和面层抹灰等全部操作过程。

定额编号				01-11-5-1
项目			单位	踢脚线
				干混砂浆
				m
人工	00030127	一般抹灰工	工日	0.0319
	00030153	其他工	工日	0.0067
		人工工日	工日	0.0386
材料	80060214	干混抹灰砂浆 DP M20.0	m³	0.0031
	80110601	素水泥浆	m³	0.0001

墙面抹灰

表 15-6

工作内容：1. 基层清理、界面剂调运、机喷面层等全部操作过程。

2. 基层清理、界面砂浆调运、抹面等全部操作过程。

定额编号				01-12-1-11	01-12-1-12	01-12-1-13
项目			单位	墙柱面界面处理剂	墙柱面界面砂浆	
				喷涂	混凝土面	砌块面
				m²	m²	m²
人工	00030127	一般抹灰工	工日	0.0210	0.0167	0.0204
	00030153	其他工	工日	0.0011	0.0015	0.0016
		人工工日	工日	0.0221	0.0182	0.0220
材料	14415505	液体界面剂	kg	0.3708		
	80090101	干混界面砂浆	m³		0.0015	
	80090201	砌块面界面砂浆	m³			0.0015
	04010115	水泥 42.5 级	kg	0.7344		
	04030104	黄砂细砂	kg	0.7344		
机械	99430200	电动空气压缩机 0.6m³/min	台班	0.0120		

15.3.3 工料机约定单价

开发区写字楼工程工料机约定单价见表 15-7。

约定工料机单价

表 15-7

序号	名称	单价	序号	名称	单价
1	混凝土工	155.00 元/工日	4	预埋铁件	8923.00 元/t
2	其他工	141.00 元/工日	5	电焊条 J422t4.0	9.90 元/kg
3	模板工	174.00 元/工日	6	液体界面剂	10.00 元/kg

序号	名称	单价	序号	名称	单价
7	砌筑工	179.00 元/工日	15	干混界面砂浆	723.45 元/m³
8	一般抹灰工	174.00 元/工日	16	砌块面界面砂浆	700.50 元 m³
9	干混抹灰砂浆 DPM20.0	747.74 元/m³	17	水泥 42.5 级	0.45 元/kg
10	素水泥浆	656.23 元/m³	18	黄砂细砂	0.17 元/kg
11	预拌混凝土（泵送型）	644.66 元/m³	19	电动空气压缩机 0.6m³/min	42.69 元/台班
12	塑料薄膜	0.21 元/m²	20	交流弧焊机 32kVA	104.50 元/台班
13	水	4.56 元/m³	21	混凝土振捣器	10.28 元/台班
14	六角螺栓	9.78 元/kg			

15.3.4　工程单位估价表编制

按照建设工程工程量清单计价规范的规定，开发区写字楼工程需要编制综合单价表，而上海市的预算定额没有价格，属于消耗量定额，所以先要钢筋预算定额（见表 15-2～表 15-6）和工料机约定单价（见表 15-7）编制各定额项目的单位估价表。

1. 现浇混凝土矩形梁单位估价表

根据表 15-2 预算定额项目和表 15-7 工料机约定单价表，编制的现浇混凝土矩形梁单位估价表见表 15-8。

现浇混凝土矩形梁单位估价表　　　　表 15-8

工作内容：混凝土浇捣、抹平、看护、浇水养护等全部操作过程。

定额编号					01-5-3-2
项目		单位	单价		预拌混凝土（泵送）
					矩形梁
					m³
基价		元			(16) 699.67
其中	人工费	元			(9) 46.78
	材料费	元			(13) 651.86
	机械费	元			(15) 1.03
人工	混凝土工	工日	(1) 155.00		(7) 0.2750
	其他工	工日	(2) 141.00		(8) 0.0295
	人工工日	工日			0.3045
材料	预拌混凝土（泵送型）	m³	(3) 644.66		(10) 1.0100
	塑料薄膜	m³	(4) 0.21		(11) 1.8333
	水	m³	(5) 4.56		(12) 0.0817
机械	混凝土振捣器	台班	(6) 10.28		(14) 0.1000

现浇混凝土矩形梁单位估价表（见表 15-8）编制步骤如下：

第一步，将表 15-2 中的全部文字与数据填写到表 15-8 中对应位置；

第二步，将表 15-2 中混凝土工和其他工的工日单价填写到表 15-8 中（1）和（2）的位置；

第三步，将表 15-2 中三项材料单价填写到表 15-8 中（3）、（4）和（5）的位置；

第四步，将表 15-2 中混凝土振捣器单价填写到表 15-8 中（6）的位置；

第五步，将表 15-8 中（1）的单价乘以（7）的工日与（2）的单价乘以（8）的工日之和填写到（9）的人工费位置；

第六步，将（3）的单价乘以（10）的用量、加上（4）的单价乘以（11）的用量、再加上（5）的单价乘以（12）的用量之和，填写到（13）材料费位置；

第七步，将（6）的单价乘以（14）的台班用量后填写到（15）机械费位置；

第八步，（9）人工费、（13）材料费、（15）机械费加总，填写到（16）基价位置。

2. 现浇混凝土过梁单位估价表

根据表 15-3 预算定额项目和表 15-7 工料机约定单价表，编制的现浇混凝土过梁单位估价表见表 15-9。编制过程与方法同现浇混凝土矩形梁单位估价表。

现浇混凝土过梁单位估价表　　　　　　　　　　　　　　　　　　　表 15-9

工作内容：混凝土浇捣、抹平、看护、浇水养护等全部操作过程。

定额编号				01-5-3-4	01-5-3-5
项目		单位	单价	预拌混凝土（泵送）	
				圈梁	过梁
				m³	m³
基价		元		771.56	733.92
其中	人工费	元		117.62	79.90
	材料费	元		652.91	652.99
	机械费	元		1.03	1.03
人工	混凝土工	工日	155.00	0.7120	0.3750
	其他工	工日	141.00	0.0515	0.1544
	人工工日	工日		0.7635	0.5294
材料	预拌混凝土（泵送型）	m³	644.66	1.0100	1.0100
	塑料薄膜	m²	0.21	5.5000	5.5000
	水	m³	4.56	0.1417	0.1604
机械	混凝土振捣器	台班	10.28	0.1000	0.1000

3. 预埋铁件单位估价表

根据表 15-4 预算定额项目和表 15-7 工料机约定单价表，编制的预埋铁件单位估价表见表 15-10。编制过程与方法同现浇混凝土矩形梁单位估价表。

4. 水泥砂浆踢脚线单位估价表

根据表 15-5 预算定额项目和表 15-7 工料机约定单价表，编制水泥砂浆踢脚线单位估价表见表 15-11 和表 15-12。编制过程与方法同现浇混凝土矩形梁单位估价表。

由于水泥砂浆踢脚线工程量清单的项目特征是：底层界面处理剂、面层干混抹灰砂浆 DPM20.0，所以要套用 2 个预算定额项目，因此需要编制 2 个预算定额项目的单位估价表。

预埋铁件单位估价表　　　　　　　　　　　　　表 15-10

工作内容：1. 螺栓定位、预埋、安装、电焊固定等全部操作过程。
　　　　　 2. 安装埋设、焊接固定等全部操作过程。

定额编号				01-5-12-1	01-5-12-2
项目		单位	单价	预埋螺栓	预埋铁件
				t	t
基价		元		13479.18	11975.53
其中	人工费	元		2621.09	2316.63
	材料费	元		10399.33	9220.00
	机械费	元		458.76	438.90
人工	模板工	工日	174.00	14.4771	12.6042
	其他工	工日	141.00	0.7239	0.8759
	人工工日	工日		15.2010	13.4802
材料	六角螺栓	kg	9.78	1010.0000	
	预埋铁件	t	8923.00		1.0000
	电焊条 J422t4.0	kg	9.90	52.6800	30.0000
机械	交流弧焊机 32kVA	台班	104.50	4.3900	4.2000

底层界面处理单位估价表　　　　　　　　　　　　　表 15-11

工作内容：1. 基层清理、界面剂调运、机喷面层等全部操作过程。
　　　　　 2. 基层清理、界面砂浆调运、抹面等全部操作过程。

定额编号				01-12-1-11	01-12-1-12	01-12-1-13
项目		单位	单价	墙柱面界面处理剂	墙柱面界面砂浆	
				喷涂	混凝土面	砌块面
				m²	m²	m²
基价		元		8.483	4.21	4.83
其中	人工费	元		3.81	3.12	3.78
	材料费	元		4.163	1.09	1.05
	机械费	元		0.51		
人工	一般抹灰工	工日	174.00	0.0210	0.0167	0.0204
	其他工	工日	141.00	0.0011	0.0015	0.0016
	人工工日	工日		0.0221	0.0182	0.0220
材料	液体界面剂	kg	10.00	0.3708		
	干混界面砂浆	m³	723.45		0.0015	
	砌块面界面砂浆	m³	700.50			0.0015
	水泥 42.5 级	kg	0.45	0.7344		
	黄砂细砂	kg	0.17	0.7344		
机械	电动空气压缩机 0.6m³/min	台班	42.69	0.0120		

踢脚线单位估价表　　　　　　　　　　　　表 15-12

工作内容：清理基层、调运砂浆、刷素水泥浆、底层和面层抹灰等全部操作过程。

定额编号					01-11-5-1
项目		单位	单价		踢脚线
					干混砂浆
					m
基价		元			8.883
其中	人工费	元			6.50
	材料费	元			2.383
	机械费	元			
人工	一般抹灰工	工日	174.00		0.0319
	其他工	工日	141.00		0.0067
	人工工日	工日			0.0386
材料	干混抹灰砂浆 DP M20.0	m³	747.74		0.0031
	素水泥浆	m³	656.23		0.0001

15.3.5　综合单价编制

1. 现浇混凝土矩形梁综合单价编制

根据表 15-8 矩形梁单位估价表，用"分部分项工程量清单综合单价分析表"编制矩形梁综合单价（见表 15-13）。编制步骤如下：

第一步，将表 15-8 现浇混凝土矩形梁单位估价表中的项目编码、项目名称、计量单位、定额编号、定额名称、定额单位、数量、人工费单价、材料费单价、机械费单价填写到表 15-13 中对应的位置；

第二步，将表 15-8 中的混凝土工工日单价 155.00 元、其他工工日单价 141.00 元填写到表 15-13 中对应位置；

第三步，将表 15-8 中序号 1 的工程量 416.64m³ 填写到表 15-13 中对应位置；

第四步，计算表中合价；(1)×(2)＝(6)、(1)×(3)＝(7)、(1)×(4)＝(8)、(1)×(6)＝(9)，其中管理费和利润(5)＝人工费(2)46.78×利润率 30%＝14.034(元)；

第五步，表中小计栏金额因为只采用了一个定额，所以(10)、(11)、(12)、(13)金额直接抄写(6)、(7)、(8)、(9)的金额；

第六步，将(10)、(11)、(12)、(13)金额加总为清单项目综合单价：(14)713.70 元/m³；

第七步，将（6）中材料费金额 651.86 元填写到表中（15）栏目位置，至此小计混凝土矩形梁的分部分项工程量清单综合单价分析表编制完成。

分部分项工程量清单综合单价分析表 表 15-13

工程名称：开发区写字楼　　　　　标段：C02　　　　　第×页共×页

项目编码	010503002001	项目名称	现浇矩形梁	工程数量	416.64	计量单位	m³

清单综合单价组成明细

定额编号	定额名称	定额单位	数量	单价				合价			
				人工费	材料费	机械费	管理费和利润	人工费	材料费	机械费	管理费和利润
01-5-3-2	预拌混凝土（泵送型）矩形梁C30 粒径 5～25	m³	(1) 1	(2) 46.78	(3) 651.86	(4) 1.03	(5) 14.034	(6) 46.78	(7) 651.86	(8) 1.03	(9) 14.034
人工单价		小计						(10) 46.78	(11) 651.86	(12) 1.03	(13) 14.034
155.00 元/工日 141.00 元/工日		未计价材料费									
清单项目综合单价								(14) 713.704			
材料费明细		其他材料费						—			
		材料费小计						—	(15) 651.86		

2. 现浇混凝土过梁综合单价编制

现浇混凝土过梁综合单价编制方法与步骤同表 15-13 的现浇混凝土矩形梁编制方法。根据表 15-9 现浇混凝土过梁单位估价表编制的综合单价分析表见表 15-14。

分部分项工程量清单综合单价分析表 表 15-14

工程名称：开发区写字楼　　　　　标段：C02　　　　　第×页共×页

项目编码	010503005001	项目名称	现浇混凝土过梁	工程数量	4.22	计量单位	m³

清单综合单价组成明细

定额编号	定额名称	定额单位	数量	单价				合价			
				人工费	材料费	机械费	管理费和利润	人工费	材料费	机械费	管理费和利润
01-5-3-5	过梁预拌混凝土（泵送型）C30 粒径 5～20	m³	1	79.90	652.99	1.03	23.97	79.90	652.99	1.03	23.97
人工单价		小计						79.90	652.99	1.03	23.97
86.58 元/工日		未计价材料费									
清单项目综合单价								757.89			
材料费明细		其他材料费						—			
		材料费小计						—	652.995		

说明：

管理费和利润＝79.90×30％＝23.97（元）

3. 预埋铁件综合单价编制

预埋铁件的综合单价编制方法与步骤同表 15-13 的现浇混凝土矩形梁编制方法相同，根据表 15-10 预埋铁件单位估价表编制的综合单价分析表见表 15-15。

分部分项工程量清单综合单价分析表 表 15-15

工程名称：开发区写字楼　　　　　　　　　标段：C02　　　　　　第×页共×页

项目编码	010516002001		项目名称	预埋铁件		工程数量	3.25		计量单位	t
清单综合单价组成明细										
定额编号	定额名称	定额单位	数量	单价				合价		
				人工费	材料费	机械费	管理费和利润	人工费	材料费	机械费	管理费和利润
01-5-12-2	预埋铁件	t	1	2316.63	9220.00	438.90	694.99	2316.63	9220.00	438.90	694.99
								2316.63	9220.00	438.90	694.99
人工单价			小计					2316.63	9220.00	438.90	694.99
96.4 元/工日			未计价材料费								
清单项目综合单价								12670.52			
材料费明细		其他材料费						—			
		材料费小计						9220.00		—	

说明：

管理费和利润＝2316.63×30％＝694.99（元）

4. 水泥砂浆踢脚线综合单价编制

水泥砂浆踢脚线的综合单价编制方法与步骤与表 15-13 现浇混凝土矩形梁编制方法基本相同，不同之处是该综合单价由两个不同定额单位的项目组成。

根据表 15-11 底层界面处理单位估价表和表 15-12 踢脚线单位估价表编制的水泥砂浆踢脚线综合单价分析表见表 15-16。水泥砂浆踢脚线的定额单位为延长米，踢脚线的界面处理定额单位为平方米，需要按照踢脚线要求将平方米折算为延长米，即每一米踢脚线为 0.1 平方米（0.10m 高×1m 长），所以踢脚线的界面处理在综合单价分析表中应填写 0.10 平方米的数量。该表需要先在合价栏里进行小计，然后将小计汇总为综合单价 11.79 元。

分部分项工程量清单综合单价分析表 表 15-16

工程名称：开发区写字楼　　　　　　　　　标段：C02　　　　　　第×页共×页

项目编码	011105001003		项目名称	水泥砂浆踢脚 100 高		工程数量	807		计量单位	m
清单综合单价组成明细										
定额编号	定额名称	定额单位	数量	单价				合价		
				人工费	材料费	机械费	管理费和利润	人工费	材料费	机械费	管理费和利润
01-12-1-11	界面处理剂喷涂	m²	0.10	3.81	4.163	0.51	1.14	0.38	0.42	0.05	0.11
01-11-5-1	踢脚线干混抹灰砂浆 DPM20.0	m	1	6.50	2.383		1.95	6.50	2.383		1.95
人工单价			小计					6.88	2.803	0.05	2.06
94.14 元/工日			未计价材料费								
清单项目综合单价								11.793			
材料费明细		其他材料费						—			
		材料费小计						—	2.80	—	

说明：

(1) 界面处理管理费和利润＝3.81×30％＝1.14（元）；

(2) 踢脚线管理费和利润＝6.50×30％＝1.95（元）。

15.3.6 分部分项工程费与直接费计算

1. 直接费计算

根据表 15-1 分部分项工程量清单与计价表，表 15-8～表 15-12 的单位估价表计算的直接费见表 15-17。

直接费计价表

表 15-17

工程名称：开发区写字楼　　　　　　标段：C02　　　　　　第×页　共×页

序号	定额编号	项目名称	计量单位	工程量	金额（元）				
					定额基价	合价	其中		
							人工费	材料费	机械费
1	01-5-3-2	现浇矩形梁	m³	416.64	699.67	291510.51	19490.42	271590.95	429.14
2	01-5-3-5	现浇过梁	m³	4.22	733.92	3097.14	337.18	2755.62	4.35
3	01-5-12-2	预埋铁件	t	3.25	11975.53	38920.47	7529.05	29965.79	1426.43
4	01-12-1-11	界面处理剂	m²	80.70	8.48	684.34	306.66	335.71	41.16
5	01-11-5-1	水泥砂浆踢脚	m	807.00	8.88	7166.16	5245.50	1920.66	
	小计					341378.62	32908.81	306568.73	1901.08

2. 分部分项工程费计算

根据表 15-1 分部分项工程量清单与计价表和表 15-13～表 15-16 的综合单价分析表计算的分部分项工程费见表 15-18。计算步骤如下：

第一步，复制表 15-1，将表 15-13～表 15-16 的综合单价填写到表中"综合单价"栏目；

第二步，将表中的工程量分别乘以对应的综合单价；

第三步，计算出每一个项目的人工费；

第四步，小计合价和人工费。

分部分项工程量清单与计价表

表 15-18

工程名称：开发区写字楼　　　　　　标段：C02　　　　　　第×页　共×页

序号	项目编码	项目名称	项目特征描述	工程内容	计量单位	工程量	金额（元）			
							综合单价	合价	其中	
									人工费	材料暂估价
1	010503002001	现浇矩形梁	1. 混凝土种类：预拌混凝土（泵送型） 2. 轻度等级：C30 混凝土 3. 粒径：5～25	1. 板及支（撑）架制作、安装、拆除、堆放、运输等 2. 混凝土制作、运输、浇筑、振捣、养护	m³	416.64	713.704	297357.63	19490.42	

续表

序号	项目编码	项目名称	项目特征描述	工程内容	计量单位	工程量	金额（元）			
							综合单价	合价	其中	
									人工费	材料暂估价
2	010503005001	现浇过梁	1. 混凝土种类：预拌混凝土（泵送型） 2. 轻度等级：C30混凝土 3. 粒径：5～25	1. 板及支（撑）架制作、安装、拆除、堆放、运输等 2. 混凝土制作、运输、浇筑、振捣、养护	m³	4.22	757.89	3198.30	337.18	
3	010516002001	预埋铁件	1. 钢材种类：钢板、钢筋 2. 规格：10厚、φ16 3. 铁件尺寸：300×450	1. 螺栓、铁件制作、运输 2. 螺栓、铁件安装	t	3.25	12670.52	41179.19	7529.05	
4	011105001001	水泥砂浆踢脚（100高）	1. 踢脚线高：100 2. 底层砂浆：界面处理剂 3. 面层砂浆：干混抹灰砂浆DPM20.0	1. 清理基层 2. 底层和面层抹灰 3. 材料运输	m	807	11.792	9516.14	5552.16	
小计								351251.26	32908.81	

15.3.7　工程造价费用计算

1. 各项费用约定费率

该工程各项费用的约定费率见表15-19。

开发区写字楼工程各项费用与费率表　　　　表15-19

序号	项目	计算基础	费率（%）	备注
1	企业管理费和利润	定额人工费×约定费率	30.00	
2	安全防护、文明施工措施费	（直接费＋企业管理费和利润）×约定费率	3.50	
3	社会保险费	定额人工费	32.60	
4	住房公积金	定额人工费	1.96	
5	增值税	不含进项税的税前造价	9	

2. 建设工程施工费用（造价）计算

根据表 15-17 直接费计价表、表 15-18 分部分项工程量清单与计价表、表 15-19 开发区写字楼工程各项费用与费率表计算的开发区写字楼工程建设工程施工费用（造价）计算见表 15-20。

建设工程施工费用（造价）计算表   表 15-20

序号	项目		计算基础与方法	费率（%）	金额（元）
一	直接费		按定额子目规定计算（表 15-17）		341378.62
其中	定额人工费		按定额工日耗量×约定单价		32908.81
	材料费		按定额材料耗量×约定单价		306568.73
	施工机具使用费		按定额台班耗量×约定单价		1901.08
二	企业管理费和利润		定额人工费	30.00	9872.64
三	措施费	安全防护、文明施工措施费	（直接费＋企业管理费和利润）351251.26×约定费率	3.50	12293.79
		施工措施费	报价方式计取		无
四	人工、材料、施工机具差价		本工程无		无
五	规费	社会保险费	定额人工费 32908.81	32.60	10728.27
		住房公积金	定额人工费 32908.81	1.96	645.01
六	小计		（一）＋（二）＋（三）＋（四）＋（五）		374918.33
七	增值税		（六）×9%		33742.65
八	合计		（六）＋（七）		408660.98

说明：表中（一）＋（二）＋（三）＋（四）＋（五）金额均不含进项税。

15.4 本章复习题及解析

1. 投标人必须按招标工程量清单填报价格，（   ）必须与招标工程量清单一致。

A. 项目编码   B. 综合单价

C. 项目特征   D. 计量单位

E. 工程量

正确答案：A、C、D、E

分析：本题考查投标报价的编制。投标人必须按招标工程量清单填报价格。项目编码、项目名称、项目特征、计量单位、工程量必须与招标工程量清单一致。

2. 投标报价的编制依据有（   ）。

A. 投标时拟定的施工方案   B. 相关的工程验收规范

C. 施工承包合同   D. 招标文件

E. 设计文件

正确答案：A、B、D、E

分析：本题考查投标报价的编制。上海市投标报价的编制依据有 (1)《上海市建设工程工程量清单计价应用规则》；(2) 国家或本市建设或其他行业主管部门颁发的计价办法；

（3）企业定额，国家、行业或本市建设行政管理部门颁发的工程定额和计价办法；（4）招标文件、招标工程量清单及其补充通知、答疑纪要；（5）建设工程设计文件及相关资料；（6）施工现场情况、工程特点及投标时拟定的施工组织设计或施工方案；（7）与建设项目相关的标准、规范等技术资料；（8）市场价格信息或本市建筑业工程造价信息平台所公布的建设工程造价信息。

招标工程量清单、招标控制价和投标报价的编制依据对比总结如表 15-21 所示。

编制依据对比总结　　　　　　　　　　　表 15-21

项目	招标工程量清单	招标控制价	投标报价
编制依据	清单计价规范；国家、省级、行业主管部门颁发的计价办法		
	设计文件；项目有关的标准、规范、技术资料		
	计价定额		企业定额、计价定额
	拟定的招标文件	拟定的招标文件、招标工程量清单	招标文件、工程量清单及补充通知、答疑纪要
	施工现场情况、工程特点、地勘水文资料、常规施工方案	施工现场情况、工程特点、常规施工方案	施工现场情况、工程特点、投标时拟定的施工组织设计或施工方案
		工程造价信息，无造价信息时参照市场价	工程造价信息、市场价格信息

16 土建工程价款结算和合同价款的调整

【知识导学】

合同价调整和工程结算是实施阶段工程造价计价形式。

16.1 土建工程价款结算

16.1.1 工程价款结算的概念

工程结算是指发承包双方根据合同约定，对合同工程在实施中、终止时和已完工后进行的合同价款计算、调整和确认。包括期中结算、终止结算和竣工结算。

16.1.2 竣工结算

工程完工后，发承包双方必须在合同约定时间内办理工程竣工结算。工程竣工结算应由承包人或受其委托具有相应资质的工程造价咨询人编制，并应由发包人或受其委托具有相应资质的工程造价咨询人核对。

16.1.3 竣工结算编制依据

工程竣工结算应根据下列依据编制和复核：

（1）《上海市建设工程工程量清单计价应用规则》；

（2）国家标准《建设工程工程量清单计价规范》GB 50500—2013 和相关工程的国家计量规范；

（3）备案的工程合同；

（4）发承包双方实施过程中已确认的工程量及其结算的合同价款；

（5）发承包双方实施过程中已确认调整后追加（减）的合同价款；

（6）建设工程设计文件及相关资料；

（7）投标文件。

16.1.4 竣工结算办法

1. 分部分项工程和措施项目中的单价项目结算办法

分部分项工程和措施项目中的单价项目应依据发承包双方确认的工程量与已标价工程量清单的综合单价计算；发生调整的，应以发承包双方确认调整的综合单价计算。

2. 措施项目中的总价项目结算办法

措施项目中的总价项目应依据已标价工程量清单的项目和金额计算；发生调整的，应以发承包双方确认调整的金额计算，其中安全防护、文明施工费应按《上海市建设工程工程量清单计价应用规则》的规定计算。

3. 其他项目竣工结算办法

（1）计日工应按发包人实际签证确认的事项计算；

（2）暂估价应按《上海市建设工程工程量清单计价应用规则》第 8.9 节的规定计算；

（3）总承包服务费应依据已标价工程量清单金额计算；发生调整的，应以发承包双方确认调整的金额计算；

（4）索赔费用应依据发承包双方确认的索赔事项和金额计算；

（5）现场签证费用应依据发承包双方签证资料确认的金额计算；

（6）暂列金额应减去合同价款调整（包括索赔、现场签证）金额计算，如有余额归发包人；

（7）发承包双方在合同工程实施过程中已经确认的工程计量结果和合同价款，在竣工结算办理中应直接进入结算。

16.1.5　竣工结算办理与支付时限

承包单位应当在提交竣工验收报告后，按照合同约定的时间向发包单位递交竣工结算报告和完整的结算资料。发包单位或者发包单位委托的造价咨询机构应当在六十日内进行核实，并出具核实意见。有合同约定除外。

发包人收到承包人递交的竣工结算书后，在合同约定时间内，不核对竣工结算或未提出核对意见的，视为承包人递交的竣工结算书已经认可，发包人应向承包人支付工程结算价款。

承包人在收到发包人提出的核对意见后，在合同约定时间内，不确认也未提出异议的，视为发包人提出的核对意见已经认可，竣工结算办理完毕。

竣工结算办理完毕，发包人应根据确认的竣工结算书在合同约定的时间内向承包人支付工程竣工结算价款。

16.1.6　工程结算编制举例

1. 结算依据

某框架结构写字楼工程建筑、装饰工程中标价 754.0 万元，其中人工费 120.950 万元、直接费 636.106 万元。各项约定费率见表 16-1。现已通过竣工验收，需要编制工程结算。

某框架结构各项费用与费率表　　　　　　　　　　　　表 16-1

序号	项目	计算基础	费率（%）	备注
1	企业管理费和利润	人工费	30.00	
2	安全防护、文明施工措施费	（直接费＋企业管理费和利润）×约定费率	3.50	
3	社会保险费	人工费	32.60	
4	住房公积金	人工费	1.96	
5	增值税	不含进项税造价	9	

2. 工程结算工程量、单价、直接费调整计算

施工过程中发生并审核通过的工程量、单价变更及结算调整直接费计算见表 16-2。

某框架工程工程量、单价变更计算表　　　　　　　表 16-2

序号	项目编码	项目名称	单位	中标工程量	中标单价	中标合价	变更工程量	表格单价	变更合价	工程量差	增减金额
1	010501001093	垫层（会审-1901）	m³	137.14	34.37	4713.50	132.56	4.90	649.54	−4.58	−4063.96
2	010508001010	底层后浇带（漏项）	m³	5.46	448.49	2448.76	5.46	448.49	2448.76		0.00
3	010508001011	挡土墙后浇带（签-001）	m³	1.15	455.21	524.40	1.11	455.21	504.83	−0.04	−19.57
4	011101003158	细石混凝土楼地面（漏项）	m²	924.57	27.09	25046.60	983.97	27.09	26655.75	59.40	1609.15
5	010904001220	楼地面卷材防水（技-002）	m²	123.33	25.95	3200.41	998.40	22.71	22673.66	875.07	19473.25
工程结算调整小计（其中人工费：2307.09 元）											16998.87

说明：

表中工程量和单价等数据，均来源于按程序审定的工程变更、工程签证以及合同书。

3. 结算工程造价计算

某框架结构写字楼工程结算造价计算见表 16-3。

某框架结构写字楼工程结算造价计算表　　　　　　　表 16-3

序号		项目	计算基础与方法	费率（%）	金额（元）
一		直接费	中标价＋结算调整 6361060＋16998.87		6378058.87
其中		人工费	中标价＋结算调整 1209500＋2307.09		1211807.09
		材料费			
		机械费			
二		企业管理费和利润	人工费（1211807.09）	30.00	363542.13
三	措施费	安全防护、文明施工措施费	（直接费＋企业管理费和利润）×约定费率 （6378058.87＋363542.13）×3.50%	3.50	235956.04
		施工措施费	无		
四		人工、材料、施工机具差价	本工程无		无
五	规费	社会保险费	人工费（1211807.09）	32.60	395049.11
		住房公积金	人工费（1211807.09）	1.96	23751.42
六		小计	（一）＋（二）＋（三）＋（四）＋（五）		7396357.57
七		增值税	（六）×9%		665672.18
八		合计	（六）＋（七）		8062029.75

16.2　合同价款的调整

16.2.1　签约合同价（合同价款）的概念

合同价款是指发承包双方在工程合同中约定的工程造价，即包括了分部分项工程费、措施项目费、其他项目费、规费和税金的合同总金额。

16.2.2　合同价款调整

合同价款调整是指在合同价款调整因素出现后，发承包双方根据合同约定，对合同价款进行变动的提出、计算和确认。

16.2.3　合同价款调整的依据

合同价款的调整依据《上海市建设工程工程量清单计价应用规则》（沪建管〔2014〕872号）文等的规定。该文件规定："由于市场物价波动影响，影响合同价款调整的，应由发承包双方合理分摊。"

16.2.4　合同价款调整的内容与方法

1. 工料机价格调整范围

（1）上海市建筑建材业工程造价信息平台所公布的建设工程人工工日价格信息，在招标文件和合同中约定调整的范围内，超过约定的调整幅度；

（2）上海市建筑建材业工程造价信息平台所公布的材料、工程设备等工程造价信息，在招标文件和合同中约定调整的范围内，超过约定的调整幅度；

（3）上海市建筑建材业工程造价信息平台所公布的施工机械设备造价信息，在招标文件和合同中约定调整的范围内，超过约定的调整幅度。

2. 工料机价格调整内容

以投标价或合同约定的价格月份对应上海市建筑建材业工程造价信息平台所公布的造价信息为基准，与施工期上海市建筑建材业工程造价信息平台每月发布的造价信息相比（加权平均法或算术平均法），人工价格的变化幅度原则上大于±3%（含3%，下同），钢材价格的变化幅度原则上大于±5%，除人工、钢材以外工程所涉及的其他主要材料、机械价格的变化原则上大于±8%，应调整其超过幅度部分（指与上海市建筑建材业工程造价信息平台价格变化幅度的差额）要素价格。调整后的要素价格差额只计税金。

3. 工料机单价调整方法

人工、材料、机械、工程设备的价格调整可采用以下公式：

当 $F_{st}/F_{so}-1 > |As|$ 时，$F_{sa}=F_{sb}+[F_{st}-F_{so}\times(1+As)]$ 　　　　　（16-1）

式中：

F_{sa}——人工、材料、机械、工程设备在约定的施工期（结算期）结算价格；

F_{sb}——人工、材料、机械、工程设备在投标后的中标价格；

F_{st}——人工、材料、机械、工程设备在约定的施工期（结算期）内，市场信息价的算术平均值或者加权平均值；

F_{so}——人工、材料、机械、工程设备在招标文件约定基准时间的市场信息价；

A_s——人工、材料、机械、工程设备的约定调整幅度。

4. 工料机单价调整方法举例

（1）某工程工料机招标价、中标价与市场价及发生的数量见表16-4。

某工程人工、材料、机械、工程设备中标价格与约定价格一览表 表16-4

序号	工料机名称	招标价格（Fso）	中标价格（Fsb）	市场信息价（Fst）	数量
1	钢筋工	185 元/工日	185 元/工日	200 元/工日	61 工日
2	砌筑工	172 元/工日	172 元/工日	190 元/工日	93 工日
3	普工	146 元/工日	146 元/工日	160 元/工日	165 工日
4	钢筋切断机 ϕ40	47 元/台班	47 元/台班	50 元/台班	79 台班
5	机动翻斗车 1t	289 元/台班	289 元/台班	260 元/台班	67 台班
6	预埋铁件	8500 元/t	8500 元/t	8000 元/t	9.25t
7	干混普通砌筑砂浆 DM M5.0	310 元/m³	310 元/m³	350 元/m³	152.44m³
8	热轧带肋钢筋（HRB400）Φ10	3600 元/t	3600 元/t	3900 元/t	263.88t
9	一般木成材	1890 元/m³	1890 元/m³	2210 元/m³	209.67m³

（2）根据关于印发《上海市建设工程工程量清单计价应用规则》的通知［沪建管〔2014〕872号］规定以及合同约定的招标价、中标价、市场信息价、约定调整幅度以及文件规定的调整方法，某工程工料机单价及结算价格计算见表16-5。

某工程工料机单价及结算价格计算表 表16-5

序号	工料机名称	招标价格（Fso）	中标价格（Fsb）	市场信息价（Fst）	约定调整幅度（As）	（Fst/Fso）−1	是否超过约定幅度	结算价格（Fsa）
1	钢筋工	185 元/工日	185 元/工日	200 元/工日	±3%	8.1%	是	194.45 元/工日
2	砌筑工	172 元/工日	172 元/工日	190 元/工日	±3%	10.5%	是	184.84 元/工日
3	普工	146 元/工日	146 元/工日	160 元/工日	±3%	9.6%	是	155.62 元/工日
4	钢筋切断机 Φ40	47 元/台班	47 元/台班	50 元/台班	±8%	6.4%	否	无
5	机动翻斗车 1t	289 元/台班	289 元/台班	260 元/台班	±8%	−10.0%	是	236.88 元/台班
6	预埋铁件	8500 元/t	8500 元/t	8000 元/t	±5%	−5.9%	是	7575.00 元/t
7	干混普通砌筑砂浆 DMM5.0	310 元/m³	310 元/m³	350 元/m³	±8%	12.9%	是	325.20 元/m³
8	热轧带肋钢筋（HRB400）Φ10	3600 元/t	3600 元/t	3900 元/t	±5%	8.3%	是	3720.00 元/t
9	一般木成材	1890 元/m³	1890 元/m³	2210 元/m³	±8%	16.9%	是	1948.80 元/m³

续表

结算价格计算式

[沪建管〔2014〕872号]文规定：结算价格＝中标价格＋

[市场信息价－招标价格×（1＋约定幅度）]Fsa＝Fsb＋[Fst－Fso×（1＋As）]

序号	工料机名称	调整计算式
1	钢筋工	185＋[200－185×（1＋3％）]＝185＋（200－190.55）＝185＋9.45＝194.45元/工日
2	砌筑工	172＋[190－172×（1＋3％）]＝172＋（190－177.16）＝172＋12.84＝184.84元/工日
3	普工	146＋[160－146×（1＋3％）]＝146＋（160－150.38）＝146＋9.62＝155.62元/工日
4	钢筋切断机Φ40	调整幅度6.4％在规定的±8％范围内，不能调整台班单价
5	机动翻斗车1t	289＋[260－289×（1＋8％）]＝289＋（260－312.12）＝289－52.12＝236.88元/台班
6	预埋铁件	8500＋[8000－8500×（1＋5％）]＝8500＋（8000－8925）＝8500－925＝7575元/t
7	干混普通砌筑砂浆 DM M5.0	310＋[350－310×（1＋8％）]＝310＋（350－334.80）＝310＋15.20＝325.20元/m³
8	热轧带肋钢筋（HRB400)Φ10	3600＋[3900－3600×（1＋5％）]＝3600＋（3900－3780）＝3600＋120＝3720元/t
9	一般木成材	1890＋[2210－1890×（1＋8％）]＝1890＋（2210－2041.20）＝1890＋58.80＝1948.80元/m³

结算价格＝中标价格＋[市场信息价－招标价格×（1＋约定幅度）]

Fsa＝Fsb＋[Fst－Fso×（1＋As）]

（3）根据表16-4和表16-5计算某工程工料机单价调整后的直接费金额，见表16-6。

某工程工料机单价调整后的直接费金额计算表　　　　表16-6

序号	中标价格	结算价格	价差（元）	数量	金额（元）
1	185元/工日	194.45元/工日	9.45	61工日	576.45
2	172元/工日	184.84元/工日	12.84	93工日	1194.12
3	146元/工日	155.62元/工日	9.62	165工日	1587.3
4	47元/台班	无		79台班	
5	289元/台班	236.88元/台班	－52.12	67台班	－3492.04
6	8500元/t	7575.00元/t	－925	9.25t	－8556.25
7	310元/m³	325.20元/m³	15.2	152.44m³	2317.088
8	3600元/t	3720.00元/t	120	263.88t	31665.6
9	1890元/m³	1948.80元/m³	58.8	209.67m³	12328.6
工料机（直接费）小计					37620.86

16.3 本章复习题及解析

某工程项目合同分部分项工程费为1100000.00元，工程变更后，调增13000.00元；安全文明施工费按分部分项工程价款金额的4.5％计取，其他措施项目费为180000.00元，未发生变动；工程量清单及招标文件明确暂列金额为200000.00元，暂估价为

20000.00 元，其中，暂列金额没有发生，暂估价中，有如下款项根据实际发生结算，其他不变：

（1）玻璃雨篷及安装专业工程，暂估价为 10000 元/项；发承包双方实际签认为 12000 元/项；

（2）基础梁防冻胀处理专业工程，暂估价为 6000 元/项；发承包双方实际签认为 7800 元/项。

人工费占分部分项工程及措施项目费的 13%，规费按人工费的 20% 计取，适用增值税税率 9%。按《建设工程工程量清单计价规范》GB 50500—2013 的要求，编制该公共建筑结算价。

解： 分部分项工程费＝1100000＋13000＝1113000（元）

措施项目费＝1113000×4.5%＋180000＝230085（元）

其他项目费：暂列金额＝0；

暂估价＝20000＋（12000－10000）＋（7800－6000）＝23800（元）；

规费＝（1113000＋230085）×13%×20%＝34920.21（元）；

税金＝（1113000＋230085＋23800＋34920.21）×9%＝126162.47（元）。

编制单位工程结算价汇总表，如表 16-7 所示。

单位工程结算价汇总表　　　　　　　　　　　　　　表 16-7

序号	项目名称	金额（元）
1	分部分项工程费	1113000.00
2	措施项目	230085.00
2.1	其中：安全文明施工费	50085.00
3	其他项目	23800.00
3.1	暂列金额	0.00
3.2	暂估价	23800.00
4	规费	34920.21
5	税金	126162.47
	结算价	1527967.68

17 土建工程竣工决算价款的编制

【知识导学】

竣工决算是竣工阶段工程造价计价形式。

17.1 竣 工 决 算

建设项目的竣工决算是指在竣工验收交付使用阶段，由建设单位编制的建设项目从筹建到竣工投产或使用全过程的全部实际支出费用的经济文件。它也是建设单位反映建设项目实际造价和投资效果的文件，是竣工验收报告的重要组成部分。

17.2 竣工决算的内容

建设项目竣工决算应包括从筹划到竣工投产全过程的全部实际费用，即建筑工程费用、安装工程费用、设备工器具购置费用和工程建设其他费用以及预备费和投资方向调节税支出费用等，按照国家颁发的《基本建设财务管理若干规定》（财建〔2016〕503 号）；《基本建设财务规则》（财〔2016〕81 号）；中华人民共和国国务院令第 136 号《建设工程质量管理条例》（2017 修正本）等规定的内容。

17.2.1 竣工决算报告情况说明书

竣工决算报告情况说明书主要反映竣工工程建设成果和经验，是对竣工决算报表进行分析和补充说明的文件，是全面考核分析工程投资与造价的书面总结，其内容主要包括：

（1）项目概况；

（2）会计账务处理、财产物资清理及债权债务的清偿情况；

（3）项目建设资金计划及到位情况，财政资金支出预算、投资计划及到位情况；

（4）项目建设资金使用、项目结余资金分配情况；

（5）项目概（预）算执行情况及分析，竣工实际完成投资与概算差异及原因分析；

（6）尾工工程情况；

（7）历次审计、检查、审核、稽察意见及整改落实情况；

（8）主要技术经济指标的分析、计算情况；

（9）项目管理经验、主要问题和建议；

（10）预备费动用情况；

（11）项目建设管理制度执行情况、政府采购情况、合同履行情况；

（12）征地拆迁补偿情况、移民安置情况；

（13）需说明的其他事项。

17.2.2 建设工程竣工图

建设工程竣工图是真实地记录各种地上、地下建筑物、构筑物等情况的技术文件，是工程进行交工验收、维护改建和扩建的依据，是国家的重要技术档案。其具体要求有：

(1) 凡按图竣工没有变动的，由施工单位在原施工图上加盖"竣工图"标志后，即作为竣工图。

(2) 凡在施工过程中，虽有一般性设计变更，但能将原施工图加以修改补充作为竣工图的，可不重新绘制，由施工单位负责在原施工图（必须是新蓝图）上注明修改的部分，并附以设计变更通知单和施工说明，加盖"竣工图"标志后，作为竣工图。

(3) 凡结构形式改变、施工工艺改变、平面布置改变、项目改变以及有其他重大改变，不宜再在原施工图上修改、补充时，应重新绘制改变后的竣工图。施工单位负责在新图上加盖"竣工图"标志，并附以有关记录和说明，作为竣工图。

(4) 为了满足竣工验收和竣工决算需要，还应绘制反映竣工工程全部内容的工程设计平面示意图。

17.3 土建工程竣工决算价款的编制

17.3.1 竣工决算编制依据

项目竣工财务决算的编制依据有，国家有关法律法规；经批准的可行性研究报告、初步设计、概算及概算调整文件；招标文件及招标投标书，施工、代建、勘察设计、监理及设备采购等合同，政府采购审批文件、采购合同；历年下达的项目年度财政资金投资计划、预算；工程结算资料；有关的会计及财务管理资料；其他有关资料。

17.3.2 竣工决算的编制步骤与方法

第一阶段步骤：收集、整理、分析原始资料。从建设工程开始就按编制依据的要求，收集、清点、整理有关资料，主要包括建设工程档案资料，如设计文件、施工记录、上级批文、概（预）算文件。归集整理工程结算，开展财务处理。财产物资的盘点核实及债权债务的清偿，做到账账、账证、账实、账表相符。对各种设备、材料、工具、器具等要逐项盘点核实并填列清单，妥善保管，或按照国家有关规定处理，不准任意侵占和挪用。

第二阶段步骤：对照、核实工程变动情况，重新核实各单位工程、单项工程造价。将竣工资料与原设计图纸进行查对、核实，必要时可实地测量，确认实际变更情况；根据经审定的施工单位竣工结算等原始资料，按照有关规定对原概（预）算进行增减调整，重新核定工程造价。

第三阶段步骤：将审定后的待摊投资、设备工器具投资、建筑安装工程投资、工程建设其他投资严格划分和核定后，分别计入相应的建设成本栏目内。

第四阶段步骤：力求内容全面、简明扼要、文字流畅、说明问题的方式编制竣工财务决算说明书，填报竣工财务决算报表。

第五阶段步骤：作好工程造价对比分析；清理、装订好竣工图；按国家规定上报、审批、存档。

17.3.3　竣工决算举例

（1）背景资料

某开发区 2015 年开始建设智能电瓶车生产基地，2018 年建成。该项目 2018 年底财务核算资料见表 17-1。

智能电瓶车生产基地 2018 年底财务核算资料　　　　表 17-1

	内容	金额（万元）	备注
已完项目验收合格交付资产	固定资产总值	94326	
	为生产准备的使用期限在一年以内的随机备件、工具、器具	53214	
	期限在 1 年以上，单件价值 2000 元以上的工具	82	
	建造期内购置的专利权、非专利技术	2100	
	筹建期间发生的开办费	92	
在建项目支出	建筑与安装工程费	19572	
	设备工器具	60892	
	建设单位管理费，勘察设计费等待摊投资	3317	
	通过出让方式购置的土地使用权形成的其他投资	89	
	非经营项目发生待核销基建支出	55	
	应收生产单位投资借款	902	
	购置需要安装的器材	106	其中待处理器材损失 23 万元
	货币资金	559	
	工程预付款及应收有偿调出器材款	112	
	建设单位自用的固定资产原价	97694	
	累计折旧	9987	
《资金平衡表》上各类资金来源期末余额	预算拨款	76500	
	自筹资金拨款	42000	
	其他拨款	200	
	建设单位向商业银行借入的借款	201200	
	建设单位当年完成交付生产单位使用的资产价值中，属利用投资借款形成的待冲基建支出	180	
	应付器材销售商货款	39	
	尚未支付应付工程款	2973	
	未交税金	33	

（2）填写交付使用资产与在建工程数据表

根据表 17-1 填写的交付使用资产与在建工程数据见表 17-2。

交付使用资产与在建工程数据表 单位：万元　　表 17-2

资金项目	金额	资金项目	金额
（一）交付使用资产	149814	（二）在建工程	83870
1. 固定资产	94408	1. 建筑安装工程投资	19572
2. 流动资产	53296	2. 设备投资	60892
3. 无形资产	2100	3. 待摊投资	3317
4. 其他资产	92	4. 其他投资	89

填表步骤：

第一步，将表 17-1 中的 94326＋82＝94408（万元）填写表 17-2 中；

第二步，将表 17-1 中的 53214、2100、92 金额填写表 17-2 中；

第三步，将刚才填写的四个金额之和 149814 后填写表 17-2 中；

第四步，将表 17-1 中 19572、60892、3317、89 金额填写表 17-2；

第五步，合计 19572、60892、3317、89 金额之和的 83870 金额填写表 17-2 中。

（3）编制大、中型基本建设项目竣工财务决算表

根据表 17-1 和表 17-2 依据有关规定，编写的大、中型基本建设项目竣工财务决算表见表 17-3。

大、中型基本建设项目竣工财务决算表 单位：元　　表 17-3

资金来源	金额	资金占用	金额
一、基建拨款	1187000000	一、基本建设支出	2346410000
1. 预算拨款	765000000	1. 交付使用资产	1498140000
2. 基建基金拨款		2. 在建工程	838700000
3. 进口设备转账拨款		3. 待核销基建支出	550000
4. 器材转账拨款		4. 非经营项目转出投资	9020000
5. 煤代油专用基金拨款		二、应收生产单位投资借款	
6. 自筹资金拨款	420000000	三、拨付所属投资借款	
7. 其他拨款	2000000	四、器材	1060000
二、项目资本		其中：待处理器材损失	230000
1. 国家资本		五、货币资金	5590000
2. 法人资本		六、预付及应收款	1120000
3. 个人资本		七、有价证券	
三、项目资本公积金		八、固定资产	877070000
四、基建借款	2012000000	固定资产原价	976940000
五、上级拨入投资借款		减：累计折旧	99870000
六、企业债券资金		固定资产净值	877070000
七、待冲基建支出	1800000	固定资产清理	
八、应付款	30120000	待处理固定资产损失	
九、未交款	330000		
1. 未交税金	330000		
2. 未交基建收入			
3. 未交基建包干结余			
4. 其他未交款			
十、上级拨入资金			
十一、留成收入			
合计：	3231250000	合计：	3231250000

编写步骤：

第一步，将表 17-1 中的预算拨款（76500 万元）填写到表 17-3 的（765000000 元）对应位置；

第二步，将表 17-1 中的自筹资金拨款（42000 万元）填写到表 17-3 的（420000000 元）对应位置；

第三步，将表 17-1 中的其他拨款（200 万元）填写到表 17-3 的（2000000 元）对应位置；

第四步，将表 17-3 中的预算拨款、自筹资金拨款、其他拨款之和（1187000000 元）填写到该表的基建拨款对应位置中；

第五步，将表 17-1 中 2012000000、1800000、30120000、330000 金额填写到表 17-3 的对应位置；

第六步，将表 17-3 中的"资金来源"栏目金额汇总为 3231250000 元填写在最后一行合计的对应位置；

第七步，将表 17-1 中"资金占用类"的其他拨款的各种金额，填写到表 17-3 中"资金占用"栏的对应位置，其中"基本建设支出"＝1498140000＋838700000＋550000＋9020000＝2346410000（元）、"固定资产"＝976940000－99870000＝877070000（元）；

第八步，将表 17-3 中的"资金占用"栏目金额汇总为 3231250000（元）填写在最后一行合计的对应位置。此时，资金来源＝资金占用＝3231250000（元）。

17.4　本章复习题及解析

1. 竣工决算文件编制的首要步骤是（　　）。

A. 收集、整理和分析有关依据资料　　　　B. 清理各项财务、债务和结余物资

C. 填写竣工决算报表　　　　D. 编制建设工程竣工决算说明

正确答案：A

分析：本题考查土建工程竣工决算文件的编制。竣工决算文件的编制步骤：（1）收集、整理和分析有关依据资料；（2）清理各项财务、债务和结余物资；（3）填写竣工决算报表；（4）编制建设工程竣工决算说明；（5）做好工程造价对比分析；（6）清理、装订好竣工图；（7）上报主管部门审查。

2. 大、中型建设项目竣工决算报表包括（　　）。

A. 建设项目竣工财务决算审批表　　　　B. 竣工财务决算总表

C. 大、中型建设项目交付使用资产总表　　　　D. 建设项目交付使用资产明细表

E. 竣工工程概况表

正确答案：A、C

分析：本题考查土建工程竣工决算文件的编制。大、中型建设项目竣工决算报表包括：建设项目竣工财务决算审批表，大、中型建设项目交付使用资产总表。小型建设项目竣工财务决算报表包括：建设项目竣工财务决算审批表、竣工财务决算总表，建设项目交付使用资产明细表。

3. 关于建设工程竣工图的说法中，正确的有（　　）。

A. 凡施工过程中，虽有一般性设计变更，但能将原施工图加以修改补充作为竣工图的，可不做重新绘制

B. 凡结构形式改变、施工工艺改变、平面布置改变、项目改变以及有其他重大改变，不宜再在原施工图上修改、补充时，应重新绘制改变后的竣工图

C. 凡按图竣工没有变动的，由施工单位在原施工图加盖"竣工图"标志后，即作为竣工图

D. 当项目有重大改变需重新绘制时，不论何方原因造成，均由施工单位负责重绘新图

E. 各项新建、扩建、改建的基本建设工程，都要编制竣工图

正确答案：A、B、C、E

分析：本题考查土建工程竣工决算的编制。由原设计原因造成的，由设计单位负责重新绘制；由施工原因造成的，由施工单位负责重新绘图；由其他原因造成的，由建设单位自行绘制或委托设计单位绘制。承包人负责在新图上加盖"竣工图"标志，并附以有关记录和说明，作为竣工图。